鸡尾酒制作大全

日本文艺社 著

邓楚泓 译

Martini·Gimlet·Daiquiri·
Balalaika·Moscow Mule·
Manhattan·Sidecar·Margarita·
Knock out·Gin&Tonic·Salty Dog·
Kiss Of Fire·Glass Hopper·
Pousse Café·Campari Soda·
Hole In One·Spumoni·New York·
Irish Rose·Rusty Nail·Alexander·

辽宁科学技术出版社
·沈阳·

前言

在种类多如繁星的各式鸡尾酒中，像类似于"鸡尾酒帝王"——马提尼（Martini）等这些标准鸡尾酒从来都备受推崇，人气不减。这类鸡尾酒在调制的时候，稍微改变所使用的基酒种类、加冰方法、摇和的次数和力度以及制作材料的比例都能使制作出来的鸡尾酒味道大相径庭。在本书中，我们精选出了马提尼（Martini）、螺丝钻（Gimlet）、代基里（Daiquiri）、巴拉莱卡（Balalaika）、莫斯科之骡（Moscow Mule）、曼哈顿（Manhattan）、边车（Side Car）、玛格丽特（Margarita）等极富人气的八种标准鸡尾酒。并且分别介绍了日本调酒师协会（HBA）旗下的各个酒店、酒吧调制这些鸡尾酒时所用的基酒品牌、酒精度数以及调和方法和绝密配方。同时，本书还介绍包括杜松子果酒（Tom Collins）、咸狗（Salty Dog）、基尔（Kir）等标准鸡尾酒以及各种具有个人风格的特色鸡尾酒的调和方法，这些大多是在由HBA主办的鸡尾酒比赛中获胜的酒品以及其他大赛的入围酒品。最后，我们还会为您介绍鸡尾酒的分类方法、用具的使用方法、调酒的注意事项、鸡尾酒使用配料等详尽的基础知识。我们衷心地希望这本书能成为初学者学习鸡尾酒知识的良师益友，同时也希望能够帮助业内人士更好地发现鸡尾酒的内在之美。

目录

朗姆酒系列 ···························· 69

威士忌系列 ······ 217

以威士忌为基酒制作酒品一览 ······218

白兰地系列 ⋯⋯⋯⋯⋯⋯⋯⋯ 253

龙舌兰系列 ························· 287

葡萄酒系列 ·················· 313

啤酒、烧酒系列 ⋯⋯⋯⋯⋯⋯ 331

非酒精类饮品、其他烈性酒系列 ⋯ 341

鸡尾酒的基础知识 ⋯⋯⋯⋯⋯⋯ 349

本书简介

鸡尾酒酒名

●肮脏马提尼

橄榄的口感极有特色，是男士的首选

使用泡制橄榄的原液代替干味美思酒，使调和好的马提尼酒味十足。相信这具有特色的味道让你着迷。

大都会马提尼

辛辣但水分充足的一杯

各式马提尼鸡尾酒的衍生酒品中一款色泽艳丽、水分充足、深受女士喜欢的马提尼。

几维鸟马提尼

几维鸟招待您品尝的一款鸡尾酒

金酒的甘洌与鲜榨猕猴桃汁的完美调配。带有果汁味道的一款马提尼鸡尾酒，好喝易饮。

介绍酒的历史以及特点

代表酒精浓度、品尝方法、品尝时间以及制作方法

介绍调酒制作材料、用具、杯子

制作材料
探戈雷金酒……………………1杯
原味橄榄汁……………………1茶匙
橄榄…………………………2颗
●用具、酒杯
摇酒壶、鸡尾酒杯、鸡尾酒酒签

制作方法
1. 在摇酒壶中加入探戈雷金酒、原味橄榄汁和冰，上下摇动。
2. 将1倒入鸡尾酒杯中，将橄榄插在鸡尾酒签上，放入杯中。

制作材料
探戈雷酒……………………20ml
金万利………………………10ml
草莓果汁……………………20ml
橙汁…………………………10ml
用具、酒杯
摇酒壶、鸡尾酒杯、鸡尾酒酒签

制作方法
1. 将所有制作材料放入摇酒壶中，上下摇动。
2. 将1倒入鸡尾酒杯中。

制作材料
探戈雷酒……………………50ml
鲜榨猕猴桃汁…………………1/2杯
猕猴桃（装饰用）……………1/8颗
柠檬皮…………………………适量
用具、酒杯
摇酒壶、鸡尾酒杯、鸡尾酒酒签

制作方法
1. 将探戈雷金酒、鲜榨猕猴桃汁以及冰放入摇酒壶中，上下摇动。
2. 将1倒入鸡尾酒杯中，将水果装饰插在杯子边缘。

介绍鸡尾酒的制作方法

基酒名称
（根据基酒的分类用不同颜色表示）

34

图例说明

鸡尾酒的味道

● —甜口

● —中口

● —辣口

🍸 —表示摇和法制作鸡尾酒

🥄 —表示调和法制作鸡尾酒

🥃 —表示兑和法制作鸡尾酒

🍹 —表示搅和法制作鸡尾酒

▨ —餐前饮用：表示适合餐前饮用的鸡尾酒

▨ —餐后饮用：表示适合餐后饮用的鸡尾酒

◐ —随时饮用：表示可以随时品尝的鸡尾酒

🍸 —短饮鸡尾酒：表示适合一口气喝完，使用专门短饮的高脚杯的鸡尾酒类型

🥛 —长饮鸡尾酒：表示适合长时间慢慢品尝，使用平底大玻璃杯（Tumbler）或者科林斯杯（Collins）的鸡尾酒类型

G*IN*

金酒系列

金酒 以金酒为基酒制作的酒品一览

※基酒、利口酒和其他酒品的容量单位都为ml。

鸡尾酒名称	类别		调制手法	酒水度数	味道	基酒	利口酒、其他酒品
马提尼（日本皇家大酒店）				30	辣口	探戈雷干金酒50	诺丽·普拉味干味美思酒10
马提尼（东京全日空大酒店）				47	辣口	孟买蓝宝石金酒60	诺丽·普拉味干味美思酒1ml
马提尼（东京大仓饭店）				35	辣口	必富达干金酒60	干味美思酒2ml
马提尼（日本京王广场酒店）				43	辣口	必富达干金酒60	诺丽·普拉味干味美思酒2~3ml
马提尼（日本新大谷酒店）				41	辣口	孟买蓝宝石金酒90	芭碧萝干味美思酒5
马提尼（日本帝国酒店）				36.5	辣口	必富达干金酒51	马尔蒂尼干味美思酒9
马提尼（日本宫殿酒店）				38	辣口	哥顿金酒60	诺丽·普拉味干味美思酒1茶匙
马提尼（日本皇家花园大酒店）				42	辣口	必富达干金酒50	诺丽·普拉味干味美思酒10
马提尼（东京世纪凯悦大酒店）				35	辣口	必富达干金酒80	诺丽·普拉味干味美思酒10
马提尼（日本大都会大饭店）				47	辣口	必富达干金酒60	诺丽·普拉味干味美思酒1ml
马提尼（东京太平洋大酒店）				37	辣口	必富达干金酒85	诺丽·普拉味干味美思酒5
马提尼（东京王子大饭店）				35	辣口	必富达干金酒75	诺丽·普拉味干味美思酒15
肮脏马提尼				37	辣口	探戈雷金酒1杯	
大都会马提尼				20	中口	探戈雷金酒20	金万利10
几维鸟马提尼				26	甜口	探戈雷金酒50	
黑色马提尼				24	甜口	干金酒15	黑色菠萝利口酒35
光荣马提尼				28	中口	探戈雷金酒40	金万利5、茴香酒1茶匙
美人·80				32.5	甜口	必富达干金酒30	甜杏利口酒15
阿拉斯加				39	辣口	干金酒45	查特黄香甜酒15
绿色阿拉斯加				49	辣口	干金酒45	查特绿香甜酒15
吉普森				36	辣口	干金酒60	干味美思酒1ml

鸡尾酒名称	类别		调制手法	酒水度数	味道	基酒	利口酒、其他酒品
击倒（无敌）				29	中口	干金酒30	干味美思酒20、茴香酒10
地震				37	辣口	干金酒25	威士忌20、比诺酒15
天使之吻				30	中口	干金酒30	甜杏白兰地15、卡巴度斯苹果酒15
阿卡西亚				45.3	辣口	干金酒45	法国郎酒DOM15、樱桃利口酒2ml
水晶露水				44.4	辣口	干金酒45	绿色修道院酒10
奥弗涅				37	辣口	干金酒30	弗莱马鞭草酒15
绿恶魔				39.6	中口	干金酒40	绿薄荷酒20
绿色珊瑚礁				32	中口	金酒40	绿薄荷酒20
环游世界				25	中口	干金酒40	绿薄荷酒5
红粉佳人				20	中口	干金酒40	
纯白美人				29	中口	干金酒35	君度利口酒10
春天歌剧				24	中口	必富达金酒40	日本樱花酒10、黑加仑酒10
巴利				40.3	辣口	干金酒40	香甜味美思酒20
粉红金酒				47	辣口	干金酒60	
破碎的悬崖				19.4	甜口	干金酒20	茴香甜酒1茶匙、香甜味美思酒20、白色波特葡萄酒40
金比特				40	辣口	干金酒60	
蓝鸟				42.4	辣口	干金酒50	蓝柑桂酒10
鹰之梦				26.4	中口	干金酒40	波士紫罗兰酒20
亚历山大姐妹				29.8	辣口	干金酒30	绿薄荷15
联盟杰克				24.6	中口	干金酒40	波士紫罗兰酒20
珍贵之心				18	中口	干金酒25	西番莲利口酒15、黑加仑酒10
百万美元				18	中口	干金酒40	香甜味美思酒10
警犬				9	中口	干金酒30	干味美思酒15、香甜味美思酒15
天堂				25	中口	干金酒30	甜杏白兰地15
探戈				27	中口	干金酒25	香甜味美思酒10、干味美思酒10、橙子柑桂酒5
修道院				28	中口	干金酒40	
开胃酒				24	中口	干金酒25	杜本内酒20
巴黎人				24	中口	干金酒20	干味美思酒20、黑加仑酒20
尼克罗尼				27	中口	干金酒20	金巴利酒20、香甜味美思酒20

果汁	甜味、香味材料	碳酸饮料	装饰和其他	页数
	白薄荷1茶匙			36
				37
				37
				37
酸橙果汁5				37
新鲜青柠檬果汁15				38
柠檬果汁10、鲜柠檬果汁3茶匙			薄荷叶适量	38
			M樱桃1颗	38
菠萝汁15			薄荷樱桃1颗	38
柠檬果汁10	G糖浆5		蛋清1/2个、牛奶1茶匙	39
柠檬果汁15				39
柠檬果汁1茶匙、橙子汁2茶匙			绿樱桃1颗	39
白薄荷少量	A苦精酒少许、柠檬皮适量			40
	A 苦精酒少许			40
			蛋黄1个	40
	A苦精酒少许			40
	A苦精酒少许、柠檬皮适量			41
鲜柠檬果汁15	S糖浆1茶匙		蛋清1个	41
			鲜奶油15	41
				41
葡萄果汁10			香橙皮1片、柠檬皮1片	42
菠萝果汁15、柠檬果汁10	G糖浆1茶匙		蛋清半个、菠萝片1片	42
	草莓1颗		草莓1个、沙冰2/3杯	42
橙子汁15				43
香橙果汁10				43
橙子汁20	香橙味美思少许		M樱桃1颗	43
果汁10				43
	柠檬皮1片			44
			橙子片1/2片	44

17

鸡尾酒名称	类别		调制手法	酒水度数	味道	基酒	利口酒、其他酒品
萨萨				27	中口	干金酒40	杜本内酒20
杜本内				27	中口	干金酒30	杜本内酒20
四海为家				28	甜口	干金酒20	橙子柑桂酒10
红狮				28	甜口	干金酒20	橙子柑桂酒20
黑夜之吻				33	中口	干金酒40	樱桃白兰地20、干味美思酒1茶匙
西方的玫瑰				37.1	甜口	干金酒30	甜杏利口酒15、干味美思酒15
螺丝钻（日本皇家大酒店）				32	辣口	孟买蓝宝石金酒60	青柠檬利口酒1.5茶匙
螺丝钻（东京全日空大酒店）				32.3	中口	必富达干金酒45	青柠檬利口酒10
螺丝钻（东京大仓饭店）				30	中口	必富达干金酒45	青柠檬利口酒5
螺丝钻（日本京王广场酒店）				40	中口	必富达干金酒60	青柠檬利口酒10
螺丝钻（日本新大谷酒店）				27	中口	必富达干金酒40	莫尼青柠檬利口酒10
螺丝钻（日本帝国酒店）				32	中口	必富达干金酒51	青柠檬利口酒9
螺丝钻（日本宫殿酒店）				29	中口	必富达干金酒45	青柠檬利口酒15
螺丝钻（日本皇家花园大酒店）				32	中口	必富达干金酒45	
螺丝钻（东京世纪凯悦大酒店）				30	中口	必富达干金酒80	
螺丝钻（日本大都会大饭店）				35	中口	必富达干金酒45	青柠檬利口酒15
螺丝钻（东京太平洋大酒店）				25	中口	必富达干金酒70	青柠檬利口酒20
螺丝钻（东京王子大饭店）				30	中口	必富达干金酒70	青柠檬利口酒5
汤姆·柯林斯				16	中口	老汤姆牌干金酒40	
金利克				14	中口	干金酒45	
金酒黛丝				22	中口	干金酒45	
新加坡司令				17	中口	干金酒45	樱桃白兰地15、修士酒1茶匙
金汤力				14	中口	干金酒45	

果汁	甜味、香味材料	碳酸饮料	装饰和其他	页数
	A苦精酒少许			44
	橙子皮适量			44
草莓果汁20、鲜青柠檬果汁10				45
鲜橙果汁10、鲜柠檬果汁10				45
				45
鲜柠檬果汁1茶匙				45
	柠檬皮1片			46
鲜青柠檬果汁5				47
鲜青柠檬果汁10			S青柠檬1/2片	48
				49
鲜青柠檬果汁10				50
	S青柠檬片1/8片			51
			S青柠檬1片	52
鲜青柠檬果汁15	S糖浆（可选）1茶匙			53
鲜青柠檬果汁10			S青柠檬1/8片	54
				55
	鲜青柠檬片1/8片			56
鲜青柠檬果汁15			S青柠檬1片	57
柠檬果汁15	S糖浆2茶匙	苏打水适量	S柠檬1片、M樱桃1颗	58
鲜青柠檬果汁5		苏打水适量	S青柠檬1/4片	58
柠檬果汁20	G糖浆2茶匙		S柠檬1片、薄荷叶1片	58
柠檬果汁15	S糖浆10	苏打水适量	S柠檬1片、樱桃1颗	59
		汤力水适量	S青柠檬1/4片	59

鸡尾酒名称	类别		调制手法	酒水度数	味道	基酒	利口酒、其他酒品
琴费斯				13	中口	干金酒45	
佛罗里达				8	中口	干金酒15	樱桃白兰地1茶匙、白色柑桂酒1茶匙
檀香山				35	中口	干金酒50	
白玫瑰				20	中口	干金酒40	M樱桃酒15
蒙特卡罗				14.7	中口	干金酒30	白薄荷15、香槟倒满
中国姑娘				33.5	中口	干金酒30	陈酿绿牌修道院酒15
雪球				24	中口	干金酒15	茴香甜酒15、波士紫罗兰15、白薄荷15
横滨				37.7	中口	干金酒20	伏特加20、苦艾酒少许
藤蔓月季				32.3	甜口	干金酒30	草莓利口酒15、干雪利酒15
绿宝石				33.9	甜口	干金酒20	陈酿绿牌修道院酒20、香甜味美思酒20
最后一搏				31	甜口	干金酒30	白色柑桂酒10、波士紫罗兰酒10
布朗克斯				25	中口	干金酒30	干味美思酒10、香甜味美思酒10
橙花				27	中口	干金酒40	
黄手指				27	甜口	干金酒30	草莓利口酒10、香蕉利口酒10
玛丽公主				21	甜口	干金酒30	鲜奶油可可20
秋叶				34.6	辣口	干金酒40	姜汁葡萄酒15、青柠檬利口酒5
翡翠库勒				6	中口	干金酒30	绿薄荷15
蓝月亮				23	中口	干金酒40	紫罗兰酒5
小星团调查				39.1	辣口	干金酒45	蓝色柑桂酒5、波士紫罗兰5、青柠檬利口酒1茶匙
康卡朵拉				38	甜口	干金酒30	樱桃酒10、M樱桃酒10、白色柑桂酒10
白色				41.8	辣口	干金酒60	茴香酒2茶匙、香橙味美思酒少许
巴黎咖啡				29.5	辣口	干金酒45	茴香酒1茶匙
休息5分钟				16	中口	干金酒10	草莓利口酒5、香槟酒30
波斯之夜				23.6	甜口	干金酒25	蓝柑桂酒15、波士紫罗兰酒2茶匙
音乐之浪				9.5	甜口	干金酒20	鲜桃利口酒30、覆盆子利口酒1茶匙
蓝天白云				18	甜口	干金酒15	鲜桃利口酒15、蓝柑桂酒20、青柠檬利口酒5、苹果酒（白色）20

果汁	甜味、香味材料	碳酸饮料	装饰和其他	页数
柠檬果汁15	砂糖1茶匙	苏打水适量	牛奶2茶匙、S柠檬1片、M樱桃1颗	59
香橙果汁40、柠檬果汁1茶匙			S柠檬1/2片	60
香橙果汁1茶匙、菠萝果汁1茶匙、柠檬果汁1茶匙	A苦精酒1茶匙、S糖浆1茶匙			60
香橙果汁1茶匙、柠檬果汁1茶匙			蛋清1/2个	60
鲜柠檬果汁15				61
鲜葡萄果汁15				61
			鲜奶油15	61
鲜橙果汁10	G糖浆10			62
			M樱桃1颗	62
	香橙苦精酒少许、S柠檬适量			62
鲜青柠檬果汁10				63
橙汁10				63
橙汁20				63
			鲜奶油10	64
			鲜奶油10	64
	S柠檬适量			64
鲜柠檬果汁20	焦糖1茶匙、柠檬片适量	苏打水倒满		65
柠檬果汁15				65
	S青柠檬适量			65
	S香橙适量			66
	S柠檬适量			66
			鲜奶油1茶匙、蛋清1个	66
青柠檬果汁5、草莓果汁10			星星S青柠檬1片	66
苹果果汁25、鲜柠檬果汁1茶匙		汤力水适量	S柠檬1/2片	67
	蓝糖浆10	姜汁汽水倒满	S柠檬1片、红樱桃1颗	67
			食盐适量、玫瑰1朵	67

马提尼（日本皇家大酒店）

轻轻地调和，使金酒的味道香味扑鼻

日本皇家大酒店（DAIWA ROYAL HOTELS）风格的马提尼严格按照金酒和味美思酒5：1的黄金比例调和而成，保证了金酒的味道不受到破坏。选用冰镇且口感甘洌的探戈雷干金酒作为基酒，为了避免调和出的酒水分过多，在调和的时候需特别留心防止冰块之间摩擦碰撞，最后才能调和出香醇扑鼻且味道平衡的马提尼鸡尾酒。

制作材料

探戈雷干金酒………………………………	50ml
诺丽·普拉味干味美思酒………………	10ml
带核橄榄………………………………………	1颗

用具、酒杯

混酒杯、调酒长匙、滤冰器、鸡尾酒杯、鸡尾酒签

制作方法

1. 将探戈雷干金酒、诺丽·普拉味干味美思酒和冰放入混酒杯，用调和法混合。

2. 放置滤冰器，将混合好的酒液滤入鸡尾酒杯中。

3. 将橄榄插在鸡尾酒签上，放入2的鸡尾酒杯中。

诱惑酒吧

位于滨名湖日本皇家大酒店（DAIWA ROYAL HOTELS）顶层。夜晚时分尽享眼前美丽夜景与休闲时光。调酒师会根据季节的变化调制出相应风味的鸡尾酒，非常值得期待。

马提尼（东京全日空大酒店）

对于辛辣口感的特别追求——极干马提尼

　　东京全日空大酒店（ANA Hetel Tokyo）的达·芬奇主题酒吧调制出的马提尼中使用了孟买蓝宝石金酒，使得调和出的鸡尾酒香味和口感平衡，更突出其辛辣和酒香，与之相反味美思酒仅仅使用少许。搅拌的次数也不宜过多，以保持酒的温度不会过低。这就是融金酒酒香与甘冽为一体，口感辛辣的干马提尼。

47 ▽ 🖼 ／

制作材料
孟买蓝宝石金酒·············· 60ml
诺丽·普拉味干味美思酒··········· 少许
橄榄······················ 1颗
柠檬皮····················· 1片

用具、酒杯
混酒杯、调酒长匙、滤冰器、鸡尾酒杯、鸡尾酒签

制作方法 ················
1. 将孟买蓝宝石金酒、诺丽·普拉味干味美思酒和冰放入混酒杯，用调和法混合。

2. 放置滤冰器，将混合好的酒液滤入鸡尾酒杯中。

3. 在2中滴入柠檬皮汁，将橄榄插在鸡尾酒签放入杯中。

达·芬奇主题酒吧

　　这里能够让您忘却都市的繁华与喧嚣，是正统的高级酒吧。设立之初就是为了给那些喜欢独享清静与杯中美酒滋味的客人所准备的。

马提尼（东京大仓饭店）

甘洌且细腻，这就是东京大仓饭店风味的马提尼

　　使用少量干味美思酒，调和出口感甘洌的兰花酒吧风味的马提尼。又因加入少量橙味味美思酒，味道更佳香醇。既有辛辣之感，又不乏中性的口味，是静静体味时间流逝的绝佳饮品。

35

制作材料

必富达干金酒	60ml
干味美思酒	少许
橙味味美思酒	少许
橄榄	1颗
柠檬皮	1片

用具、酒杯

混酒杯、调酒长匙、滤冰器、鸡尾酒杯、鸡尾酒签

制作方法

1. 将必富达干金酒、干味美思酒以及香橙味美思酒和冰放入混酒杯，用调和法混合。

2. 放置滤冰器，将混合好的酒液滤入鸡尾酒杯中。

3. 在2中滴入柠檬皮汁，将橄榄插在鸡尾酒签上放入杯中。

兰花酒吧

　　兰花酒吧给人以闲适经典的感觉，甚至可以说是专门为成年男人设计的酒吧。在这里可以品尝到甘洌纯粹的传统鸡尾酒。

Keio Plaza Hotel

马提尼（日本京王广场酒店）

味美思酒分量极少的甘冽马提尼

　　为了使制作出的马提尼口感甘冽辛辣，只使用浸入技法稍微添加一点点味美思酒。60ml的金酒配上少许的味美思酒就足够了。这就是日本京王广场酒店（Keio Plaza Hotel）闪光主题酒吧的辛辣马提尼。如果有特别需求更可以使用探戈雷干金酒作为基酒，调制更加辛辣的干马提尼。

43

制作材料

必富达干金酒……………………… 60ml
诺丽·普拉味干味美思酒…………… 少许
橄榄……………………………………… 1颗

用具、酒杯

混酒杯、调酒长匙、滤冰器、鸡尾酒杯、鸡尾酒签

制作方法

1. 将必富达干金酒、诺丽·普拉味干味美思酒和冰放入混酒杯，用调和法混合。

2. 放置滤冰器，将混合好的酒液滤入鸡尾酒杯中。

3. 将橄榄插在鸡尾酒签上，放入2的鸡尾酒杯中。

闪光主题酒吧

　　富有情调和传统的闪光主酒吧处处可以看到作为酒店主打酒吧的奢华以及精致，由莫斯科骡酒公司提供的铜质酒杯也尽显品位。

马提尼（日本新大谷酒店）

与当下最为流行的制作方法结合，调和出极辛辣的马提尼鸡尾酒

　　酒店里的卡普里酒吧调制出的马提尼，虽然是极辛辣的口感，但杜松子的口味并不突出，味道和香气都为孟买蓝宝石酒的味道。然后将芭碧萝干味美思酒放入杯中浸润杯子之后倒出，最后搅拌30次左右，完成极辣口味马提尼。

41

制作材料

孟买蓝宝石金酒……………………… 90ml
芭碧萝干味美思酒…………………… 5ml
乡村绿橄榄…………………………… 1颗

用具、酒杯

混酒杯、调酒长匙、滤冰器、鸡尾酒杯、鸡尾酒签

制作方法

1. 将芭碧萝干味美思酒和冰放入混酒杯中轻轻搅拌，放置滤冰器，将水倒出。

2. 把孟买蓝宝石金酒加入1中搅拌。

3. 放置滤冰器，将混合好的酒液滤入2的鸡尾酒杯中，将橄榄插在鸡尾酒签上，放入2的鸡尾酒杯中。

卡普里酒吧

　　在这里，您可以欣赏世界经典名画，倾听优美的钢琴曲，享受一个人独处的安静闲适。马提尼酒杯特意选用巴卡拉水晶杯，在品味美酒的时候也不忘氛围的重要。

马提尼（日本帝国酒店）

精确高超的调酒技术配上细致入微的调配，这就是干马提尼鸡尾酒

　　从开店之初一直保持至今的日本帝国酒店（IMPERIAL Hotel）的古老帝国酒吧干马提尼的滋味，得益于正统的必富达干金酒的独特使用。调和的关键是不要让冰花掉入导致酒里面的水分过多，调和的时候一定要特别注意放置冰块的顺序与搅拌的次数。

36.5

制作材料

必富达干金酒······························ 51ml
马尔蒂尼干味美思酒······················ 9ml
红椒夹心橄榄···························· 1颗

用具、酒杯

混酒杯、调酒长匙、滤冰器、鸡尾酒杯、鸡尾酒签

制作方法

1. 将必富达干金酒、马尔蒂尼干味美思酒和冰放入混酒杯中轻轻搅拌。

2. 放置滤冰器，将混合好的酒液滤入鸡尾酒杯中。

3. 将红椒夹心橄榄插在鸡尾酒签上，放入2的鸡尾酒杯中。

古老帝国酒吧

　　日本帝国酒店（Imperial Hotel）的旧址，如今被称作"灯光馆"，并且也保留着如其名字般的特征。开业115年以来一直没有间断营业，在这儿您也能品尝到最可口的鸡尾酒。

马提尼（日本宫殿酒店）

入嘴并不辛辣，需要用嗓子品尝的一款鸡尾酒

日本宫殿酒店（Palace Hotel）的马提尼并非特别辛辣，而是选用了哥顿金酒保持了传统的金酒味道，香味四溢。并非只选用金酒和味美思酒，特别添加了香橙味美思酒，所以在饮用的时候入口香甜，而当酒流过嗓子的时候才感觉到辛辣。这正是传统马提尼所具备的特点。

制作材料

哥顿金酒	60ml
诺丽·普拉味干味美思酒	1茶匙
香橙味美思酒	少许
橄榄	1颗
柠檬皮	1片

用具、酒杯

混酒杯、调酒长匙、滤冰器、鸡尾酒杯、鸡尾酒签

制作方法

1. 将哥顿金酒、诺丽·普拉味干味美思酒、香橙味美思酒和冰放入混酒杯中轻轻搅拌。

2. 放置滤冰器，将混合好的酒液滤入鸡尾酒杯中。

3. 在2中滴入柠檬皮汁，将橄榄插在鸡尾酒签放入杯中。

皇家酒吧

酒吧的构思来自对古代繁华时期的憧憬，酒吧整体闲适的氛围和复古的鸡尾酒带给人天地万物合一之感，让您度过一段温馨安逸的时光。

马提尼（日本皇家花园大酒店）

金酒和味美思酒5：1黄金比例调和的精致马提尼

　　日本皇家花园大酒店（Royal Park Hotel）的金酒和味美思酒比例为5：1，并且达到最精确最完美的配比。必富达干金酒在冷冻室里冷藏后取出使其解冻就需要进行多次搅拌，最终调和成冰镇刺激且口感丰润的马提尼鸡尾酒。

42

制作材料

必富达干金酒……………………… 50ml
诺丽·普拉味干味美思酒………… 10ml
橄榄…………………………………1颗
柠檬皮………………………………1片

用具、酒杯

混酒杯、调酒长匙、滤冰器、鸡尾酒杯、鸡尾酒签

制作方法

1. 将必富达干金酒、诺丽·普拉味干味美思酒和冰放入混酒杯中轻轻搅拌。

2. 放置滤冰器，将混合好的酒液滤入鸡尾酒杯中。

3. 在2中滴入柠檬皮汁，将橄榄插在鸡尾酒签上，放入杯中。

皇家苏格兰

　　酒吧整体使人感到一种厚重的英伦风格，可谓绅士酒吧。调酒的声音回荡在整个酒吧，在这悠闲氛围的酒吧里，让您感受到轻松与惬意。

马提尼（东京世纪凯悦大酒店）

使用稍大的杯子品尝辛辣甘洌且香醇的马提尼

　　日本东京世纪凯悦大酒店（Century Hyatt Tokyo）风格的马提尼，使用80ml的金酒和10ml的味美思酒，所以调和出来的酒品要比一般的马提尼辛辣很多。口感辛辣甘洌的同时，酒液的量大也是其一大特征。如果您对于辛辣还有特别要求的话，可以在调酒的时候将干味美思酒的量减小。

制作材料
必富达干金酒················· 80ml
诺丽·普拉味干味美思酒················ 10ml
红椒夹心橄榄··················· 1颗

用具、酒杯
混酒杯、调酒长匙、滤冰器、鸡尾酒杯、鸡尾酒签

制作方法

1. 将必富达干金酒、诺丽·普拉味干味美思酒和冰放入混酒杯中轻轻搅拌。

2. 放置滤冰器，将混合好的酒液滤入鸡尾酒杯中。

3. 将橄榄插在鸡尾酒签上，放入2的鸡尾酒杯中。

白兰地酒吧

　　店内整体的氛围如同隐居山林的文人骚客的房间一般，安静且宽敞。烛影幽幽，在觥筹交错中度过一个安静祥和的夜晚。

Hotel Metropolitan

马提尼（日本大都会大饭店）

味美思酒的量极少，适合对于辛辣口感的马提尼情有独钟者

日本大都会大饭店（Hotel Metropolitan）的东方快车酒吧对于口感辛辣的马提尼情有独钟，调和酒的时候仅仅加入少许干味美思酒。使用口感并不苦涩的必富达干金酒，使金酒和味美思酒的香味更好地平衡于酒中，让您能尽情品尝酒香四溢的马提尼鸡尾酒。

47

制作材料

必富达干金酒·····························	60ml
诺丽·普拉味干味美思酒·············	1ml
红椒夹心橄榄·····························	1颗
柠檬皮·····································	1片

用具、酒杯

混酒杯、调酒长匙、滤冰器、鸡尾酒杯、鸡尾酒签

制作方法

1. 将必富达干金酒、诺丽·普拉味干味美思酒和冰放入混酒杯轻轻搅拌。

2. 放置滤冰器将混合好的酒液滤入鸡尾酒杯中，滴入柠檬皮汁。

3. 将橄榄插在鸡尾酒签上，放入2的鸡尾酒杯中。

东方快车酒吧

酒吧设计灵感源自于欧洲著名火车"东方快车"，酒吧装潢精致典雅，与调酒师闲谈之间品美酒，度过美好轻松的时光。

Hotel Pacific Tokyo

马提尼（东京太平洋大酒店）

口感与味道绝佳，配料平衡，是当下最流行的马提尼鸡尾酒

　　金酒85ml配上干味美思酒5ml，尽显金酒的辛辣。这就是东京太平洋大酒店（Hotel Pacific Tokyo）赢家酒吧制作的马提尼鸡尾酒。这款酒并不是以单纯的辛辣取胜，而是在选用金酒的时候特别选用了口感顺滑易饮的必富达金酒，同时加入橙味味美思酒，达到口感与味道的绝佳平衡。

37

制作材料

必富达干金酒	85ml
诺丽·普拉味干味美思酒	5ml
橙味味美思酒	少许
红椒夹心橄榄	1颗
柠檬皮	1片

用具、酒杯

混酒杯、调酒长匙、滤冰器、鸡尾酒杯、鸡尾酒签

制作方法

1. 将必富达金酒、诺丽·普拉味干味美思酒和冰放入混酒杯中轻轻搅拌。

2. 放置滤冰器，将混合好的酒液滤入鸡尾酒杯中。

3. 在2中滴入柠檬皮汁，将橄榄插在鸡尾酒签上，放入杯中。

赢家酒吧

　　这里会让人产生如置身于西班牙古城的错觉，宽敞广阔的大厅更是异国情调十足。光与影的交织更使人容易沉浸在这梦幻的世界中，轻轻碰杯，享受鸡尾酒的色与味。

马提尼（东京王子大饭店）

甘洌的口感与飘香的酒味为特点的马提尼

　　东京王子大饭店（Tokyo Prince Hotel）的星空酒廊主打马提尼，使用比较多的干味美思酒，与金酒构成1：5的黄金比例。使用冷藏的必富达干金酒，经过长时间的搅拌调和的这款马提尼将爽口之感以及辛辣的酒味完美地呈现在您的眼前。

35

制作材料

必富达干金酒	75ml
诺丽·普拉味干味美思酒	15ml
红椒夹心橄榄	1颗
柠檬皮	1片

用具、酒杯

混酒杯、调酒长匙、滤冰器、鸡尾酒杯、鸡尾酒签

制作方法

1. 将必富达金酒、诺丽·普拉味干味美思酒和冰放入混酒杯中，轻轻搅拌。

2. 放置滤冰器，将混合好的酒液滤入鸡尾酒杯中。

3. 在2中滴入柠檬皮汁，将橄榄插在鸡尾酒签放入杯中。

星空酒廊

　　在33层楼的顶层尽享东京美丽夜景，让人心旷神怡，留恋其中。酒吧中还常备最常见的6种鸡尾酒，根据您的喜好调制适合您的鸡尾酒品，是马提尼爱饮者的天堂。

肮脏马提尼

橄榄的口感极有特色，是男士的首选

使用泡制橄榄的原液代替干味美思酒，使调和好的马提尼酒味十足。相信这具有特色的味道让你着迷。

37

制作材料

探戈雷金酒	1杯
原味橄榄汁	1茶匙
橄榄	2颗

用具、酒杯

摇酒壶、鸡尾酒杯、鸡尾酒签

制作方法

1. 在摇酒壶中加入探戈雷金酒，原味橄榄汁和冰，上下摇动。

2. 将1倒入鸡尾酒杯中，将橄榄插在鸡尾酒签上，放入杯中。

大都会马提尼

辛辣但水分充足的一杯

各式马提尼鸡尾酒的衍生酒品中一款色泽艳丽、水分充足、深受女士喜欢的马提尼。

20

制作材料

探戈雷金酒	20ml
金万利	10ml
草莓果汁	20ml
橙汁	10ml

用具、酒杯

摇酒壶、鸡尾酒杯、鸡尾酒签

制作方法

1. 将所有制作材料放入摇酒壶中，上下摇动。

2. 将1倒入鸡尾酒杯中。

几维鸟马提尼

几维鸟招待您品尝的一款鸡尾酒

金酒的甘冽与鲜榨猕猴桃汁的完美调配。带有果汁味道的一款马提尼鸡尾酒，好喝易饮。

26

制作材料

探戈雷金酒	50ml
鲜榨猕猴桃汁	1/2杯
猕猴桃（装饰用）	1/8颗
柠檬皮	适量

用具、酒杯

摇酒壶、鸡尾酒杯、鸡尾酒签

制作方法

1. 将探戈雷金酒、鲜榨猕猴桃汁以及冰放入摇酒壶中，上下摇动。

2. 将1倒入鸡尾酒杯中，将水果装饰插在杯子边缘。

黑色马提尼

浓黑的马提尼，香甜果汁的味道

　　酒色为浓黑的马提尼，夺人眼球。使用干金酒和黑色菠萝利口酒混合，得到一口感香甜的鸡尾酒。最后是绿橄榄略带咸味的口感，让您回味无穷，久久难以忘怀。

24

制作材料

干金酒	15ml
黑色菠萝利口酒	35ml
绿橄榄	1颗

用具、酒杯

混酒杯、调酒长匙、滤冰器、鸡尾酒杯、鸡尾酒签

制作方法

1. 将除了绿橄榄以外的制作材料加冰后全部倒入混酒杯中，调和。
2. 放置滤冰器，将混合好的酒液滤入鸡尾酒杯中，将橄榄插在鸡尾酒签上，放入杯中。

光荣马提尼

闪烁的糖粒，奢侈的饮品

　　日本钻石酒店调酒师栗原幸代的作品，略显辛辣的口感是由探戈雷金酒混合糖调和而成的，口感馥郁喷香。棕色和白色混合后如同白糖雪一闪一闪的，代表幸福之光。

28

制作材料

探戈雷金酒	40ml
柠檬果汁	10ml
金万利	5ml
莫尼玫瑰糖浆	5ml
茴香酒	1茶匙
棕糖	适量
白糖	适量

用具、酒杯

摇酒壶、鸡尾酒杯

制作方法

1. 在鸡尾酒杯的边缘部分涂上棕色白糖和白色白糖混合后的白糖，并弄成凝结的雪花状。
2. 将除了棕色白糖和白色白糖外的全部制作材料以及冰块倒入摇酒壶中，上下摇动。
3. 在1的鸡尾酒杯中倒入2。

美人·80

如同女人心思般细腻，口感甘甜丰润的美酒

　　甜杏利口酒芳醇和厚重的味道配上菠萝果汁细腻的口感。酒的颜色为粉色，好比美女细腻的心思，酒的口感甘甜丰润，是非常适合女性品尝的一款鸡尾酒。

32.5

制作材料

必富达干金酒	30ml
甜杏利口酒	15ml
菠萝果汁	15ml
红石榴糖浆	2茶匙

用具、酒杯

摇酒壶、鸡尾酒杯

制作方法

1. 将全部制作材料放入摇酒壶中，上下摇动。
2. 将1倒入鸡尾酒杯中。

阿拉斯加

略显辛辣的口感让人联想到美国的阿拉斯加

干金酒的甘洌口味与醇香的查特酒混合，带来略显辛辣的口感。

39 〽 ☒ ⬚

制作材料
干金酒	45ml
查特黄香甜酒	15ml

用具、酒杯
摇酒壶、鸡尾酒杯

制作方法

1. 将所有制作材料以及冰块加入到摇酒壶中，上下摇动。

2. 将1倒入鸡尾酒杯中。

绿色阿拉斯加

香草的味道带给您清爽的感觉

查特酒的独特口味与香气，与干金酒的辛辣的味道相得益彰，非常清爽。同时，淡绿色的酒色也非常好看。

49 〽 ☒ ⬚

制作材料
干金酒	45ml
查特绿香甜酒	15ml

用具、酒杯
摇酒壶、鸡尾酒杯

制作方法

1. 将所有制作材料以及冰块倒入摇酒壶中，上下摇动。

2. 将1倒入鸡尾酒杯中。

吉普森

甘洌、酸涩的口感显得艰涩无情

美国著名连环画家查尔斯·吉普森调制的这款鸡尾酒，让人尽尝甘洌与酸涩。

36 〽 ☒ ⁄

制作材料
干金酒	60ml
干味美思酒	1ml
小洋葱	2颗
柠檬皮	适量

用具、酒杯
混酒杯、调酒长匙、滤冰器、鸡尾酒杯、鸡尾酒签

制作方法

1. 将干金酒，干味美思酒和冰放入混酒杯轻轻搅拌。

2. 将1倒入鸡尾酒杯中，滴入柠檬皮汁，将小洋葱插在鸡尾酒签上，放入杯中。

击倒(无敌)

使您力气倍增、精神焕发的一款鸡尾酒

世界拳王吉内·滕尼完美击倒对手杰克·登普希之后，在庆功宴上诞生的一款鸡尾酒。

29 〽 ☒ ⬚

制作材料
干金酒	30ml
干味美思酒	20ml
茴香酒	10ml
白薄荷	1茶匙

用具、酒杯
摇酒壶、鸡尾酒杯

制作方法

1. 将所有制作材料以及冰块加入到摇酒壶中，上下摇动。

2. 将1倒入鸡尾酒杯中。

地震

强烈的刺激使身体一震

　　口感甘洌的干金酒在您品尝的时候使您身体一震，适合与朋友一起饮用、品尝的一款鸡尾酒。

37 🍸 🥃 🍶

制作材料
干金酒……………………25ml
威士忌……………………20ml
比诺酒……………………15ml

用具、酒杯
摇酒壶、鸡尾酒杯

制作方法
1. 将所有制作材料以及冰块加入到摇酒壶中，上下摇动。
2. 将1倒入鸡尾酒杯中。

天使之吻

温柔的口感，幸福的时刻

　　完美混合干金酒与甜杏白兰地，调和出令人幸福感十足的一杯鸡尾酒。

30 🍸 🥃 🍶

制作材料
干金酒……………………30ml
甜杏白兰地………………15ml
卡巴度斯苹果酒…………15ml

用具、酒杯
摇酒壶、鸡尾酒杯

制作方法
1. 将所有制作材料以及冰块加入到摇酒壶中，上下摇动。
2. 将1倒入鸡尾酒杯中。

阿卡西亚

酒味喷香，酒色淡黄

　　使用27种药草混合酿造的法国郎酒调和出的这款鸡尾酒，呈现淡淡的黄色，略带点甜味的黏稠感潜藏艳丽的玄机，是一款成年人喜爱的鸡尾酒。

45.3 🍸 🍶

制作材料
干金酒……………………45ml
法国郎酒DOM ……………15ml
樱桃利口酒………………少许

用具、酒杯
摇酒壶、鸡尾酒杯

制作方法
1. 将所有制作材料以及冰块加入到摇酒壶中，上下摇动。
2. 将1倒入鸡尾酒杯中。

水晶露水

水晶的光泽，熠熠闪亮

　　干金酒配上酸橙淡淡的酸味与绿修道院酒的香味，酒整体的味道平衡，这就是日本东京全日空大酒店（ANA Hotel Tokyo）特制的水晶露水鸡尾酒。

44.4 🍸 🍶

制作材料
干金酒……………………45ml
绿色修道院酒……………10ml
酸橙果汁……………………5ml

用具、酒杯
摇酒壶、鸡尾酒杯

制作方法
1. 将所有制作材料以及冰块加入到摇酒壶中，上下摇动。
2. 将1倒入鸡尾酒杯中。

奥弗涅

轻饮畅快的一杯

新鲜青柠檬果汁的酸味和弗莱马鞭草酒富有品位的味道交相呼应，加之干金酒的辛辣在口中回荡，是一款非常好喝的鸡尾酒。

37

制作材料
干金酒·················30ml
新鲜青柠檬果汁·······15ml
弗莱马鞭草酒·········15ml

用具、酒杯
摇酒壶、鸡尾酒杯

制作方法
1. 将所有制作材料以及冰块加入到摇酒壶中，上下摇动。
2. 将1倒入鸡尾酒杯中。

绿恶魔

新鲜明亮的一款鸡尾酒

薄荷的清新与合适的甜味混合，柠檬酸酸的味道在口中回荡，是一款易于饮用的鸡尾酒。

39.6

制作材料
干金酒·················40ml
绿薄荷酒···············20ml
柠檬果汁···············10ml
鲜柠檬果汁············3茶匙
薄荷叶··················适量

用具、酒杯
摇酒壶、古典杯

制作方法
1. 将所有制作材料以及冰块加入到摇酒壶中，上下摇动。
2. 将1倒入古典杯中，用薄荷叶点缀。

绿色珊瑚礁

邀请您到珊瑚礁的海底世界做客，让人心潮澎湃

1950年举办的第二届全日本饮料大赛上鹿野彦司制作的获奖鸡尾酒品。是一款红绿搭配得赏心悦目的鸡尾酒。

32

制作材料
金酒····················40ml
绿薄荷酒···············20ml
玛若丝卡酸味樱桃······1颗

用具、酒杯
摇酒壶、鸡尾酒杯、鸡尾酒签

制作方法
1. 将除了玛若丝卡酸味樱桃以外的全部制作材料和冰放入混酒杯中，上下摇动。
2. 将玛若丝卡酸味樱桃插在鸡尾酒签上，放入杯中，把1的酒液滤入鸡尾酒杯中。

※另外还有一款加糖的冰雪风格鸡尾酒。

环游世界

爽快的淡蓝色使世界沉浸其中

淡淡的蓝色中略带绿色，往往让人联想到大海和陆地。这款鸡尾酒在飞机环球一周纪念比赛上获得优胜。

25

制作材料
干金酒·················40ml
绿薄荷酒················5ml
菠萝汁·················15ml
薄荷樱桃···············1颗

用具、酒杯
摇酒壶、鸡尾酒杯、鸡尾酒签

制作方法
1. 将除了薄荷樱桃以外的全部制作材料和冰放入混酒杯中，上下摇动。
2. 将薄荷樱桃插在鸡尾酒签放入杯中，把1的酒液滤入鸡尾酒杯中。

红粉佳人

这是一款献给全世界女人的鸡尾酒，充满魅力的红粉佳人

　　1912年伦敦上映的舞台剧《红粉佳人》庆功宴上献给女主角的一杯鸡尾酒。

20 🍸 🍹 🍶

制作材料
干金酒·······················40ml
红石榴糖浆···················5ml
柠檬果汁·····················10ml
蛋清························1/2个
牛奶·························1茶匙

用具、酒杯
摇酒壶、鸡尾酒杯、鸡尾酒签

制作方法
1. 将鸡蛋打碎，把蛋清和蛋黄分开（只使用蛋清部分）。

2. 将全部制作材料以及冰放入摇酒壶中，上下用力摇动。

3. 将2的酒液倒入鸡尾酒杯中。

※加入牛奶的是日本东京大仓饭店（Hotel Okura Tokyo）风格。

纯白美人

细腻如水的颜色宛若贵妇

　　1919年，伦敦西莫酒吧的调酒师哈里·麦克艾霍恩调制了这款酒，其灵感就来自于贵妇人的雍容华贵。

29 🍸 🍹 🍶

制作材料
干金酒·······················35ml
君度利口酒···················10ml
柠檬果汁·····················15ml

用具、酒杯
摇酒壶、鸡尾酒杯

制作方法
1. 将所有制作材料以及冰块加入到摇酒壶中，上下摇动。

2. 将1倒入鸡尾酒杯中。

春天歌剧

品尝一口这款酒使您有了些许唱歌的冲动，其口感也如春天般温柔

　　绿色、黄色以及粉色混合成的淡淡的色泽，犹如春花般温柔含蓄，来庆祝春天的美丽吧。

24 🍸 🍹 🍶

制作材料
必富达金酒···················40ml
日本樱花酒···················10ml
黑仑加酒·····················10ml
柠檬果汁·····················1茶匙
橙子汁·······················2茶匙
绿樱桃························1颗

用具、酒杯
摇酒壶、鸡尾酒杯、鸡尾酒签

制作方法
1. 除了橙子汁、绿樱桃以外的全部制作材料放入摇酒壶中，上下摇动。

2. 将1倒入鸡尾酒杯中，轻轻地倒入橙子汁，最后将绿樱桃插在鸡尾酒签上，放入杯中。

巴利

苦味与薄荷的清新相结合，是一款极为甘冽的鸡尾酒

安格斯图拉苦精酒的苦味与白薄荷的清新混合，调和出这款极为甘冽的鸡尾酒。

 40.3

制作材料

干金酒	40ml
安格斯图拉苦精酒	少许
香甜味美思酒	20ml
白薄荷	少量
柠檬皮	适量

用具、酒杯

混酒杯、调酒长匙、滤冰器、鸡尾酒杯

制作方法

1. 将除了白薄荷、柠檬皮以外的制作材料加冰后全部倒入混酒杯中，调和。

2. 放置滤冰器，将混合好的酒液滤入鸡尾酒杯中。

3. 将白薄荷放入杯中使其漂浮，最后在杯中滴入柠檬皮汁。

粉红金酒

略微辛辣，大众的喜好

1824年法国的军人J.司各特为了保护肠胃健康而制作的这一款鸡尾酒。

47

制作材料

干金酒	60ml
安格斯图拉苦精酒	少许

用具、酒杯

鸡尾酒杯

制作方法

1. 将少许的安格斯图拉苦精酒滴入到酒杯中，然后将酒杯横置旋转几周，当内部完全浸入之后将剩余的安格斯图拉苦精酒倒掉。

2. 在1中加入冷冻后的干金酒。

破碎的悬崖

口感辛辣浓厚、平衡感强

混合香甜味美思酒、白色波特葡萄酒以及蛋黄，口感深邃又浓郁的一款鸡尾酒。

19.4

制作材料

干金酒	20ml
茴香甜酒	1茶匙
香甜味美思酒	20ml
白色波特葡萄酒	40ml
蛋黄	1个

用具、酒杯

摇酒壶、红酒杯

制作方法

1. 将所有制作材料放入摇酒壶中，上下摇动。

2. 将1倒入红酒杯中。

金比特

享受苦味的男性鸡尾酒

19世纪的英国海军军校的学生们经常把它作为开胃酒饮用，由于酒中有苦味的香料，所以是男士鸡尾酒的上佳选择。

40

制作材料

干金酒	60ml
安格斯图拉苦精酒	少许

用具、酒杯

摇酒壶、岩石杯

制作方法

1. 将安格斯图拉苦精酒滴入到酒杯中，然后将酒杯横置旋转几周，当内部完全浸入之后，将剩余的安格斯图拉苦精酒倒掉。

2. 在1的杯中加入冰，再加入金酒调和。

※有的时候也不加冰，这时候被称作粉色金酒。

蓝鸟

淡淡的蓝色如同幸福的青鸟

　　这款鸡尾酒为淡淡的天蓝色，非常吸引人的目光。同时相对比较高的酒精浓度以及适中的苦味刺激着人的味蕾，是非常容易上瘾的酒品。

 42.4

制作材料

干金酒·······················50ml
安格斯图拉苦精酒·······少许
蓝柑桂酒·················10ml
柠檬皮·····················适量

用具、酒杯

混酒杯、调酒长匙、滤冰器、鸡尾酒杯、鸡尾酒签

制作方法

1. 将除了柠檬皮以外的制作材料加冰后全部倒入混酒杯中，开始调和。

2. 放置滤冰器，将混合好的酒液滤入鸡尾酒杯中，将橄榄插在鸡尾酒签上，放入杯中，最后滴几滴柠檬皮汁。

鹰之梦

口感和香味如梦境一般

　　波士紫罗兰酒优雅的味道恰当地平衡了酸味与甜味，将甘洌的金酒变得柔和了起来，推荐女士饮用。

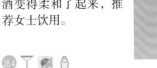 26.4

制作材料

干金酒·······················40ml
波士紫罗兰酒···············20ml
鲜柠檬果汁·················15ml
蛋清·························1个
白糖浆·······················1茶匙

用具、酒杯

摇酒壶、大鸡尾酒杯（浅碟形香槟酒杯）

制作方法

1. 将所有制作材料放入摇酒壶中，用力上下摇动。

2. 将1倒入到浅碟形香槟酒杯中。

亚历山大姐妹

畅饮爽快的鸡尾酒

　　干金酒和薄荷酒稍带辛辣的味道被奶油很好地包裹住，呈现出中庸之美。

 29.8

制作材料

干金酒·······················30ml
绿薄荷·····················15ml
鲜奶油·····················15ml

用具、酒杯

摇酒壶、鸡尾酒杯

制作方法

1. 将所有制作材料放入摇酒壶中，用力上下摇动。

2. 将1倒入鸡尾酒杯中。

联盟杰克

源自于英国国旗，典雅精致

　　如同英国国旗"联盟杰克"的名字一样，这款鸡尾酒有着淡淡的蓝色，醇香的味道显示出高贵的本质与精致的内在。

24.6

制作材料

干金酒·······················40ml
波士紫罗兰酒···············20ml

用具、酒杯

摇酒壶、鸡尾酒杯

制作方法

1. 将所有制作材料放入摇酒壶中，用力上下摇动。

2. 将1倒入到鸡尾酒杯中。

珍贵之心

如同恋人之间的耳语，温柔清净

这款鸡尾酒是由NBA举办的第24届日本全国调酒师技能大赛冠军佐藤千夏的作品。淡淡的粉色与香橙皮和柠檬皮交相辉映，宛若恋人之间轻柔耳语，非常有感觉。

制作材料

干金酒	25ml
西番莲利口酒	15ml
黑加仑酒	10ml
葡萄果汁	10ml
香橙皮	1片
柠檬皮	1片

用具、酒杯

摇酒壶、鸡尾酒杯

制作方法

1. 将除了香橙皮和柠檬皮以外的所有制作材料和冰放入摇酒壶中，用力上下摇动。

2. 将1倒入到鸡尾酒杯中，用香橙皮和柠檬皮点缀杯口。

百万美元

代表日本的百万美元的鸡尾酒

策划人是横滨大酒店的调酒师路易斯·艾宾格。这款酒为了纪念日本首位调制鸡尾酒并且将其传播的鸡尾酒调酒师滨田昌吾。这款酒顺滑的口感和平衡的味道，正好代表不断走向世界的日本。

制作材料

干金酒	40ml
菠萝果汁	15ml
香甜味美思酒	10ml
柠檬果汁	10ml
红石榴糖浆	1茶匙
蛋清	半个
菠萝片	1片

用具、酒杯

摇酒壶、浅碟形香槟酒杯、盆

制作方法

1. 将除了菠萝片以外的所有制作材料和冰放入摇酒壶中，用力上下摇动。

2. 将1倒入到浅碟形香槟鸡尾酒杯中。

3. 用菠萝片点缀杯口。

警犬

一款尽显草莓酸甜口味的鸡尾酒

草莓的酸甜口味配上沙冰的清脆，口感非常好的一款鸡尾酒。同时能使金酒的甘洌减弱一些，是夏日润喉避暑的好选择。在没有榨汁机的时代，调酒师通过多次剧烈地上下摇动摇酒壶，能够很好地使草莓的味道浸润到酒中。

制作方法

干金酒	30ml
干味美思酒	15ml
香甜味美思酒	15ml
草莓	2颗
沙冰	2/3杯

用具、酒杯

摇酒壶、古典杯、吸管

制作方法

1. 留出1个草莓将其他所有原料放入电动搅拌器内，开始搅拌。

2. 将1倒入酒杯中，去掉草莓的叶子放入杯中，插入吸管。

天堂

带你去乐园享受美妙时刻

　　轻品一口酒即感到如梦初醒，仿佛被带到了天堂一般，享受美妙时刻。

25

制作材料
干金酒……………………30ml
甜杏白兰地………………15ml
橙子汁……………………15ml

用具、酒杯
摇酒壶、鸡尾酒杯

制作方法

1. 将所有制作材料放入摇酒壶中，上下摇动。

2. 将1倒入鸡尾酒杯中。

探戈

橙子的甜味与浪漫的酒味

　　干金酒与香甜味美思酒适中比例调和的味道与香橙清新的香味与甜味交相辉映，混合成一股浪漫的酒味。

27

制作材料
干金酒……………………25ml
香甜味美思酒……………10ml
干味美思酒………………10ml
橙子柑桂酒…………………5ml
香橙果汁…………………10ml

用具、酒杯
摇酒壶、鸡尾酒杯

制作方法

1. 将所有制作材料放入摇酒壶中，上下摇动。

2. 将1倒入鸡尾酒杯中。

修道院

能够感受到香橙味道的鸡尾酒

　　香橙味美思酒把原本酸甜口味的香橙果汁的味道烘托得更加明显，这款鸡尾酒口感浓郁，果香四溢。

28

制作材料
干金酒……………………40ml
橙子汁……………………20ml
香橙味美思酒……………少许
玛若丝卡酸味樱桃………1颗

用具、酒杯
摇酒壶、鸡尾酒杯、鸡尾酒签

制作方法

1. 将除了玛若丝卡酸味樱桃以外的所有制作材料放入摇酒壶中，上下摇动。

2. 将1倒入鸡尾酒杯中，将玛若丝卡酸味樱桃插在鸡尾酒签上，放入1的鸡尾酒杯中。

开胃酒

让您食欲大增的开胃鸡尾酒

　　所谓的开胃酒就是让您在餐前饮用、使您食欲大增的酒。杜本内酒酒香四溢，同时这款鸡尾酒充满水果的新鲜感，非常好喝。

24

制作材料
干金酒……………………25ml
杜本内酒…………………20ml
果汁………………………10ml

用具、酒杯
摇酒壶、鸡尾酒杯

制作方法

1. 将所有制作材料放入摇酒壶中，上下摇动。

2. 将1倒入鸡尾酒杯中。

巴黎人

优雅的气味，时髦的鸡尾酒

　　想象优雅的法国巴黎人制作的鸡尾酒。干金酒的甘洌锐利的口感，浸润到卡悉的香甜里。

24 🍸

制作材料
干金酒	20ml
干味美思酒	20ml
黑加仑酒	20ml
柠檬皮	1片

用具、酒杯
摇酒壶、鸡尾酒杯

制作方法

1. 将除了柠檬皮以外的所有制作材料放入摇酒壶中，上下摇动。

2. 将1倒入鸡尾酒杯中，并将柠檬皮放入杯中。

尼克罗尼

融合甜味与苦味的意大利风格鸡尾酒

　　意大利的尼克罗尼伯爵作为开胃酒饮用的这款鸡尾酒，也以伯爵的名字命名了。是一款意大利风格十足的鸡尾酒。

27

制作材料
干金酒	20ml
金巴利酒	20ml
香甜味美思酒	20ml
橙子片	1/2片

用具、酒杯
酒杯长匙、岩石杯

制作方法

1. 将除了橙子片以外的所有制作材料倒入岩石杯中。

2. 将橙子片放入1中的酒杯中。

萨萨

具有品位和香气，鸡尾酒里面的绅士

　　在味道比较浓烈的杜本内酒中放入干金酒和安格斯图拉苦精酒，使味道更加突出，香气十足。

27 🍸

制作材料
干金酒	40ml
杜本内酒	20ml
安格斯图拉苦精酒	少许

用具、酒杯
混酒杯、鸡尾酒长匙、鸡尾酒杯

制作方法

1. 将所有制作材料放入混酒杯中，调和酒液。

2. 将1倒入鸡尾酒杯中。

杜本内

两种口味的绝赞鸡尾酒

　　用金鸡纳皮调味的杜本内酒和干金酒混合后产生深邃且浓烈的味道，是一款非常有特色的鸡尾酒。

27 🍸

制作材料
干金酒	30ml
杜本内酒	20ml
橙子皮	适量

用具、酒杯
混酒杯、鸡尾酒长匙、鸡尾酒杯

制作方法

1. 将除了橙子皮以外的所有制作材料放入混酒杯中，调和酒液。

2. 将1倒入鸡尾酒杯中，滴入橙子皮汁。

四海为家

让人第一次品尝就回味无穷的鸡尾酒味道

　　橙子汁的芳香混合草莓果汁的酸甜，是女性喜欢的口味。

28 🍸 🖌 🏺

制作材料

干金酒·················20ml
橙子柑桂酒··········10ml
草莓果汁··············20ml
鲜青柠檬果汁·········10ml

用具、酒杯

摇酒壶，鸡尾酒杯

制作方法

1. 将所有制作材料放入混酒杯中，上下摇动。

2. 将1倒入鸡尾酒杯中。

红狮

一款产自英国的高贵酒品

　　干金酒与橙子柑桂酒均匀地混合，柑橘清爽的酸味弥漫于整个酒杯中。

28 🍸 🖌 🏺

制作材料

干金酒·················20ml
橙子柑桂酒··········20ml
鲜橙果汁··············10ml
鲜柠檬果汁···········10ml

用具、酒杯

摇酒壶、鸡尾酒杯

制作方法

1. 将所有制作材料放入混酒杯中，上下摇动。

2. 将1倒入鸡尾酒杯中。

黑夜之吻

甜美的味道在夜里大放光彩

　　樱桃白兰地甜甜的口味和干味美思酒略酸的味道中和，最后由干金酒烘托出浓浓的思乡之情。

33 🍸 🖌 🏺

制作材料

干金酒·················40ml
樱桃白兰地··········20ml
干味美思酒············1茶匙

用具、酒杯

摇酒壶、鸡尾酒杯

制作方法

1. 将所有制作材料放入混酒杯中，上下摇动。

2. 将1倒入鸡尾酒杯中。

西方的玫瑰

酸甜的香味，带来快乐的一杯

　　干金酒纯正的口感与甜杏利口酒清爽的酸甜口味相结合，是一款水分丰富的甘甜美味鸡尾酒。

37.1 🍸 🖌 🏺

制作材料

干金酒·················30ml
甜杏利口酒···········15ml
干味美思酒···········15ml
鲜柠檬果汁············1茶匙

用具、酒杯

摇酒壶、鸡尾酒杯

制作方法

1. 将所有制作材料放入混酒杯中，上下摇动。

2. 将1倒入鸡尾酒杯中。

DAIWA ROYAL HOTELS

螺丝钻（日本皇家大酒店）

对于传统的味道有特别追求，轻轻搅拌调和出的一杯美酒

　　相传在过去青柠檬非常贵，所以在制作螺丝钻的时候，使用青柠檬利口酒来代替新鲜的青柠檬酒。这款日本皇家大酒店（DAIWA ROYAL HOTELS）风格的螺丝钻就正好重现了那个时代所特有的风味。使用的制作材料是干金酒（孟买蓝宝石）以及青柠檬利口酒，但并不适用摇酒法来调制，而是使用和调制马提尼相同的调和法来调酒，非常有特色。调和好的酒也多被称作螺丝钻马提尼，其甘洌的滋味非常具有特色。

32

制作材料
孟买蓝宝石金酒·······················60ml
青柠檬利口酒·····················1.5茶匙
柠檬皮·····································1片

用具、酒杯
混酒杯、调酒长匙、滤冰器、鸡尾酒杯、鸡尾酒签

制作方法

1. 将孟买蓝宝石金酒、青柠檬利口酒和冰放入混酒杯，用调和法混合。

2. 放置滤冰器，将混合好的酒液滤入鸡尾酒杯中。在1中滴入柠檬皮汁。

螺丝钻（东京全日空大酒店）

浸润嗓子的酸味与舒服的口感，令人非常舒服的一杯美酒

在东京全日空大酒店（ANA Hotel Tokyo）达·芬奇主题酒吧可以喝到的螺丝钻是基于最正统的配料与配方调和而成的。金酒选用能和各种制作材料融合的必富达干金酒，再加上利口青柠檬酒，最后加入一点点鲜青柠檬果汁就把酒的味道烘托出来，但是如果在调酒时使用过多的利口青柠檬酒会过甜而使得螺丝钻清爽的口感大减。因此，在调和的时候特意在新鲜感和清爽的酸口方面进行了调整，调和出好喝的螺丝钻。

32.3

制作材料

必富达干金酒	45ml
青柠檬利口酒	10ml
鲜青柠檬果汁	5ml

用具、酒杯

摇酒壶、鸡尾酒杯

制作方法

1. 将必富达金酒、青柠檬利口酒等制作材料和冰全部放入摇酒壶中，上下摇动。

2. 将酒液倒入鸡尾酒杯中。

螺丝钻（东京大仓饭店）

使用2种青柠檬再现甜味与酸味的完美平衡

　　螺丝钻原本应该只是使用干金酒和青柠檬利口酒两种酒来混合制作的。日本东京大仓饭店（Hotel Okura）风格的螺丝钻添加了鲜青柠檬果汁完成了调和，因此也成为其特色。这主要是因为如果仅仅是添加青柠檬利口酒，会使制作出来的鸡尾酒过于甘甜。加入鲜青柠檬果汁的酸味之后，就能够很好地使甜味与酸味中和。同时，加入鲜榨柠檬果汁之后，酒的颜色会变成不透明，外观看起来也会更富有清凉感，看上去就非常可口。

30

制作材料

必富达干金酒	45ml
鲜青柠檬果汁	10ml
青柠檬利口酒	5ml
青柠檬片	1/2片

用具、酒杯

摇酒壶、鸡尾酒杯

制作方法

1. 将必富达金酒、青柠檬利口酒等制作材料和冰全部放入摇酒壶中，上下摇动。

2. 将酒液倒入到鸡尾酒杯中。

螺丝钻（日本京王广场酒店）

继承传统调酒配方，坚守原汁原味的螺丝钻酒味

　　日本京王广场酒店（Keio Plaza Hotel）闪光主题酒吧并没有随波逐流在调酒的时候放入近几年比较流行的鲜青柠檬果汁，而是坚持只使用干金酒和青柠檬利口酒，调和出最传统地道的螺丝钻。但是如果在调和的时候没有使用新鲜的青柠檬有可能会导致调和出的鸡尾酒过于甘甜。为解决这个问题在调酒的时候使用 60ml 的干金酒配以 10ml 的青柠檬利口酒，这样一来由于金酒的用量比较多，调和出的酒恰好口感平衡，适中的甜味配上金酒甘洌以及清爽的酸味，带给你至美享受，淡淡的酒绿色外观也非常令人赏心悦目。

制作材料
必富达干金酒	60ml
青柠檬利口酒	10ml

用具、酒杯
摇酒壶、鸡尾酒杯

制作方法

1. 在摇酒壶中加入必富达干金酒、青柠檬利口酒和冰，上下摇动。

2. 将1倒入鸡尾酒杯中。

螺丝钻（日本新大谷酒店）

青柠檬利口酒的香甜与干金酒结合的完美典范

　　日本新大谷酒店（Hotels New Otani）主营酒吧制作的螺丝钻，使用必富达干金酒和特别的莫尼牌青柠檬利口酒，不仅可以满足顾客们对于鲜青柠檬果汁的需求，同时还能够更好地体现出酒本身的香味并将余味更好地表现出来。这样调和出来的螺丝钻鸡尾酒，甘甜与酸味均衡，味道也很悠长。

27

制作材料

必富达干金酒………………………………	40ml
莫尼青柠檬利口酒…………………………	10ml
鲜青柠檬果汁………………………………	10ml

用具、酒杯

摇酒壶、鸡尾酒杯

制作方法 ·········

1. 在摇酒壶中加入必富达干金酒、莫尼青柠檬利口酒、鲜青柠檬果汁和冰，上下摇动。

2. 将1倒入鸡尾酒杯中。

螺丝钻（日本帝国酒店）

杯中的碎冰带给您更加清爽的感觉

　　使用与马提尼鸡尾酒相同的5：1的比例调和的螺丝钻鸡尾酒，这就是日本帝国酒店（IMPERIAL Hotel）主营酒吧调制的螺丝钻。值得一提的是使用必富达干金酒的同时，再加入青柠檬片，使用摇酒壶一同混合。这样一来在利口青柠檬酒的甘甜口味中增加了新鲜的酸味，口感非常均衡。最后在杯中加入碎冰，缔造不失传统的日本帝国酒店（Imperial Hotel）风格螺丝钻。

32 ▽ ▨ ▧ ♗

制作材料
必富达干金酒 …………………………… 51ml
青柠檬利口酒 …………………………… 9ml
青柠檬片 ………………………………… 1/8片

用具、酒杯
摇酒壶、浅碟形香槟酒杯

制作方法
1. 在摇酒壶中加入必富达干金酒、青柠檬利口酒和冰，滴入青柠檬片汁，上下摇动。
2. 将1倒入浅碟形香槟酒杯中，静静地放入碎冰。

螺丝钻（日本宫殿酒店）

控制青柠檬的甘甜，口感清爽的一款螺丝钻

　　日本宫殿酒店（Palace Hotel）的主营酒吧调和出的螺丝钻使用标准调和方法，干金酒搭配青柠檬利口酒，但是为了使调和出的酒不至于过于甘甜，特意选用了甘洌且利口的必富达干金酒。而且，在摇酒壶中加入了青柠檬片，一起摇动使青柠檬很好地入味。最后在酒杯中放入了碎冰。这款酒并未过分地纠结口味的酸甜，而是深谙"混合调和"这一鸡尾酒的精髓，制作出来的一款非常完美的鸡尾酒。

制作方法

必富达干金酒	45ml
青柠檬利口酒	15ml
青柠檬片	1片

用具、酒杯

摇酒壶、鸡尾酒杯

制作方法

1. 在摇酒壶中加入必富达干金酒、青柠檬利口酒、青柠檬片和冰，上下摇动。

2. 将1倒入鸡尾酒杯中，轻轻地放入碎冰。

螺丝钻（日本皇家花园大酒店）

鲜青柠檬的酸味十足且甘洌的一款鸡尾酒

　　为了迎合大众对于相对甘洌的鸡尾酒口味的需求，日本皇家花园大酒店（Royal Park Hotel）的主营酒吧特别制作了这款清爽甘洌口感的螺丝钻鸡尾酒。调制这款酒的时候，并没有选用标准的青柠檬利口酒，而是仅仅选用了鲜青柠檬果汁。为了避免调和出的酒品酸味过大，使用1kg白糖比500g水的比例调和了白糖水，把这些加入到酒品中，很好地中和了原来的酸味，使口感非常平衡。调和出一款甘甜适中口感清爽的鸡尾酒。

32

制作材料

必富达干金酒	45ml
鲜青柠檬果汁	15ml
白糖浆（可选）	1茶匙

用具、酒杯

摇酒壶、鸡尾酒杯

制作方法

1. 在摇酒壶中加入必富达干金酒、鲜青柠檬果汁、白糖浆和冰，上下摇动。

2. 将1倒入鸡尾酒杯中，放入碎冰。

螺丝钻（东京世纪凯悦大酒店）

尽显青柠檬的清香与酸味，一款味道浓郁甘洌的鸡尾酒

　　东京世纪凯悦大酒店（Century Hyatt Tokyo）的主营酒吧制作调和出的螺丝钻使用了口感清爽且易于制作鸡尾酒的必富达干金酒，并且用量为80ml，配以10ml的鲜青柠檬果汁。这样调和出来的鸡尾酒因为金酒含量较高，所以比较辛辣，并且也成为其特色。在杯边装饰青柠檬片，能够按照您自己的酸甜喜好，进行适当的味道调节。金酒的香味与青柠檬的风味与酸味融合，是一款非常诱人的鸡尾酒。

30

制作材料

必富达干金酒······························ 80ml
鲜青柠檬果汁······························ 10ml
青柠檬片······························· 1/16片

用具、酒杯

摇酒壶、鸡尾酒杯

制作方法

1. 在摇酒壶中加入必富达干金酒、鲜青柠檬果汁和冰，上下摇动。

2. 将1倒入鸡尾酒杯中，将青柠檬片装饰在杯边。

螺丝钻（日本大都会大饭店）

减少摇动次数，减少水分调和成的鸡尾酒

　　日本大都会大饭店（Hotel Metropolitan）的主营酒吧将干金酒和青柠檬利口酒加入到摇酒壶中摇动，最后在杯中加入碎冰，非常好地还原了传统的螺丝钻风味。调和出的酒口味均衡，并没有特别突出金酒的辛辣或青柠檬利口酒的甜味或酸味。特别需要注意的是在通过摇酒壶混合酒品的时候，注意摇动的次数不要超过15次。这样可以避免酒的水分过多，影响口感。

制作材料

必富达干金酒·························· 45ml
青柠檬利口酒·························· 15ml

用具、酒杯

摇酒壶、鸡尾酒杯

制作方法

1. 在摇酒壶中加入必富达干金酒、青柠檬利口酒和冰，上下摇动。

2. 将1倒入鸡尾酒杯中，放入碎冰。

螺丝钻（东京太平洋大酒店）

选用最基本的配比方法，调和出时代的味道

　　选用足量的70ml的干金酒尽显辛辣甘洌，同时加入青柠檬利口酒使得酸味和甘甜得以平衡，这就是东京太平洋大酒店（Hotel Pacific Tokyo）主营酒吧为您呈现的一款口感平衡的螺丝钻鸡尾酒。现今流行饮用口感甘洌的鸡尾酒，所以由此产生了很多仅仅使用鲜青柠檬果汁来调和的螺丝钻。东京太平洋大酒店（Hotel Pacific）认为不加青柠檬利口酒的螺丝钻多数是不地道的鸡尾酒，非常尊重最传统的配比方法，并一直坚持用传统方法制作鸡尾酒。

制作材料

必富达干金酒	70ml
青柠檬利口酒	20ml
鲜青柠檬	1/8片

用具、酒杯

摇酒壶、鸡尾酒杯

制作方法

1. 在摇酒壶中加入必富达干金酒、青柠檬利口酒和冰，滴入鲜青柠檬皮汁，上下摇动。

2. 将1倒入鸡尾酒杯中。

螺丝钻（东京王子大饭店）

能够当做开胃酒的螺丝钻

    东京皇家王子大饭店（Tokyo Prince Hotel）的主营酒吧制作的螺丝钻，使用必富达干金酒和青柠檬利口酒以及鲜青柠檬果汁混合调制而成。调和好的鸡尾酒比较甘洌，让人回味无穷。一般来说，螺丝钻可以随时饮用，这款酒相当甘洌，特别适合当成开胃酒来饮用。

制作材料

必富达干金酒	70ml
鲜青柠檬果汁	15ml
青柠檬利口酒	5ml
青柠檬片	1片

用具、酒杯

摇酒壶、鸡尾酒杯

制作方法

1. 在摇酒壶中加入必富达干金酒、鲜青柠檬果汁，青柠檬利口酒和冰，上下摇动。

2. 将1倒入鸡尾酒杯中，将青柠檬片装饰在杯边。

汤姆·柯林斯

甘洌的苦味和迷人的酸味，一款好喝的鸡尾酒

　　这款鸡尾酒是英国伦敦酒吧的首席调酒师约翰·科林斯调制而成，最初以他的名字命名，但之后用汤姆牌金酒调制，酒名也改为汤姆·柯林斯。

16

制作材料

老汤姆牌干金酒……………40ml
柠檬果汁……………………15ml
白糖浆………………………2茶匙
苏打水………………………适量
柠檬片…………………………1片
玛若丝卡酸味樱桃……………1颗

用具、酒杯

摇酒壶、柯林斯杯、调酒长匙、鸡尾酒签

制作方法

1. 在摇酒壶中加入老汤姆牌干金酒、柠檬果汁、白糖浆和冰，上下摇动。

2. 将1倒入加冰的柯林斯酒杯中，加入冷藏过的苏打水倒8成左右，用调和法混合。

3. 将玛若丝卡酸味樱桃插在鸡尾酒签上沉入杯中，在杯边装饰柠檬片。

金利克

享受金酒丰富的口味和青柠檬喷香的味道

　　19世纪末由华盛顿的酒吧创造，最初的顾客是一名名叫金利克的人，就以此命名了这款酒。

14

制作材料

干金酒………………………45ml
鲜青柠檬果汁…………………5ml
苏打水………………………适量
青柠檬片……………………1/4片

用具、酒杯

调酒长匙、调酒棒、平底酒杯

制作方法

1. 将青柠檬片汁滴入酒杯中，再把整个青柠檬片放入杯中。

2. 将干金酒、鲜青柠檬果汁和冰放入杯中。

3. 倒入冷冻过的苏打水，调和，最后放入调酒棒。

金酒黛丝

淡粉色清爽的感觉，是夏季的首选饮品

　　淡淡的粉色使人不由得联想起纯真少女的笑脸，清爽的感觉，是夏季的首选鸡尾酒。酒的名字"黛丝"是雏菊的意思。

22

制作材料

干金酒………………………45ml
柠檬果汁……………………20ml
红石榴糖浆……………………2茶匙
柠檬片…………………………1片
薄荷叶…………………………1片

用具、酒杯

摇酒壶、高脚杯、吸管

制作方法

1. 将除了柠檬片以及薄荷片以外的所有制作材料和冰放入摇酒壶中，上下摇动。

2. 在杯中放满冰块，将1倒入杯中。

3. 放入吸管，装饰柠檬片和薄荷片。

新加坡司令

想象着新加坡的夕阳创造的一款鸡尾酒

在新加坡拉普鲁斯酒店诞生的一款鸡尾酒。想象在夕阳西下的时候，太阳照耀在木槿树梢，被风吹动而凌乱的树影。

17

制作材料

干金酒	45ml
樱桃白兰地	15ml
柠檬果汁	15ml
白糖浆	10ml
本尼狄克丁修士酒	1茶匙
苏打水	适量
柠檬片	1片
玛若丝卡酸味樱桃	1个

用具、酒杯

摇酒壶、调酒长匙、平底酒杯、鸡尾酒签

制作方法

1. 将除了柠檬片以及玛若丝卡酸味樱桃以外的所有制作材料和冰放入摇酒壶中，上下摇动。

2. 将1倒入平底酒杯中，加入冷藏后的苏打水到8成左右。

3. 放入调酒长匙进行混合。

4. 将柠檬片和玛若丝卡酸味樱桃插在鸡尾酒签上放入杯中。

金汤力

让您越喝越想喝的经典鸡尾酒

使用略带苦味、清爽的还有奎宁的汤力水，使这款鸡尾酒好喝易饮。

14

制作材料

干金酒	45ml
汤力水	适量
青柠檬片	1/4片

用具、酒杯

调酒长匙、平底酒杯、调酒棒

制作方法

1. 将冰放在平底酒杯中，再倒入干金酒。

2. 将青柠檬汁滴入杯中，剩下的点缀杯子或者放入杯中。

3. 倒入冷冻过的汤力水到8成左右，调和，最后放入调酒棒。

琴费斯

柠檬的风味带来十足的爽快感

碳酸饮料里面的气泡往往是由于放入了苏打水，喝下去有"嗖"的一下的感觉。这款鸡尾酒就是如此，这款酒是由美国新奥尔良的亨利调酒师在1888年调制出来的。

13

制作材料

干金酒	45ml
柠檬果汁	15ml
牛奶	2茶匙
砂糖	1茶匙
苏打水	适量
柠檬片	1片
玛若丝卡酸味樱桃	1颗

用具、酒杯

摇酒壶、调酒长匙、平底酒杯、调酒棒、鸡尾酒签

制作方法

1. 将从干金酒到砂糖的制作材料和冰块一起放入摇酒壶中，上下摇动。

2. 在杯子里面放入冰块，将1倒入平底酒杯中，最后放入冷藏过的苏打水，搅拌调和。将柠檬片和玛若丝卡酸味樱桃插在鸡尾酒签上，放入杯中。

※加入牛奶后便是东京大仓饭店（Hotel Okura Tokyo）的风格。

佛罗里达

酸甜橙汁口味的鸡尾酒

美国佛罗里达州受到太阳的恩惠盛产香橙，用这些香橙和金酒混合制作出的鸡尾酒水分充足、味道香甜、余味无穷。喝一杯，顿时感觉如春风拂面，人也变得精神了起来。

制作材料

干金酒	15ml
香橙果汁	40ml
樱桃白兰地	1茶匙
白色柑桂酒	1茶匙
柠檬果汁	1茶匙
柠檬片	1/2片

用具、酒杯

摇酒壶、岩石杯

制作方法

1. 将除了柠檬片以外的全部制作材料和冰放入摇酒壶中，上下摇动。

2. 将冰放入岩石杯并且把1倒入到杯中，在杯边装饰柠檬片。

檀香山

奢华的独家极品享受，南方风味水果的协奏

旅游胜地夏威夷中心檀香山的热带风格为这款酒的原型。干金酒配上香橙、菠萝、柠檬等南方才有的甜味与酸味，使用安格斯图拉苦精酒作为点缀，制作调和出一款口感丰润均衡的鸡尾酒。

制作材料

干金酒	50ml
香橙果汁	1茶匙
菠萝果汁	1茶匙
柠檬果汁	1茶匙
安格斯图拉苦精酒	1茶匙
白糖浆	1茶匙

用具、酒杯

摇酒壶、鸡尾酒杯

制作方法

1 将全部制作材料放入摇酒壶中，上下摇动。

2 将1倒入到鸡尾酒杯中。

白玫瑰

一款如同白玫瑰的、味道上乘的鸡尾酒

细腻的润滑的蛋清气泡加上浓厚玛若丝卡酸味樱桃的甜味和香橙的酸味，让人很自然地联想到"纯洁""尊敬"等形容白玫瑰的话语。是一款味道上乘、细腻柔和的鸡尾酒。

制作材料

干金酒	40ml
玛若丝卡酸味樱桃酒	15ml
香橙果汁	1茶匙
柠檬果汁	1茶匙
蛋清	1/2个

用具、酒杯

摇酒壶、盆、浅碟形香槟酒杯

制作方法

1. 将鸡蛋打破，在盘中分开蛋清和蛋黄。

2. 将全部制作材料放入摇酒壶中，上下摇动使蛋清混合。

3. 将1倒入到浅碟形香槟酒中。

蒙特卡罗

一款薄荷和香槟酒完美结合的鸡尾酒

　　干金酒飒爽的薄荷口感与柠檬的酸味、香槟酒的碳酸的口感完美结合，是一款口感清爽的鸡尾酒。

14.7 ⓨ ▨ 🍶

制作材料

干金酒··················30ml
白薄荷··················15ml
鲜柠檬果汁··············15ml
香槟···················倒满

用具、酒杯

摇酒壶、香槟酒杯

制作方法

1. 将香槟以外的全部制作材料和冰放入摇酒壶中，上下摇动。

2. 将1倒入到香槟酒杯中，最后倒入冷藏的香槟酒。

中国姑娘

金酒和葡萄汁混合，一款适合女性的鸡尾酒

　　干金酒的辛辣和葡萄果汁淡淡的甜味相混合，陈酿绿牌修道院酒的使用，突出了酒的味道。

33.5 ⓨ ▨ 🍶

制作材料

干金酒··················30ml
陈酿绿牌修道院酒··········15ml
鲜葡萄果汁··············15ml

用具、酒杯

摇酒壶、鸡尾酒杯

制作方法

1. 将全部制作材料和冰放入摇酒壶中，上下摇动。

2. 将1倒入到鸡尾酒杯中。

雪球

柔和的酒香回荡在口中

　　鲜奶油使干金酒变得香甜顺滑，是一款口味独特、奢华的鸡尾酒。

24 ⓨ ▨ 🍶

制作材料

干金酒··················15ml
茴香甜酒················15ml
波士紫罗兰··············15ml
白薄荷··················15ml
鲜奶油··················15ml

用具、酒杯

摇酒壶、浅碟形香槟酒杯

制作方法

1. 将全部制作材料和冰放入摇酒壶中，上下摇动。

2. 将1倒入到浅碟形香槟酒杯中。

横滨

一款如横滨的夜景一般美丽的鸡尾酒

　　想象着横滨美丽夜景调制出的一杯华丽的鸡尾酒。使用鲜橙果汁，但并不是特别甜。

37.7

制作材料

干金酒……………………20ml
伏特加……………………20ml
红石榴糖浆…………………10ml
鲜橙果汁…………………10ml
苦艾酒……………………少许

用具、酒杯

摇酒壶、鸡尾酒杯

制作方法

1. 将全部制作材料和冰放入摇酒壶中，上下摇动。

2. 将1倒入到鸡尾酒杯中。

藤蔓月季

能够感受到初春气息的鸡尾酒

　　草莓利口酒平和的味道犹如初春的感觉，以此为灵感创作的一款鸡尾酒。并没有非常高的酒精度数，非常可口。

32.3

制作材料

干金酒……………………30ml
草莓利口酒…………………15ml
干雪利酒…………………15ml
玛若丝卡酸味樱桃……………1颗

用具、酒杯

混酒杯、调酒长匙、滤冰器、鸡尾酒杯、鸡尾酒签

制作方法

1. 将除了玛若丝卡酸味樱桃以外的制作材料和冰全部放入到混酒杯中，调和混酒。

2. 放置滤冰器将混合好的酒液滤入鸡尾酒杯中，将玛若丝卡酸味樱桃装饰在酒杯杯口。

绿宝石

富有深意的味道，香甜且浓郁的口感

　　陈酿绿牌修道院酒、香甜味美思酒和干金酒以相同的量混合调出的一款鸡尾酒，有些甜味和苦味的佳品。

33.9

制作材料

干金酒……………………20ml
陈酿绿牌修道院酒……………20ml
香甜味美思酒………………20ml
香橙苦精酒…………………少许
柠檬片……………………适量

用具、酒杯

混酒杯、调酒长匙、滤冰器、鸡尾酒杯、鸡尾酒签

制作方法

1. 将除了玛若丝卡酸味樱桃以外的制作材料和冰全部放入到混酒杯中，调和混酒。

2. 放置滤冰器将混合好的酒液滤入鸡尾酒杯中，滴入柠檬片汁。

最后一搏

董菜的香味演出魅惑诱人之夜

　　酒的颜色为紫色，显示出深邃安静的性感，演绎出淡淡怀旧的情绪，这种情绪弥漫整个夜晚。这款鸡尾酒是东京全日空大酒店（ANA Hotel Tokyo）原创的一款酒。

③1

制作材料

干金酒	30ml
白色柑桂酒	10ml
波士紫罗兰酒	10ml
鲜青柠檬果汁	10ml

用具、酒杯

摇酒壶、鸡尾酒杯

制作方法

1. 将全部制作材料和冰都放入到摇酒壶中，上下摇动。

2. 将1的酒液倒入到鸡尾酒杯中。

布朗克斯

在美国禁止饮酒的时代诞生的一款低糖鸡尾酒

　　美国禁酒时期的纽约北部有一条叫布朗克斯的街道，这里的人使用秘密制造的廉价金酒混合橙汁制作鸡尾酒，这就是这款酒的由来。

②5

制作材料

干金酒	30ml
干味美思酒	10ml
香甜味美思酒	10ml
橙汁	10ml

用具、酒杯

摇酒壶，鸡尾酒杯

制作方法

1. 将全部制作材料和冰都放入到摇酒壶中，上下摇动。

2. 将1的酒液倒入到鸡尾酒杯中。

橙花

充分发挥香橙甜中略带酸的口味制作的一款鸡尾酒

　　橙花的花语为纯洁，这款酒同样也是被经常用作婚礼前的开胃酒来饮用的，其中的香橙香气四溢，味美无穷。

②7

制作材料

干金酒	40ml
橙汁	20ml

用具、酒杯

摇酒壶、鸡尾酒杯

制作方法

1. 将全部制作材料和冰都放入到摇酒壶中，上下摇动。

2. 将1的酒液倒入到鸡尾酒杯中。

黄手指

回想小时候纯真甜蜜的感情和甜美的味道

　　草莓和香蕉独特的口味在嘴里回荡，甘甜美好的味道让您的心情舒畅。

 27 🍸 🗒 🍶

制作材料
干金酒……………………30ml
草莓利口酒…………………10ml
香蕉利口酒…………………10ml
鲜奶油………………………10ml

用具、酒杯
摇酒壶、鸡尾酒杯

制作方法

1. 将全部制作材料和冰放入到摇酒壶中，上下摇动。

2. 将1的酒液倒入到鸡尾酒杯中。

玛丽公主

幸福之感荡漾在嘴里，是婚礼上的鸡尾酒品

　　1922年纪念英国皇室结婚而制作的一款鸡尾酒，是奶油含量丰富的一款鸡尾酒。

 21 🍸 🗒 🍶

制作材料
干金酒……………………30ml
鲜奶油可可…………………20ml
鲜奶油………………………10ml

用具、酒杯
摇酒壶、鸡尾酒杯

制作方法

1. 将全部制作材料和冰都放入到摇酒壶中，上下摇动。

2. 将1的酒液倒入到鸡尾酒杯中。

秋叶

适合独自一人时饮用，口感非常好的一款鸡尾酒

　　干金酒的甘洌口感和姜汁葡萄酒爽快的香甜口味很好地融合在一起，非常可口的一款鸡尾酒。

34.6 🍸 ▨ ╱

制作材料
干金酒……………………40ml
姜汁葡萄酒…………………15ml
青柠檬利口酒………………5ml
柠檬片………………………适量

用具、酒杯
混酒杯、调酒长匙、滤冰器、鸡尾酒杯

制作方法

1. 将除了柠檬片以外的全部制作材料和冰放入混酒杯，用调和法混合。

2. 放置滤冰器将混合好的酒液滤入鸡尾酒杯中，在2中滴入柠檬汁。

翡翠库勒

清爽的过喉之感让您忘却夏日暑热

柠檬酸甜的口味与薄荷的风味相结合，包裹着干金酒的味道。饮一杯美酒眺望大海。

6

制作材料
干金酒·······························30ml
绿薄荷·······························15ml
鲜柠檬果汁·························20ml
焦糖·······························1茶匙
苏打水·····························倒满
柠檬片·····························适量

用具、酒杯
混酒杯、调酒长匙、平底酒杯

制作方法

1. 将除了柠檬片以外的全部制作材料和冰放入混酒杯，用调和法混合。

2. 将平底酒杯中加冰后倒入1。

3. 轻轻混合2，滴入柠檬片汁。

蓝月亮

想象神秘的月亮调和的一款口感醇厚的鸡尾酒

浅紫色的蓝月亮有"难以交流"的意思，正如月夜仰望天空，月亮带给人们的那种神秘静谧的感觉。

23

制作材料
干金酒·······························40ml
紫罗兰酒·····························5ml
柠檬果汁·····························15ml

用具、酒杯
摇酒壶、鸡尾酒杯

制作方法

1. 将全部制作材料和冰放入到摇酒壶中，上下摇动。

2. 将1的酒液倒入到鸡尾酒杯中。

小星团调查

夜空里仿佛宝石般的星星闪烁，一款如同星空一般的鸡尾酒

清新的淡蓝色与干金酒辛辣的口感相结合，正如同夜空里如宝石般闪烁的星星，非常浪漫的一款鸡尾酒。

39.1

制作材料
干金酒·······························45ml
蓝色柑桂酒·························5ml
波士紫罗兰·························5ml
青柠檬利口酒·····················1茶匙
青柠檬片·····························适量

用具、酒杯
摇酒壶、鸡尾酒杯

制作方法

1. 将全部制作材料和冰放入到摇酒壶中，上下摇动。

2. 将1的酒液倒入到鸡尾酒杯中。

康卡朵拉

一款沁人心脾的、充满水果香甜的鸡尾酒

甘甜的水果味加上香橙片的味道就是一款可口的佳品。酒精度数比较高。

38

制作材料

干金酒…………………30ml
樱桃酒…………………10ml
玛若丝卡酸味樱桃酒…10ml
白色柑桔酒……………10ml
香橙片…………………适量

用具、酒杯

摇酒壶、鸡尾酒杯

制作方法

1. 将除了香橙片的全部制作材料和冰放入到摇酒壶中，上下摇动。

2. 将1的酒液倒入到鸡尾酒杯中，滴入香橙片汁。

白色

纯白的颜色，上佳的口感

香橙味美思酒的苦味与茴香酒的喷香融合，很好地将干金酒的味道突出，一款让人难以忘怀的鸡尾酒。

41.8

制作材料

干金酒…………………60ml
茴香酒…………………2茶匙
香橙味美思酒…………少许
柠檬片…………………适量

用具、酒杯

摇酒壶、鸡尾酒杯

制作方法

1. 将除了柠檬片外的全部制作材料和冰放入到摇酒壶中，上下摇动。

2. 将1的酒液倒入到鸡尾酒杯中。

巴黎咖啡

香味十足，让人安静的一款鸡尾酒

茴香酒香甜且略酸的口感加上奶油和蛋清香浓的味道，想象着巴黎的景象创造的一款鸡尾酒。

29.5

制作材料

干金酒…………………45ml
茴香酒…………………1茶匙
鲜奶油…………………1茶匙
蛋清……………………1个

用具、酒杯

摇酒壶、浅碟形香槟酒杯

制作方法

1. 将全部制作材料和冰放入到摇酒壶中，上下摇动。

2. 将1的酒液倒入到浅碟形香槟酒杯中。

休息5分钟

金酒和香槟融合最好的一款鸡尾酒

甘冽的干金酒配上高贵的香槟，口感醇香诱人，非常适合在浪漫的时刻饮用的一款鸡尾酒。

16

制作材料

干金酒…………………10ml
青柠檬果汁……………5ml
草莓利口酒……………5ml
草莓果汁………………10ml
香槟酒…………………30ml
星星青柠檬片…………1片

用具、酒杯

混酒杯、调酒长匙、滤冰器、鸡尾酒杯

制作方法

1. 将干金酒、草莓利口酒、青柠檬果汁、草莓果汁和冰放入混酒杯轻轻搅拌。

2. 在1中倒入香槟酒，放置滤冰器将混合好的酒液滤入鸡尾酒杯中，最后在杯子的边缘装饰青柠檬片。

波斯之夜

让您想到异国静谧的深夜

深蓝色加上气泡，好像深夜的天际里点缀夜空的几颗星星。

23.6

制作材料

干金酒	25ml
蓝柑桂酒	15ml
苹果果汁	25ml
鲜柠檬果汁	1茶匙
汤力水	适量
波士紫罗兰酒	2茶匙
柠檬片	1/2片

用具、酒杯

摇酒壶、调酒长匙、笛形香槟杯

制作方法

1. 将干金酒、蓝柑桂酒、苹果果汁、鲜柠檬果汁和冰放入摇酒壶中，上下摇动。

2. 在笛形香槟杯中放入冰块，然后将1倒入，最后倒满汤力水。

3. 将波士紫罗兰酒滴入杯中，最后在杯子边缘用柠檬片作装饰。

音乐之浪

倾听着波涛的声音，享受心情愉悦的放松感

鲜桃利口酒适中的芬芳与姜汁汽水的碳酸相互混合，带来爽快的刺激感，非常适合夏日饮用品尝。

9.5

制作材料

干金酒	20ml
鲜桃利口酒	30ml
蓝糖浆	10ml
姜汁汽水	倒满
覆盆子利口酒	1茶匙
柠檬片	1片
红樱桃	1颗

用具、酒杯

摇酒壶、调酒长匙、调酒棒、柯林斯酒杯、鸡尾酒签

制作方法

1. 将干金酒、鲜桃利口酒、蓝糖浆和冰放入摇酒壶，上下摇动。

2. 在柯林斯酒杯中放入冰块，然后将1倒入，最后倒满姜汁汽水。

3. 将覆盆子利口酒滴入2的杯中。

4. 将柠檬片和红樱桃插在鸡尾酒签上放入酒杯中，最后放入调酒器。

蓝天白云

鲜艳的蓝色，加上一架飞机划过晴空留下的白色痕迹

使用食盐在酒杯上设计出飞机划过晴天留下的痕迹，很有夏日的风情。味道方面，酸味和甜味相互混合，非常好喝。

18

制作材料

干金酒	15ml
鲜桃利口酒	15ml
蓝柑桂酒	20ml
青柠檬利口酒	5ml
苹果酒（白色）	20ml
食盐	适量
玫瑰	1朵

用具、酒杯

摇酒壶、笛形香槟杯

制作方法

1. 在摇酒壶中放入除了苹果酒（白色）、食盐、玫瑰以外的全部制作材料和冰块，上下摇动。

2. 将1倒入到笛形香槟酒杯中，倒满苹果酒（白色）。

3. 在杯子壁上用食盐画出两道白色，最后把玫瑰装饰在杯边。

鸡尾酒名字的由来

平时我们很自然地使用"鸡尾酒"这个词汇称呼这种酒，但很少有人知道其中的缘由。有人说是一个喜欢斗鸡的主人命名的，也有人说是一位少年误用了形似雄鸡尾巴的枝条来调和酒而得来的名字。

喜欢斗鸡的主人创造的"军鸡鸡尾"说

在18世纪后期，美国乡村的一间旅馆的主人特别热衷于斗鸡。有一天，自己最喜欢的军鸡不知道跑到哪里去了，主人非常伤心，难以入睡。

旅馆主人的女儿长得非常漂亮，看到父亲这么伤心，就决定了谁要是能够找到这只军鸡，就以身相许来报答他。之后过了几天有一名军人找到了这只军鸡，按照约定，旅店老板的女儿和他结婚了。

为了庆祝找回军鸡和女儿的大婚，这名主人随手从架子上拿下一瓶酒让两位新人饮用品尝，碰巧酒的味道香醇浓厚、非常好喝，就以军鸡漂亮的尾巴之意命名了这种酒，因此得名鸡尾酒。

由于误会而得名的鸡尾酒之说

相传，英国轮船在进入墨西哥的尤卡坦半岛的某个港湾停靠时，船员和客人进入当地的酒馆休息，酒店的小伙计拿着看上去非常好喝的混合酒来招待客人们。

这时，有一名客人问这个小伙计，这酒的名字是什么？小伙子误听成代替调酒棒调和这酒的东西是什么，于是高声的使用西班牙语说，是雄鸡的尾羽。这个西班牙语翻译成英语之后就是"鸡之尾羽（Cock of Tail）"，也就是现在的鸡尾酒了。

R UM

朗姆酒系列

朗姆 以朗姆酒为基酒制作酒品一览

※基酒、利口酒和其他酒品的容量单位都为ml。

鸡尾酒名称	类别	调制手法	酒水度数	味道	基酒	利口酒、其他酒品
代基里（日本皇家大酒店）			24	中口	百加得白色朗姆酒45	
代基里（东京全日空大酒店）			30	中口	百加得白色朗姆酒45	
代基里（日本东京大仓饭店）			24	中口	百加得白色朗姆酒35	
代基里（日本京王广场酒店）			30	中口	百加得白色朗姆酒45	
代基里（日本新大谷酒店）			23	中口	百加得白色朗姆酒45	
代基里（日本帝国酒店）			25.7	中口	百加得白色朗姆酒45	
代基里（日本宫殿酒店）			24	中口	百加得白色朗姆酒40	
代基里（日本皇家花园大酒店）			23	中口	百加得白色朗姆酒40	
代基里（东京世纪凯悦大酒店）			24	中口	百加得白色朗姆酒70	
代基里（日本大都会大饭店）			30	中口	百加得白色朗姆酒45	
代基里（东京太平洋大酒店）			26	中口	百加得白色朗姆酒60	
代基里（东京王子大饭店）			24	中口	百加得白色朗姆酒70	
冰沙代基里			8	中口	白色朗姆酒40	君度利口酒2茶匙
香蕉代基里			23	中口	白色朗姆酒30	香蕉利口酒5
迈泰			25	中口	轻朗姆酒45	香橙柑桂酒5、黑朗姆2茶匙
最后之吻			33	辣口	白色朗姆酒45	白兰地10
迈阿密			31	中口	轻朗姆酒40	白色薄荷20
XYZ			27	中口	轻朗姆酒40	白色柑桂酒10
阿卡普尔科			27	中口	轻朗姆酒40	君度利口酒5
黑色龙卷风			30	中口	白色心形柠檬酒30	黑色森伯加酒30、野格酒1茶匙
自由古巴			12	中口	轻朗姆酒45	

果汁	甜味、香味材料	碳酸饮料	装饰和其他	页数
鲜青柠檬果汁15	加勒比糖浆1茶匙		S青柠檬1片	76
鲜柠檬果汁15	加勒比糖浆1茶匙			77
鲜柠檬果汁15	S糖浆10			78
鲜柠檬果汁15	S糖浆（自制）10			79
鲜柠檬果汁15	S糖浆（自制）2茶匙			80
鲜柠檬果汁9	S糖浆（自制）6			81
鲜柠檬果汁20	S糖浆（自制）10			82
鲜柠檬果汁20	S糖浆（自制）2茶匙			83
鲜柠檬果汁10	S糖浆10			84
鲜柠檬果汁15	S糖浆1茶匙			85
鲜柠檬果汁20	S糖浆10			86
鲜柠檬果汁20	S糖浆1茶匙			87
青柠檬果汁（柠檬果汁）15	砂糖 2茶匙			88
鲜柠檬果汁1茶匙	S糖浆1茶匙		香蕉片3片	88
菠萝果汁15、香橙果汁15、柠檬果汁5			S柠檬1片、S香橙1片、菠萝片1片、M樱桃1颗、装饰花1朵	88
柠檬果汁5				89
柠檬果汁1茶匙				89
柠檬果汁10				89
柠檬果汁15	S糖浆1茶匙			89
青柠檬果汁20			青柠檬皮1片	90
可口可乐适量			青柠檬1/4片	90

鸡尾酒名称	类别	调制手法	酒水度数	味道	基酒	利口酒、其他酒品
"蝎"式坦克			21	中口	白色朗姆酒40	白兰地20
菠萝岛			18	中口	白色朗姆酒45	
圣地亚哥			34	辣口	轻朗姆酒50	
百加得			24	中口	轻朗姆酒45	
上海			20	中口	黑朗姆酒30	茴香酒10
富士山			18	中口	轻朗姆酒20	甜味美思40
金斯顿			23	中口	牙买加朗姆酒30	白色柑桂酒15
古巴			20	中口	轻朗姆酒35	甜杏白兰地15
百家得亚诺			24	中口	百加得白色朗姆酒40	茴香酒1茶匙
蓝色夏威夷			14	中口	白色朗姆酒30	蓝色柑桂酒15
绿眼			11	中口	金朗姆30	甜瓜利口酒25
蓝水晶			8	中口	哈瓦那俱乐部朗姆酒15	蓝色西番莲利口酒15、黑加仑酒15
船的甲板			26	辣口	白色朗姆酒40	干雪利酒20
牙买加人			25	甜口	白色朗姆酒20	添万力咖啡利口酒20、鸡蛋利口酒20
晓晨之饮			34.3	中口	白色朗姆酒30	苦艾酒少许、香橙柑桂酒少许、意大利苦艾酒少许
埃及艳后			16	甜口	轻朗姆酒25	摩卡香甜酒20
白金镶边			22	甜口	轻朗姆酒20	白色柑桂酒20
巴拿马			26.7	甜口	白色朗姆酒30	白色可可酒15
莫阿纳·库勒			11.4	甜口	白色朗姆酒45	白色薄荷45
绅士牌鸡尾酒			17	中口	轻朗姆酒30	
巴哈马			24	中口	白色朗姆酒20	金馥力娇酒20、香蕉利口酒少许
索奴拉			35	辣口	轻朗姆酒30	苹果白兰地30、甜杏白兰地少许
哈瓦那海滩			17	中口	白色朗姆酒30	
西维亚			12	中口	白色朗姆酒20	金万利酒15
内华达			20	中口	轻朗姆酒40	
球美海原			14.6	甜口	黄金朗姆酒25	意大利苦杏酒10、蓝色柑桂酒5、蓝色柑桂酒少许
香蕉之乐			19.2	甜口	白色朗姆酒30	香蕉利口酒30
情迷假日			16.3	甜口	白色朗姆酒20	查雨斯顿山竹利口酒30、百香利口酒15
芭沙风情			7.6	甜口	黑色朗姆酒30	茴香酒30、甜杏白兰地15

鸡尾酒名称	类别		调制手法	酒水度数	味道	基酒	利口酒、其他酒品
百万富翁				19	中口	轻朗姆酒15	野莓金酒15、甜杏白兰地15
极光				24	中口	白色朗姆酒40	柑橘利口酒10、覆盆子利口酒10
黑莓朗姆冰饮				35.2	中口	白色朗姆酒15	野莓金酒30
裸体淑女				25.2	甜口	白色朗姆酒20	甜杏利口酒10、甜味美思20、本尼狄克丁修士酒1茶匙
水手				37	中口	151金朗姆酒30	金馥力娇酒20
加勒比冰山				18	甜口	黄金朗姆酒35	猕猴桃利口酒35、青柠檬利口酒15、蓝色柑桂酒15
乱世佳人				19	中口	白色朗姆酒20	金百利酒15、柑橘利口酒15、M樱桃酒2茶匙
仙女的耳语				21	甜口	白色朗姆酒20	覆盆子利口酒10、意大利苦杏酒10
燃烧的心				22	甜口	白色朗姆酒30	甜杏白兰地15、桂花陈酒15、金万利酒1茶匙
纯真之路				15	甜口	白色朗姆酒20	鲜葡萄利口酒30、柠檬利口酒20
玫瑰之吻				10	甜口	白色朗姆酒20	玫瑰利口酒30、伏特加10
杏仁佳人				25	甜口	白色朗姆酒30	甜杏利口酒30、白色柑桂酒1茶匙
小鹿				16.6	甜口	白色朗姆酒20	苹果桶酒10
西奥多				11.7	甜口	白色朗姆酒20	鸡蛋利口酒20、白兰地10
意外				35	甜口	轻朗姆酒30	干金酒30
纯洁小夜曲				20	甜口	黄金朗姆酒20	日本红梅酒15、西番莲利口酒10
金色星光				28	甜口	黄金朗姆酒30	查尔斯顿橙花酒20、青柠檬利口酒10、黑加仑酒5
香橙之城				19	中口	美雅士朗姆酒20	君度利口酒10

果汁	甜味、香味材料	碳酸饮料	装饰和其他	页数
青柠檬果汁15	S糖浆少许			99
			S柠檬1片、S香橙1片、M樱桃1颗	99
			S青柠檬1片	99
鲜柠檬果汁10	G糖浆1/2茶匙			100
鲜青柠檬果汁10			S柠檬1/8片	100
菠萝果汁50			M樱桃1颗	100
鲜柠檬果汁15			三角形S香橙1片	101
鲜柠檬果汁1茶匙	G糖浆1茶匙		蛋清1/3个、鲜奶油10	101
	G糖浆1茶匙		S柠檬适量	101
鲜青柠檬果汁10	G糖浆1茶匙		白花1朵	102
鲜青柠檬果汁5	G糖浆1茶匙	苏打水适量		102
鲜柠檬果汁15			蛋清1/2个、草莓1颗	102
鲜香橙果汁10、菠萝果汁10、鲜柠檬果汁5	蓝糖浆5		迷你番茄1颗	103
鲜香橙果汁20	砂糖1茶匙		牛奶5、鲜奶油20	103
柠檬果汁1茶匙	G糖浆1茶匙			103
菠萝果汁10	G糖浆10		M樱桃1颗	104
				104
鲜香橙果汁20、鲜柠檬果汁10	G糖浆1茶匙			104

代基里（日本皇家大酒店）

朗姆酒、青柠檬、糖浆混合在一起，产生一种微妙的平衡感

为了使代基里的酸味更加突出，通常使用柠檬果汁。但是日本皇家大酒店（DAIWA ROYAL HOTELS）却不同寻常地使用鲜青柠檬果汁。同时还添加了糖浆在酒中，使得酒整体的平衡感更加突出。朗姆酒选用百加得白色朗姆酒，糖浆使用从甘蔗中提炼出来的加勒比糖浆。朗姆酒的味道，青柠檬的酸味和糖浆的甘甜很好地融合在一起，摇酒的时候要恰到好处。一种非常传统的风格，我们也能够非常好地感受到调酒技巧的一款鸡尾酒。

24

制作材料

百加得白色朗姆酒	45ml
鲜青柠檬果汁	15ml
加勒比糖浆	1茶匙
青柠檬片	1片

用具、酒杯

摇酒壶、鸡尾酒杯

制作方法

1. 将百加得白色朗姆酒、鲜青柠檬果汁、加勒比糖浆和冰加入到摇酒壶中，上下摇动。

2. 将1倒入到鸡尾酒杯中，在酒杯的边缘部分用青柠檬片作装饰。

代基里（东京全日空大酒店）

从甘蔗提炼的糖浆使得酒味深邃而有内涵

东京全日空大酒店（ANA Hotel Tokyo）的主营酒吧调和出的代基里并没按照一般的配料方法只使用百加得白色朗姆调和，而是添加了鲜柠檬果汁。同时为了突出代基里代表性的酸味和甜味使用了甘甜可口且纯度高的加勒比糖浆，很巧妙地突出了酒的甜味。这样制作出来的鸡尾酒口感均衡，且过喉的时候能够感受到一股畅爽的酸味。

制作材料
百加得白色朗姆酒……………………… 45ml
鲜柠檬果汁……………………………… 15ml
加勒比糖浆…………………………… 1茶匙

用具、酒杯
摇酒壶、鸡尾酒杯

制作方法

1. 将百加得白色朗姆酒、鲜榨柠檬果汁、加勒比糖浆和冰加入到摇酒壶中，上下摇动。

2. 将1倒入到鸡尾酒杯中。

代基里（日本东京大仓饭店）

一款添加酸甜口感的代基里

　　代基里的标准制作方法是使用白色朗姆酒加上柠檬果汁混合而成的，但东京大仓饭店（Hotel Okura）却使用了鲜柠檬果汁调和而成。同时，添加10ml的白糖浆使甜味非常突出，与甘洌的酸味相伴的同时，也使得酒没有过于辛辣，整体非常柔和。新鲜的柠檬可以使人感受到这股酸味带有季节的气息，是调节酒味不可缺少的制作材料。

24

制作方法
百加得白色朗姆酒··························	35ml
鲜柠檬果汁·······························	15ml
白糖浆···································	10ml

用具、酒杯
摇酒壶、鸡尾酒杯

制作方法

1. 将百加得白色朗姆酒、鲜柠檬果汁、白糖浆和冰加入到摇酒壶中，上下摇动。

2. 将1倒入到鸡尾酒杯中。

代基里（日本京王广场酒店）

一款重视口感和甜味的鸡尾酒

　　日本京王广场酒店（Keio Plaza Hotel）主营酒吧制作的代基里使用45ml的白色朗姆酒和15ml的鲜柠檬果汁，正好是标准的配比方法，但额外添加的10ml白糖浆，使得酒的甜味非常突出。这种做法也是为了突出代基里酸甜两种口味平衡且非常清凉的感觉。同时并没有使用市场上销售的白糖浆，取而代之使用酒吧自己制作的糖浆，很好地抑制住了甜味过浓，调制成非常清爽好喝的一款酒品。

30 Ｙ ▦ ⬜

制作材料
百加得白色朗姆酒⋯⋯⋯⋯⋯⋯⋯⋯ 45ml
鲜柠檬果汁⋯⋯⋯⋯⋯⋯⋯⋯⋯⋯⋯ 15ml
白糖浆（自制）⋯⋯⋯⋯⋯⋯⋯⋯⋯ 10ml

用具、酒杯
摇酒壶、鸡尾酒杯

制作方法

1. 将百加得白色朗姆酒、鲜柠檬果汁、白糖浆和冰加入到摇酒壶中，上下摇动。

2. 将1倒入到鸡尾酒杯中。

代基里（日本新大谷酒店）

坚持酒店开业以来的传统风味

日本新大谷酒店（Hotel New Otani）的主营酒吧从开业以来一直使用鲜榨柠檬果汁。当时的柠檬还是非常稀缺很难买到的，但正是千辛万苦使用这种柠檬，才使酒的苦味变淡，调和出了口感清爽的代基里。白色朗姆酒的味道使柠檬的酸味很好地凸显出来，使用自制的浓厚白糖浆增加酒的甜味，使得调出的酒清爽中包含着酸味，味道更容易让人接受。让我们都重新感受到了代基里的美味。

制作材料

百加得白色朗姆酒	45ml
鲜柠檬果汁	15ml
白糖浆（自制）	2茶匙

用具、酒杯

摇酒壶、鸡尾酒杯

制作方法

1. 将百加得白色朗姆酒、鲜柠檬果汁、白糖浆和冰加入到摇酒壶中，上下摇动。

2. 将1倒入到鸡尾酒杯中。

代基里（日本帝国酒店）

一款很好地体现了朗姆酒的风味并且控制了甜味非常甘洌的鸡尾酒

以朗姆酒为基酒的代基里通常口感平和的比较多，但是日本帝国酒店（IMPERIAL Hotel）的主营酒吧在调酒的时候有意控制了酒的甜味，调和出一款口感甘洌的鸡尾酒。同时酒店使用鲜榨柠檬果汁并没有使用青柠檬，使酒品的苦味减少，更多的是清爽的酸味。这款鸡尾酒有别于甜口的代基里，通过这种特殊的调和方法，使得整个朗姆酒整体上的味道没有丢失，在饮用品尝的时候，能够很明显感受到的酸味，是一款适合成年人饮用的鸡尾酒。

25.7

制作材料
百加得白色朗姆酒	45ml
鲜柠檬果汁	9ml
白糖浆（自制）	6ml

用具、酒杯
摇酒壶、鸡尾酒杯

制作方法

1. 将百加得白色朗姆酒、鲜柠檬果汁、白糖浆和冰加入到摇酒壶中，上下摇动。

2. 将1倒入到鸡尾酒杯中。

代基里（日本宫殿酒店）

略甜但重视口感的一款鸡尾酒

在这里能够品尝到传统风味的代基里，口味上并非是当今流行的比较辛辣的口感。在酒中加入浓郁的白糖浆，使甜味十足，品尝时非常容易一饮而尽。同时，过喉的那一瞬带来的刺激是由鲜柠檬的酸甜带来的，酒品整体呈现乳白色，给人一种清凉之感。虽然时代已经变迁，但还能够保持传统，这正是日本宫殿酒店（Palace Hotel）主营酒吧让您放心、舒心的地方。

24 🍸 🥢 🏺

制作材料

百加得白色朗姆酒	40ml
鲜柠檬果汁	20ml
白糖浆（自制）	10ml

用具、酒杯

摇酒壶、鸡尾酒杯

制作方法

1. 将百加得白色朗姆酒、鲜柠檬果汁、白糖浆和冰加入到摇酒壶中，上下摇动。

2. 将1倒入到鸡尾酒杯中。

代基里（日本皇家花园大酒店）

朗姆酒和柠檬的比例为2：1，让您感受到十足的清凉

　　日本皇家花园大酒店（Royal Park Hotel）的主营酒吧，在调制代基里的时候特别重视其清爽的口感。为此在使用白色朗姆酒的同时，更多地添加了柠檬，使比例为2：1，这正是其最大的特点。与此相反，白糖浆的使用比一般的配方要少很多，仅仅加入2茶匙。在盛夏酷暑中，品尝一杯清爽的代基里，相信一定能够一扫您工作一天的疲惫。

23

制作材料
百加得白色朗姆·························· 40ml
鲜柠檬果汁··························· 20ml
白糖浆（自制）······················2茶匙

用具、酒杯
摇酒壶、鸡尾酒杯

制作方法
1. 将百加得白色朗姆酒、鲜柠檬果汁、白糖浆和冰加入到摇酒壶中，上下摇动。

2. 将1倒入到鸡尾酒杯中。

代基里（东京世纪凯悦大酒店）

朗姆酒用量大，是一款面向成人的鸡尾酒

　　白色朗姆酒使用70ml，与此相对，鲜榨柠檬果汁和白糖浆各10ml，东京世纪凯悦大酒店（Century Hyatt Tokyo）的主营酒吧调和出的代基里使得作为基酒的朗姆酒味道特别突出。在基酒的选择上使用了百加得白色朗姆酒，口感清爽可口。调和出的酒略显辛辣，同时使用了大号鸡尾酒杯让顾客充分享受饮酒的乐趣，这也是其酒吧特点之一。

制作材料

百加得白色朗姆酒··························	70ml
鲜柠檬果汁·······························	10ml
白糖浆··································	10ml

用具、酒杯

摇酒壶、鸡尾酒杯

制作方法

1. 将百加得白色朗姆酒、鲜柠檬果汁、白糖浆和冰加入到摇酒壶中，上下摇动。

2. 将1倒入到鸡尾酒杯中。

Hotel Metropolitan

代基里（日本大都会大饭店）

充分表现代基里的美味

　　日本大都会大饭店（Hotel Metropolitan）的主营酒吧调和的代基里按照标准的配比方法混合而成，同时使用鲜柠檬果汁来代替青柠檬果汁。这是因为使用青柠檬果汁会使酒里面多一些苦味而使用柠檬则可以很好地使这些苦味变淡，而代基里虽然调和简单，但是使得甜味和酸味保持很好的平衡却非常的困难。忠实传统配方的日本大都会大饭店（Hotel Metropolitan）的代基里一定能够满足您的饮用需求。

30 ▽ 🍸 🏺

制作材料
百加得白色朗姆酒·····················45ml
鲜柠檬果汁··························15ml
白糖浆······························1茶匙

用具、酒杯
摇酒壶、鸡尾酒杯

制作方法

1. 将百加得白色朗姆酒、鲜柠檬果汁、白糖浆和冰加入到摇酒壶中，上下摇动。

2. 将1倒入到鸡尾酒杯中。

代基里（东京太平洋大酒店）

一款酸味突出且口感鲜明，甜味在口中慢慢散发的鸡尾酒

　　为了能够很好地突出代基里的酸味，最近在调酒的时候使用鲜柠檬果汁来代替原来传统的青柠檬果汁。东京太平洋大酒店（Hotel Pacific Tokyo）的主营酒吧也使用了鲜柠檬果汁来调酒，但这是为了使调和出的酒酸甜的味道更加均衡。品一口美酒，瞬时感觉甘冽的风味和舒爽的酸味在口中扩散，慢慢地又有朗姆酒的味道和甜味，是一款口感非常细腻、耐人寻味的酒品。

制作材料

百加得白色朗姆酒	60ml
鲜柠檬果汁	20ml
白糖浆	10ml

用具、酒杯

摇酒壶、鸡尾酒杯

制作方法

1. 将百加得白色朗姆酒、鲜柠檬果汁、白糖浆和冰加入到摇酒壶中，上下摇动。

2. 将1倒入到鸡尾酒杯中。

Tokyo Prince Hotel

代基里（东京王子大饭店）

一款朗姆酒用量比较大，口味浓郁的代基里

　　东京王子大饭店（Tokyo Prince Hotel）认为既然制作名字叫做代基里的鸡尾酒，就要按照标准的制作方法来制作调和。基酒选用传统的百加得白色朗姆酒，用量为70ml，较往常多，这样能使口感比较浓郁。然后按照惯例使用鲜柠檬果汁和白糖浆，调和酸味和甜味。最后调制出一款酸味非常突出、口感甘冽、清爽可口的鸡尾酒。

24 🍸 🍶 🏺

制作材料
百加得白色朗姆酒⋯⋯⋯⋯⋯⋯⋯ 70ml
鲜柠檬果汁⋯⋯⋯⋯⋯⋯⋯⋯⋯ 20ml
白糖浆⋯⋯⋯⋯⋯⋯⋯⋯⋯⋯⋯1茶匙

用具、酒杯
摇酒壶、鸡尾酒杯

制作方法
1. 将百加得白色朗姆酒、鲜柠檬果汁、白糖浆和冰加入到摇酒壶中，上下摇动。

2. 将1倒入到鸡尾酒杯中。

冰沙代基里

果子露的味道在口中扩散，非常平和的酒味

　　文豪海明威酷爱饮用的一款鸡尾酒，甚至在其作品中多次提到。冰沙代基里是一款口感平和的鸡尾酒。

8 🍸 🎨 🥤

制作材料

白色朗姆酒·····················40ml
君度利口酒·····················2茶匙
青柠檬果汁（柠檬果汁）·····15ml
砂糖······························2茶匙

用具、酒杯

电动搅拌器、香槟杯、调酒长匙、吸管

制作方法

1. 将全部制作材料和冰加入到电动搅拌机中，进行搅拌直到成冰糊状，注意随时调节。

2. 将1倒入到香槟杯中，使用调酒匙修饰。

3. 添加吸管。

香蕉代基里

冰凉的香蕉过喉的一瞬，让身体都为之一颤

　　能够感受到碎冰块在口中沙沙作响的感觉，这就是香蕉代基里，相信这杯飘香的鸡尾酒能够给您带来一个清爽的夏天。

23 🍸 🎨 🥤

制作材料

白色朗姆酒·····················30ml
香蕉利口酒·······················5ml
鲜柠檬果汁·····················1茶匙
白糖浆···························1茶匙
香蕉片····························3片

用具、酒杯

电动搅拌器、浅碟形香槟杯、吸管两根

制作方法

1. 将除香蕉片以外的全部制作材料和冰加入到电动搅拌机中，进行搅拌直到成冰糊装，注意随时调节。

2. 将1倒入到香槟酒杯中，将香蕉片装饰在杯边，加入吸管。

迈泰

一杯"完美"之意的鸡尾酒，热带鸡尾酒的女王

　　塔希提语中"迈泰"为"完美"之意。使用新鲜的果汁和南方的水果来作为酒品的装饰品，极尽奢华。

25 🍸 🎨 🥤

制作材料

轻朗姆酒·····················45ml
香橙柑桂酒·····················5ml
菠萝果汁·······················15ml
香橙果汁·······················15ml
柠檬果汁·······················5ml
黑朗姆酒·······················2茶匙
柠檬片····························1片
香橙片····························1片
菠萝片····························1片
玛若丝卡酸味樱桃················1颗
装饰花····························1朵

用具、酒杯

摇酒壶、调酒长匙、酒杯、吸管两根、鸡尾酒签

制作方法

1. 将轻朗姆酒、香橙柑桂酒、菠萝果汁、香橙果汁、柠檬果汁和冰加入到摇酒壶中，上下摇动。

2. 在酒杯中加入冰，将1倒入，黑朗姆酒放在最上层。

3. 将菠萝片、玛若丝卡酸味樱桃插在鸡尾酒签上，放在杯边，将柠檬片和香橙片放入杯中，在杯边用小花进行装饰，加入吸管。

最后之吻

将不好的心情转换成回忆

　　使用白色朗姆酒作为基酒，加入白兰地混合调制。口感辛辣，适合成人品尝。非常适合在夜深人静的时候想着心爱的她（他）的时候品尝。

33 🍸 🌀 🏺

制作方法

1. 将全部材料和冰放入摇酒壶中，上下摇动。

2. 将1倒入鸡尾酒杯中。

制作材料
白色朗姆酒 ············ 45ml
白兰地 ··············· 10ml
柠檬果汁 ·············· 5ml

用具、酒杯
摇酒壶、鸡尾酒杯

迈阿密

想象迈阿密的海滩和海风的味道

　　轻朗姆酒清爽的味道和迈阿密美丽的海滩与海风的味道相混合。尽显旅游观光的好心情。

31 🍸 🌀 🏺

制作方法

1. 将全部材料和冰放入摇酒壶中，上下摇动。

2. 将1倒入鸡尾酒杯中。

制作材料
轻朗姆酒 ············· 40ml
白色薄荷 ············· 20ml
柠檬果汁 ············· 1茶匙

用具、酒杯
摇酒壶、鸡尾酒杯

XYZ

一款俘获女人心的鸡尾酒

　　清新的风格，配上柠檬果汁清爽的酸味，使得酒整体变得浓郁可口。淡淡的白色更是俘获了女人们的心。

27 🍸 🌀 🏺

制作方法

1. 将全部材料和冰放入摇酒壶中，上下摇动。

2. 将1倒入鸡尾酒杯中。

制作材料
轻朗姆酒 ············· 40ml
白色柑桂酒 ············ 10ml
柠檬果汁 ············· 10ml

用具、酒杯
摇酒壶、鸡尾酒杯

阿卡普尔科

热情奔放的爽快之感

　　阿卡普尔科是墨西哥南部的旅游胜地。这款酒在清爽的味道中有着君度利口酒上乘飘香的爽快之感。

27 🍸 🌀 🏺

制作方法

1. 将全部材料和冰放入摇酒壶中，上下摇动。

2. 将1倒入鸡尾酒杯中。

制作材料
轻朗姆酒 ············· 40ml
君度利口酒 ············ 5ml
柠檬果汁 ············· 15ml
白糖浆 ·············· 1茶匙

用具、酒杯
摇酒壶、鸡尾酒杯

黑色龙卷风

如龙卷风般吹过

　　浓烈的味道和酒精度数高的君度利口酒，黑色森伯加酒使酒液变得浓黑，宛若一股龙卷风吹来。

30

制作材料

白色心形柠檬酒	30ml
黑色森伯加酒	30ml
青柠檬果汁	20ml
野格酒	1茶匙
青柠檬皮	1片

用具、酒杯

摇酒壶，柯林斯酒杯

制作方法

1. 将全部材料和冰放入摇酒壶中，上下摇动。

2. 将扭结好的青柠檬皮放入杯中，将碎冰块放入柯林斯杯中，最后放入吸管。

自由古巴

好似独立奔放的古巴青年一般

　　古巴的朗姆酒和美国的可口可乐在杯中完美地混合在一起，表现出自由与奔放。非常阳光的一款鸡尾酒。

12

制作材料

轻朗姆酒	45ml
青柠檬片	1/4片
可口可乐	适量

用具、酒杯

调酒长匙、调酒棒、平底大玻璃杯

制作方法

1. 在平底大玻璃杯中放入青柠檬片，加入冰。

2. 将1中加入冷藏的可乐，用调和法混合。

3. 将调酒棒放入杯中。

"蝎"式坦克

如同蝎子一般有些危险的鸡尾酒

　　将这款酒取名为"蝎"式坦克，是因为其口感浓郁可口却极容易喝醉，所以暗示有危险之意。

21

制作材料

白色朗姆酒	40ml
白兰地	20ml
香橙果汁	20ml
柠檬果汁	15ml
青柠檬果汁	10ml
柠檬片	1片
青柠檬片	1片
红樱桃	1颗

用具、酒杯

摇酒壶、鸡尾酒杯、吸管两根、鸡尾酒签

制作方法

1. 将液体材料和冰加入到摇酒壶中，上下摇动。

2. 将鸡尾酒杯中加入冰块，将1倒入。

3. 将红樱桃、柠檬片、青柠檬片插在鸡尾酒签上，放在杯边，加入吸管。

菠萝岛

如同三文鱼颜色的酒品，极具魅力

　　酒的名字在西班牙语中意思为菠萝岛，但在调和的时候并没有使用菠萝汁而是使用了葡萄汁，想象南方的感觉。

18 | 制作方法

1. 将全部材料和冰放入摇酒壶中，上下摇动。
2. 将1倒入鸡尾酒杯中。

制作材料
白色朗姆酒……………45ml
鲜葡萄果汁……………45ml
白糖浆……………………1茶匙
红石榴糖浆………………1茶匙

用具、酒杯
摇酒壶、鸡尾酒杯

圣地亚哥

想象着圣地亚哥傍晚落日之图景

　　一款充分发挥轻朗姆酒美味的辛辣口感鸡尾酒。调和出的酒淡淡的颜色正好似圣地亚哥落日的图景。

34 | 制作方法

1. 将全部材料和冰放入摇酒壶中，上下摇动。
2. 将1倒入鸡尾酒杯中。

制作材料
轻朗姆酒……………………50ml
红石榴糖浆…………………5ml
青柠檬果汁…………………5ml

用具、酒杯
摇酒壶、鸡尾酒杯

百加得

让世界都为之动摇的一款酒

　　"只有使用百加得朗姆酒制作的鸡尾酒才能称作百加得鸡尾酒。"取得商标纠纷胜利的百加得公司世界闻名，同样这款鸡尾酒也大受欢迎。

24 | 制作方法

1. 将全部材料和冰放入摇酒壶中，上下摇动。
2. 将1倒入鸡尾酒杯中。

制作材料
轻朗姆酒……………………45ml
柠檬或者青柠檬果汁…15ml
红石榴糖浆…………………1茶匙

用具、酒杯
摇酒壶、鸡尾酒杯

上海

体会"不夜城上海"的魅力

　　妖艳的红色酒液与黑朗姆酒浓厚的口味，加上茴香酒带有个性的味道，营造出特色情调，酿造出"不夜城上海"的味道。

20 | 制作方法

1. 将全部材料和冰放入摇酒壶中，上下摇动。
2. 将1倒入鸡尾酒杯中。

制作材料
黑朗姆酒……………………30ml
柠檬果汁……………………20ml
茴香酒………………………10ml
红石榴糖浆………………1/2茶匙

用具、酒杯
摇酒壶、鸡尾酒杯

富士山

想象富士山调和出的一款鸡尾酒

　　1939年在西班牙马德里举行的万国鸡尾酒比赛上，一款以日本富士山为主题调和出的鸡尾酒。

18 🍸 ▦ 🏺

制作材料
轻朗姆酒……………20ml
甜味美思……………40ml
柠檬果汁……………2茶匙
香橙苦精酒…………少许

用具、酒杯
摇酒壶、鸡尾酒杯

制作方法

1. 将全部材料和冰放入摇酒壶中，上下摇动。

2. 将1倒入鸡尾酒杯中。

※还有一款以日本帝国酒店（IMPERIAL Hotel）同名的鸡尾酒，不过是以伏特加为基酒。

金斯顿

如海洋一般的男人，强壮的印象

　　使用富有个性的牙买加朗姆酒为基酒，白色柑桂酒和柠檬果相混合，调和出甜味与酸味平衡，适合男士饮用的酒品。

23 🍸 ▦ 🏺

制作材料
牙买加朗姆酒…………30ml
白色柑桂酒……………15ml
柠檬果汁………………15ml
红石榴糖浆…………1茶匙

用具、酒杯
摇酒壶、鸡尾酒杯

制作方法

1. 将全部材料和冰放入摇酒壶中，上下摇动。

2. 将1倒入鸡尾酒杯中。

※在另一种调法中，这款酒使用的是莳萝利口酒和香橙果汁。

古巴

一杯香气四溢的鸡尾酒

　　以朗姆酒的产地古巴命名这款鸡尾酒，使用口感甘冽的朗姆酒和甜杏白兰地，使得酒品味道浓郁，非常有个性。

20 🍸 ▦ 🏺

制作材料
轻朗姆酒………………35ml
甜杏白兰地……………15ml
青柠檬果汁……………10ml
红石榴糖浆…………2茶匙

用具、酒杯
摇酒壶、鸡尾酒杯

制作方法

1. 将全部材料和冰放入摇酒壶中，上下摇动。

2. 将1倒入鸡尾酒杯中。

百家得亚诺

华丽的粉红色，熠熠生辉

　　百加得白色朗姆和茴香酒混合，其富有特点的名字是若松诚志命名的。过喉的感觉温柔易饮，是一款非常温和的鸡尾酒。

24 🍸 ▦ 🏺

制作材料
百加得白色朗姆酒……40ml
红石榴糖浆…………1/2茶匙
柠檬果汁………………15ml
茴香酒………………1茶匙
玛若丝卡酸味樱桃……1颗

用具、酒杯
摇酒壶、鸡尾酒杯、鸡尾酒签

制作方法

1. 将除了玛若丝卡酸味樱桃的全部材料和冰放入摇酒壶中，上下摇动。

2. 将玛若丝卡酸味樱桃插在鸡尾酒签上，沉入杯子底部，将1倒入到鸡尾酒杯中。

蓝色夏威夷

一款能够感受到夏威夷碧海的热带鸡尾酒

　　爽脆的沙冰放在蓝色柑桂酒中，富有魅力的蓝色，让人不禁联想到美丽的夏威夷海滩。

14 🍸 🖼 🍶

制作材料

白色朗姆酒	30ml
蓝色柑桂酒	15ml
菠萝果汁	30ml
柠檬果汁	15ml
菠萝片	1片
红樱桃	1颗
兰花	1朵

用具、酒杯

摇酒壶、大杯、吸管两根

制作方法

1. 将从白色朗姆酒到柠檬果汁的全部制作材料和冰加入到摇酒壶中，上下摇动。

2. 在大杯中加入冰，将1倒入。

3. 将红樱桃、菠萝片插在鸡尾酒签上，在杯边用兰花作装饰，加入吸管。

绿眼

金色朗姆酒和水果编织出一款富有风味的鸡尾酒

　　这款鸡尾酒在1983年获得全美国鸡尾酒大赛西部地区一等奖，在洛杉矶奥运会中被指定为官方鸡尾酒。

11 🍸 🖼 🍶

制作材料

金色朗姆酒	30ml
甜瓜利口酒	25ml
菠萝果汁	30ml
椰奶	15ml
青柠檬果汁	15ml
碎冰	1杯
青柠檬片	1片

用具、酒杯

电动搅拌器、高脚杯、吸管两根

制作方法

1. 将除青柠檬片以外的全部制作材料和冰加入到电动搅拌机中，开始搅拌。

2. 将1倒入到高脚杯中，在杯边装饰青柠檬片，在杯中放入吸管。

※注意椰奶的浓度。

蓝水晶

想象着古巴生动的一草一木和富有魅力的海洋

　　使用哈瓦那俱乐部朗姆酒做基酒的一款酒液，使您能够感受到略有刺激的口感和辛辣的味道。作为辅料的水果也非常可口，是一款易饮的鸡尾酒。

8 🍸 🖼 🍶

制作材料

哈瓦那俱乐部朗姆酒	15ml
蓝色西番莲利口酒	15ml
黑加仑酒	15ml
葡萄果汁	15ml
青柠檬片	适量
玛若丝卡酸味樱桃	1颗

用具、酒杯

摇酒壶、鸡尾酒杯、鸡尾酒酒签

制作方法

1. 将除青柠檬片、玛若丝卡酸味樱桃以外的全部制作材料和冰加入到摇酒壶中，上下摇动。

2. 将1倒入到鸡尾酒杯中。将青柠檬片切成椰树形状点缀在杯边，将玛若丝卡酸味樱桃插在鸡尾酒签上，沉入杯底。

船的甲板

朗姆酒和雪利酒，让您的心为之一动

　　"船的甲板"不仅有甲板之意，还有高级船员和士官的意思。在一望无际的大海上，站在甲板上，眺望远方的感觉就如同品尝这杯美酒一般。

26 🍸 ◈ ✎

制作材料

白色朗姆酒……………………40ml
干雪利酒………………………20ml
青柠檬果汁……………………1茶匙

用具、酒杯

混酒杯、调酒长匙、滤冰器、鸡尾酒杯

制作方法

1. 将全部制作材料和冰加入到混酒杯中，用调和法混合。

2. 加上滤冰器，将酒液倒入到鸡尾酒杯中。

牙买加人

口感香甜，味道丰润的一款鸡尾酒

　　使用添万力咖啡利口酒和鸡蛋利口酒来混合，使白色朗姆酒的味道浓缩，清爽的口感如同甜品一般。

25 🍸 ◈ 🍶

制作材料

白色朗姆酒……………………20ml
添万力咖啡利口酒……………20ml
鸡蛋利口酒……………………20ml
红石榴糖浆……………………少许

用具、酒杯

摇酒壶、鸡尾酒杯

制作方法

1. 将除红石榴糖浆以外的全部制作材料和冰加入到摇酒壶中，上下摇动。

2. 将1倒入到鸡尾酒杯中，加入红石榴糖浆。

晓晨之饮

让人过目不忘，口感辛辣的鸡尾酒

　　苦艾酒较高的酒精度数和独特的味道是其特点，再加上非常有特色的白色朗姆酒，调和出的整体口感非常辛辣。

34.3 🍸 ◈ 🍶 ◐

制作材料

白色朗姆酒……………………30ml
苦艾酒…………………………少许
香橙柑桂酒……………………少许
意大利苦杏酒…………………少许
砂糖……………………………1茶匙
蛋黄……………………………1个

用具、酒杯

摇酒壶、鸡尾酒杯

制作方法

1. 将全部材料和冰放入摇酒壶中，上下摇动。

2. 将1倒入鸡尾酒杯中。

埃及艳后

一款具有梦幻般口感的鸡尾酒

　　古埃及最著名的绝世美女是埃及艳后，这款酒是以埃及艳后为模型调和出来的。口感顺滑，具有独特的口感。

16

制作材料

轻朗姆酒·················25ml
摩卡香甜酒·············20ml
鲜奶油·····················15ml
肉桂粉·····················适量

用具、酒杯

摇酒壶、鸡尾酒杯

制作方法

1. 将除了肉桂粉以外的全部材料和冰放入摇酒壶中，上下摇动。

2. 将1倒入鸡尾酒杯中。

3. 将肉桂粉撒两圈在酒的表面上。

白金镶边

表现出美女纤细细腻的感觉

　　酒中放入充分的鲜奶油，使口感变得非常顺滑，奶香十足。酒的颜色也非常有特点，让人印象深刻。

22

制作材料

轻朗姆酒·················20ml
白色柑桂酒·············20ml
鲜奶油·····················20ml

用具、酒杯

摇酒壶、鸡尾酒杯

制作方法

1. 将全部材料和冰放入摇酒壶中，上下摇动。

2. 将1倒入鸡尾酒杯中。

※还有一种酒使用相同的分量，选取牙买加朗姆、香橙柑桂酒和鲜奶油可以调和出另一款鸡尾酒。

巴拿马

可可的香味让人的心情也随之平静

　　朗姆酒具有特色的味道和可可甜中略带苦的味道相混合，是一款奶味浓郁，口感顺滑的鸡尾酒。

26.7

制作材料

白色朗姆酒·············30ml
白色可可酒·············15ml
鲜奶油·····················15ml

用具、酒杯

摇酒壶、鸡尾酒杯

制作方法

1. 将全部材料和冰放入摇酒壶中，上下摇动。

2. 将1倒入鸡尾酒杯中。

莫阿纳·库勒

想在夏天畅饮的一款清爽鸡尾酒

　　白色朗姆酒和白色薄荷酒混合出具有特点的清爽味道，口感平衡，非常可口的一款鸡尾酒。

11.4

制作材料

白色朗姆酒·············45ml
白色薄荷酒·············45ml
西番莲樱桃利口酒···10ml
薄荷·························适量

用具、酒杯

电动搅拌机、调酒长匙、红酒杯、吸管两根

制作方法

1. 将除薄荷以外的全部制作材料和冰加入到电动搅拌机中，搅拌。

2. 将1倒入到鸡尾酒杯中，在杯边用薄荷作装饰，加入吸管。

绅士牌鸡尾酒

受到太阳恩惠的一款鸡尾酒

使用沐浴阳光的鲜橙果汁、柠檬果汁调和出的绅士牌鸡尾酒，非常具有南方的风味。

17

制作材料
轻朗姆酒·············30ml
香橙果汁·············20ml
柠檬果汁·············10ml

用具、酒杯
摇酒壶、鸡尾酒杯

制作方法
1. 将全部材料和冰放入摇酒壶中，上下摇动。
2. 将1倒入鸡尾酒杯中。

巴哈马

演绎出阳光照耀的魅力巴哈马图景

柠檬、鲜桃、香蕉飘香四溢，水果丰富的一款鸡尾酒，营造出巴哈马开放自由的气氛。

24

制作材料
白色朗姆酒·············20ml
金馥力娇酒·············20ml
柠檬果汁·············20ml
香蕉利口酒·············少许

用具、酒杯
摇酒壶、鸡尾酒杯

制作方法
1. 将全部材料和冰放入摇酒壶中，上下摇动。
2. 将1倒入鸡尾酒杯中。

索奴拉

醇香的水果酿造出无敌的美酒四重奏

这款鸡尾酒在西班牙语中的意思为"声音"、"回想"，使用四种制作材料混合，犹如四重奏那样让我们感受到味道在口中回荡。

35

制作材料
轻朗姆酒·············30ml
苹果白兰地·············30ml
甜杏白兰地·············少许
柠檬果汁·············少许

用具、酒杯
摇酒壶、鸡尾酒杯

制作方法
1 将全部材料和冰放入摇酒壶中，上下摇动。
2 将1倒入鸡尾酒杯中。

哈瓦那海滩

如梦境般的哈瓦那海滩

白色朗姆酒和菠萝果汁混合后调和出口味淳朴的鸡尾酒，柔和的口感，让人不会厌倦的味道，非常好喝。

17

制作材料
白色朗姆酒·············30ml
菠萝果汁·············30ml
白糖浆·············1茶匙

用具、酒杯
摇酒壶、鸡尾酒杯

制作方法
1. 将全部材料和冰放入摇酒壶中，上下摇动。
2. 将1倒入鸡尾酒杯中。

西维亚

可爱性感，表现出女性美的一款鸡尾酒

　　成酿的金万利味道醇香，与蛋黄、菠萝果汁和香橙果汁演绎出梦幻的味道。在杯中添加菠萝之后，让人感觉更加可爱性感，是一款味道深邃且浓郁的鸡尾酒。

12

制作材料

白色朗姆酒	20ml
金万利酒	15ml
菠萝果汁	20ml
香橙果汁	20ml
红石榴糖浆	少许
蛋黄	半个
菠萝片	1片

用具、酒杯

摇酒壶、古典杯

制作方法

1. 将除菠萝片以外的全部制作材料和冰加入到摇酒壶中，上下摇动。
2. 将1倒入到古典酒杯中。
3. 将菠萝片装饰在杯边。

内华达

尽显水果美味，是一款适合成人品尝的鸡尾酒

　　鲜榨柠檬果汁和葡萄果汁甜中带苦的味道让人感到非常独特。不添加白糖，能够使得调和出的鸡尾酒更具辛辣感。代替白糖使用糖浆使得酒液颜色也变得更加好看。

20

制作材料

轻朗姆酒	40ml
青柠檬果汁	10ml
葡萄果汁	10ml
糖浆	1茶匙
安格斯图拉苦精酒	少许

用具、酒杯

摇酒壶、鸡尾酒杯

制作方法

1. 将全部材料和冰放入摇酒壶中，上下摇动。
2. 将1倒入鸡尾酒杯中。

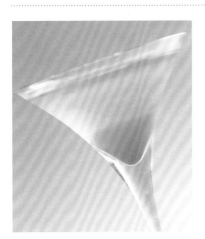

球美海原

冲绳美丽的海景尽收杯中

　　酒液淡淡的绿色让人联想到漂亮的冲绳久米岛。想象在日暮之时眺望海边，与心爱的人共饮这杯美酒一定非常浪漫。这也是久米岛伊芙海滩酒店的特色酒品。

14.6

制作材料

黄金朗姆酒	25ml
意大利苦杏酒	10ml
苹果果汁	15ml
蓝色柑桂酒	5ml
鲜柠檬果汁	少许
蓝色柑桂酒	少许

用具、酒杯

摇酒壶、鸡尾酒杯

制作方法

1. 将全部材料和冰放入摇酒壶中，上下摇动。
2. 将1倒入鸡尾酒杯中。
3. 将少许蓝色柑桂酒滴入杯中。

香蕉之乐

如同沉入杯中的一颗红宝石，体现女人可爱的小心思

口感非常浓烈的朗姆酒配上香蕉和橙子的味道调和出的一款甘甜鸡尾酒。在杯底的红石榴糖浆也非常可爱。

19.2 🍸 🍶 🍶

制作材料
白色朗姆酒……………………30ml
香蕉利口酒……………………30ml
鲜奶油…………………………30ml
鲜香橙果汁……………………15ml
安格斯图拉苦精酒………………少许
红石榴糖浆……………………1茶匙

用具、酒杯
摇酒壶、平底大玻璃杯

制作方法

1. 将除了红石榴糖浆以外的全部制作材料和冰加入到摇酒壶中，上下摇动。

2. 在平底大玻璃杯中加入冰，将1倒入到鸡尾酒杯中，滴入红石榴糖浆。

情迷假日

想在南方和恋人度过美好的时刻，口感均衡的一杯鸡尾酒

是一款将热带水果风味的鸡尾酒，这杯鸡尾酒让您宛如置身海边和心爱的恋人共度美好时光。

16.3 🍸 🍶 🥤

制作材料
白色朗姆酒……………………20ml
查雨斯顿山竹利口酒……………30ml
百香利口酒……………………15ml
菠萝果汁………………………30ml
红石榴糖浆……………………1茶匙
薄荷叶…………………………适量
柠檬片…………………………1片
玛若丝卡酸味樱桃………………1颗

用具、酒杯
摇酒壶、平底大玻璃杯、鸡尾酒签、吸管两根

制作方法

1. 将白色朗姆酒、查雨斯顿山竹利口酒、百香利口酒、菠萝果汁、红石榴糖浆和冰加入到摇酒壶中，上下摇动。

2. 在平底大玻璃杯中加入冰，将1倒入。

3. 将玛若丝卡酸味樱桃插在鸡尾酒酒签上，将薄荷和香橙片放入杯中，加入吸管。

芭沙风情

听着巴西的巴萨诺瓦风格音乐，清闲地畅饮鸡尾酒

水果味浓郁的一款甘甜口味鸡尾酒。在城市中听着让人放松的音乐，感受休闲一刻。

7.6 🍸 🍶 🥤

制作材料
黑色朗姆酒……………………30ml
茴香酒…………………………30ml
甜杏白兰地……………………15ml
菠萝果汁………………………倒满

用具、酒杯
调酒长匙、柯林斯酒杯

制作方法

将全部材料和冰放入柯林斯酒杯中，用调和法调和。

百万富翁

取名为百万富翁的豪华鸡尾酒

　　野莓金酒使用野草莓浸润到金酒中，调和出色彩浓郁的颜色。野莓金酒和甜杏白兰地的味道混合得又是那么恰到好处，烘托出奢华的饮酒氛围。不愧是豪华的鸡尾酒！

19

制作材料
轻朗姆酒·····························15ml
野莓金酒·····························15ml
甜杏白兰地···························15ml
青柠檬果汁···························15ml
白糖浆······························少许

用具、酒杯
摇酒壶、鸡尾酒杯

制作方法
1. 将全部材料和冰放入摇酒壶中，上下摇动。
2. 将1倒入鸡尾酒杯中。

※有时会使用牙买加朗姆酒。

极光

洋溢神秘之感的鸡尾酒

　　这款鸡尾酒好似时刻变幻莫测的极光一般，柑橘利口酒的香味与覆盆子利口酒的酸甜味在口中混合，让人体味到变化感。同时，柑橘利口酒的厚重感与朗姆酒的辛辣很好地结合在一起，让您品尝一口就感到浪漫油然而生。

24

制作材料
白色朗姆酒···························40ml
柑橘利口酒···························10ml
覆盆子利口酒·························10ml
柠檬片······························1片
香橙片······························1片
玛若丝卡酸味樱桃·····················1颗

用具、酒杯
摇酒壶、鸡尾酒杯、鸡尾酒酒签

制作方法
1. 将白色朗姆酒、柑橘利口酒、覆盆子利口酒和冰加入到摇酒壶中，上下摇动。
2. 将1倒入到鸡尾酒杯中。
3. 将玛若丝卡酸味樱桃、柠檬片、香橙片插在鸡尾酒酒签上，装饰在杯边。

黑莓朗姆冰饮

金酒和朗姆酒完美混合，适合成年人饮用的一款鸡尾酒

　　甘洌的白色朗姆酒与野莓金酒的甜味相融合。开始品尝的时候是淡淡的甜口，随即白色朗姆酒辛辣的口味在口中扩散。清爽的过喉感觉，是适合夏天品尝的必备酒品。

35.2

制作材料
白色朗姆酒···························15ml
野莓金酒·····························30ml
青柠檬片·····························1片

用具、酒杯
混酒杯、滤冰器、调酒长匙、浅碟形香槟酒杯、吸管两根

制作方法
1. 将白色朗姆酒、野莓金酒和冰加入到混酒杯中，用调和法混合。
2. 在浅碟形香槟酒杯中加入冰，将1盖上滤冰器，倒入到鸡尾酒杯中。
3. 在2的酒杯边装饰青柠檬片，加入吸管。

裸体淑女

酒本身如同其名字一样性感可人

　　酒中的甜杏以及柠檬的酸甜口感使得这款鸡尾酒非常可口。名字为裸体淑女同样给人一种鲜红性感的感觉。

25.2

制作材料
白色朗姆酒	20ml
甜杏利口酒	10ml
甜味美思	20ml
鲜柠檬果汁	10ml
本尼狄克丁修士酒	1茶匙
红石榴糖浆	1/2茶匙

用具、酒杯
摇酒壶、鸡尾酒杯

制作方法

1. 将全部材料和冰放入摇酒壶中，上下摇动。

2. 将1倒入鸡尾酒杯中。

水手

突出利口酒风味的一款面向成年人的鸡尾酒

　　朗姆酒的风味与金馥力娇酒的果香和青柠檬的酸味很好地融合，让人感到酒独具特色，口感突出。

37

制作材料
151金朗姆酒	30ml
金馥力娇酒	20ml
鲜青柠檬果汁	10ml
青柠檬片	1/8片

用具、酒杯
摇酒壶、调酒长匙、古典杯、吸管两根

制作方法

1. 将除青柠檬片以外的全部制作材料和冰加入到摇酒壶中，上下摇动。

2. 在古典杯中加入冰，将1倒入，轻轻搅拌。

3. 在2的杯边点缀青柠檬片，加入吸管。

加勒比冰山

一款使用南方特有的水果让您感到可口的鸡尾酒

　　对于初饮鸡尾酒的朋友也非常合适的一款鸡尾酒。使用猕猴桃以及南方特有的一些水果利口酒，让您感受到奢华的气氛。

18

制作材料
黄金朗姆酒	35ml
猕猴桃利口酒	35ml
菠萝果汁	50ml
青柠檬利口酒	15ml
蓝色柑桂酒	15ml
玛若丝卡酸味樱桃	1颗

用具、酒杯
摇酒壶、平底大玻璃杯、调酒棒

制作方法

1. 将除玛若丝卡酸味樱桃以外的全部制作材料和冰加入到摇酒壶中，上下摇动。

2. 在平底大玻璃杯中加入冰，将1倒入。

3. 待蓝色柑桂酒沉入酒杯底部，在杯边缘装饰玛若丝卡酸味樱桃，将调酒棒放入杯中。

乱世佳人

将郝思佳的一生都融化在杯中，口感甜中带苦的鸡尾酒

口感丰润，果味浓郁的一款鸡尾酒，甜中略有苦味。让人感到从少女蜕变成成年女性的一种为人生而干杯的畅快感。

19 🍸 ▨ 🍶

制作材料

白色朗姆酒	20ml
金百利酒	15ml
柑橘利口酒	15ml
鲜柠檬果汁	15ml
玛若丝卡酸味樱桃酒	2茶匙
三角形香橙片	1片

用具、酒杯

摇酒壶、鸡尾酒杯

制作方法

1. 将除了三角形香橙片以外全部材料和冰放入摇酒壶中，上下摇动。

2. 将1倒入鸡尾酒杯中。在杯子边缘用三角形香橙片作装饰。

仙女的耳语

似乎能听到仙女在耳边轻柔耳语的一款甘甜鸡尾酒

口感顺滑味美，果味十足的一款鸡尾酒，让人忘却其中还有酒精，非常可口。

21 🍸 ▨ 🍶

制作材料

白色朗姆酒	20ml
覆盆子利口酒	10ml
意大利苦杏酒	10ml
鲜柠檬果汁	1茶匙
红石榴糖浆	1茶匙
蛋清	1/3个
鲜奶油	10ml

用具、酒杯

摇酒壶、鸡尾酒杯

制作方法

1. 将白朗姆酒、覆盆子利口酒、意大利苦杏酒、鲜柠檬果汁、红石榴糖浆和冰放入摇酒壶中，上下摇动。

2. 将1倒入鸡尾酒杯中。

3. 将蛋清、鲜奶油和冰放入摇酒壶中，分成两层。

燃烧的心

甘甜且味道浓郁的酒香，就好似那火热的爱情

当您的嘴唇接触到杯子边缘的时候您会感到一股醇香飘过。甘甜且味道浓郁，很好地体现了如火般的爱情。

22 🍸 ▨ 🍶

制作材料

白色朗姆酒	30ml
甜杏白兰地	15ml
桂花陈酒	15ml
红石榴糖浆	1茶匙
金万利酒	1茶匙
柠檬片	适量

用具、酒杯

摇酒壶、鸡尾酒杯

制作方法

1. 将除了柠檬片的全部材料和冰放入摇酒壶中，上下摇动。

2. 将1倒入鸡尾酒杯中。滴入柠檬片汁液。

纯真之路

纯真之路上新娘轻轻走过

以白色为基调的酒色表现了纯真的淡淡美感，在杯子边缘装饰的白色小花就如同身穿婚纱的魅力新娘一样。柑橘类水果的香味在杯中荡漾，从味道中也体现了这种甘甜真切的少女之心。

⑮

制作材料
白色朗姆酒·····················20ml
柠檬利口酒·····················20ml
鲜葡萄利口酒···················30ml
鲜青柠檬果汁···················10ml
红石榴糖浆·····················1茶匙
白花··························1朵

用具、酒杯
摇酒壶、红酒杯、吸管两根

制作方法
1. 在红酒杯中放入部分红石榴糖浆，将碎冰也放入。
2. 将除红石榴糖浆和白花以外的全部制作材料和冰加入到摇酒壶中，上下摇动。
3. 在杯中加入吸管，在杯边装饰白花。

玫瑰之吻

好似亲吻玫瑰般浪漫的一款鸡尾酒

以甜美的玫瑰花香为特色的玫瑰利口酒，在与朗姆酒和伏特加混合的时候很好地将它们的味道突出，非常可口。酒的颜色也如玫瑰花瓣般鲜艳，当您的嘴唇贴在杯口，那一瞬您的心也将被它捕获。

⑩

制作材料
白色朗姆酒·····················20ml
玫瑰利口酒·····················30ml
伏特加·······················10ml
鲜青柠檬果汁····················5ml
红石榴糖浆·····················1茶匙
苏打水························适量

用具、酒杯
摇酒壶、调酒长匙、平底大玻璃杯

制作方法
1. 将除苏打水以外的全部制作材料和冰加入到摇酒壶中，上下摇动。
2. 在平底大玻璃杯中加入冰，将1倒入。
3. 在2中加入苏打水，轻轻搅拌。

杏仁佳人

在酷暑之时饮用一杯，让您眼前马上浮现她的笑颜

苹果和柠檬的酸味与碎冰清爽的感觉相结合，是一款口感非常好的鸡尾酒。调和出的鸡尾酒看上去就有一股清凉之感，淡淡的粉红色配上在杯子边缘作装饰的草莓也给人一种放松的美感，是一款女性非常喜欢的鸡尾酒。

㉕

制作材料
白色朗姆酒·····················30ml
甜杏利口酒·····················30ml
白色柑桂酒·····················1茶匙
鲜柠檬果汁·····················15ml
蛋清·························1/2个
草莓·························1颗

用具、酒杯
电动搅拌机、浅碟形香槟杯、吸管两根

制作方法
1. 将除草莓以外的全部制作材料和碎冰块加入到电动搅拌机中，搅动。
2. 将1倒入到浅碟形香槟杯中，将草莓装饰在杯边。

小鹿

迎风奔跑在草原上，非常爽快的一款鸡尾酒

　　这款如小草一般的绿色鸡尾酒有着清爽的口感，宛若吹拂过草坪的微风那样清爽。在杯子边缘装饰的如小桃心一般的迷你番茄同样也非常可爱。酒里面略带酸味的柑橘类果汁，让酒的味道更具魅力。

16.6

制作材料

白色朗姆酒	20ml
苹果桶酒	10ml
鲜香橙果汁	10ml
菠萝果汁	10ml
鲜柠檬果汁	5ml
蓝糖浆	5ml
迷你番茄	1个

用具、酒杯

摇酒壶、浅碟形香槟酒杯

制作方法

1. 将除迷你番茄以外的全部制作材料和碎冰块加入到摇酒壶中，上下摇动。
2. 将1倒入到浅碟形香槟杯中，将迷你番茄装饰在杯边。

西奥多

清凉顺滑如牛奶一般，适合在夏季畅饮的美酒

　　鸡蛋利口酒浓郁的甜味和略带糊状的感觉令人感到特别柔顺。放入冰箱内冷藏过后更加清爽可口。口中喷香的酒味和嚓嚓作响的碎冰声音让人倍感舒服，是非常好喝的一款鸡尾酒。

11.7

制作材料

白色朗姆酒	20ml
鸡蛋利口酒	20ml
白兰地	10ml
鲜香橙果汁	20ml
牛奶	5ml
鲜奶油	20ml
砂糖	1茶匙

用具、酒杯

电动搅拌机、高脚杯、吸管两根

制作方法

1. 将除草莓以外的全部制作材料和碎冰块（3/4杯）加入到电动搅拌机中，搅动。
2. 将1倒入到高脚杯中，放入吸管。

意外

朗姆酒和金酒调和出的一款适合成年人的鸡尾酒

　　具有独特味道和香味的轻朗姆酒与清爽甘洌的金酒混合，非常适合成年人饮用。虽然酒本身颜色为粉色，但酒精浓度却有35°。有些辛辣，但是相对比较可口。

35

制作材料

轻朗姆酒	30ml
干金酒	30ml
红石榴糖浆	1茶匙
柠檬果汁	1茶匙

用具、酒杯

摇酒壶、鸡尾酒杯

制作方法

1. 将全部材料和冰放入摇酒壶中，上下摇动。
2. 将1倒入鸡尾酒杯中。

纯洁小夜曲

甘甜中有着深邃的香味，适合餐后饮用的一款鸡尾酒

　　酒名有"纯恋歌"之意的这款鸡尾酒，在调和的时候使用了多种果汁，味道丰富，同时使得黄金朗姆酒的涩味变淡，味道深邃有质感。

20

制作材料

黄金朗姆酒	20ml
日本红梅酒	15ml
西番莲利口酒	10ml
菠萝果汁	10ml
红石榴糖浆	1茶匙
玛若丝卡酸味樱桃	1颗

用具、酒杯

摇酒壶、鸡尾酒杯

制作方法

1. 将除了玛若丝卡酸味樱桃以外的全部材料和冰放入摇酒壶中，上下摇动。

2. 将1倒入鸡尾酒杯中，在杯边用樱桃作装饰。

金色星光

让人心情畅快的一款南方风味鸡尾酒

　　南方城市的热带水果，百花的芬芳和黄金朗姆酒强烈的味道，在口中自然混合，呈献给您最高的享受。

28

制作材料

黄金朗姆酒	30ml
查尔斯顿橙花酒	20ml
青柠檬利口酒	10ml
黑加仑酒	5ml

用具、酒杯

混酒杯、调酒长匙、滤冰器、鸡尾酒杯

制作方法

1. 将除了黑加仑酒以外的全部材料和冰放入混酒杯，用调和法混合。

2. 放置滤冰器将混合好的酒液滤入鸡尾酒杯中。将黑加仑酒加入到酒杯中。

香橙之城

口味独特的朗姆酒突出的一款鸡尾酒

　　香橙的口味和朗姆酒强烈的味道相互混合成完美的味道。之后加入君度利口酒，调和出一款口味别致的鸡尾酒。

19

制作材料

美雅士朗姆酒	20ml
君度利口酒	10ml
鲜香橙果汁	20ml
鲜柠檬果汁	10ml
红石榴糖浆	1茶匙

用具、酒杯

摇酒壶、鸡尾酒杯

制作方法

1. 将全部材料和冰放入摇酒壶中，上下摇动。

2. 将1倒入鸡尾酒杯中。

VODKA

VODKA 伏特加 以伏特加为基酒制作酒品一览

※基酒以及利口酒和其他酒品的容量单位都为ml。

鸡尾酒名称	类别		调制手法	酒水度数	味道	基酒	利口酒、其他酒品
巴拉莱卡（日本皇家大酒店）	Y	◐	⊖	20	中口	伏特加30	君度利口酒15
巴拉莱卡（东京全日空大酒店）	Y	◐	⊖	30.6	中口	皇冠伏特加（50°）30	白色柑桂酒15
巴拉莱卡（日本东京大仓饭店）	Y	◐	⊖	26	中口	皇冠伏特加（50°）40	君度利口酒10
巴拉莱卡（日本京王广场酒店）	Y	◐	⊖	30	中口	蓝天伏特加30	君度利口酒15
巴拉莱卡（日本新大谷酒店）	Y	◐	⊖	22	中口	苏联红牌伏特加20	君度利口酒20
巴拉莱卡（日本帝国酒店）	Y	◐	⊖	30	中口	皇冠伏特加（50°）30	君度利口酒15
巴拉莱卡（日本宫殿酒店）	Y	◐	⊖	29	中口	蓝天伏特加45	君度利口酒20
巴拉莱卡（日本皇家花园大酒店）	Y	◐	⊖	30	中口	皇冠伏特加30	君度利口酒15
巴拉莱卡（东京世纪凯悦大酒店）	Y	◐	⊖	26	中口	苏联红牌伏特加（40°）70	君度利口酒10
巴拉莱卡（日本大都会大饭店）	Y	◐	⊖	30	中口	蓝天伏特加30	君度利口酒15
巴拉莱卡（东京太平洋大酒店）	Y	◐	⊖	26	中口	蓝天伏特加60	君度利口酒20
巴拉莱卡（东京王子大饭店）	Y	◐	⊖	26	中口	雪树伏特加50	君度利口酒20
烈焰之吻	Y	◐	⊖	25	中口	伏特加20	野莓金酒20、干味美思20
安其罗	Y	◐	⊖	12	中口	伏特加30	茴香酒1茶匙、金馥力娇酒10
奇奇	▯	◐	⊖	7	甜口	伏特加45	
咸狗	▯	◐	⊖	13	中口	伏特加35	
白蜘蛛	Y	◐	⊖	30	甜口	伏特加40	白薄荷酒20
铁骑军队	Y	◐	⊖	27	辣口	伏特加30	白兰地20
吉卜赛	Y	◐	⊖	33	中口	伏特加45	本尼狄克丁修士酒15
俄罗斯人	Y	◐	⊖	32	中口	伏特加20	干金酒20、可可乳酒20
黑色俄罗斯人	▯	◐	▭	32	中口	伏特加40	咖啡利口酒20

省略号说明　　分类　　　　　　餐前饮用　　调和方法　　　兑和法　　甜味材料、增加香味　　　　　其他
　　　　　　　短饮鸡尾酒　　餐后饮用　　摇和法　　　搅和法　　G糖浆=红石榴糖浆　　　　　　M樱桃=玛若丝卡酸味樱桃
　　　　　　　长饮鸡尾酒　　随时饮用　　调和法　　　　　　　　S糖浆=白糖浆　　　　　　　　S青柠檬=青柠檬片
　　　　　　　　　　　　　　　　　　　　　　　　　　　　　A苦精酒=安格斯图拉苦精酒　　S柠檬=柠檬片
　　　　　　　　　　　　　　　　　　　　　　　　　　　　　O苦精酒=香橙苦精酒　　　　　S香橙=香橙片

果汁	甜味、香味材料	碳酸饮料	装饰和其他	页数
鲜柠檬果汁15				114
鲜柠檬果汁15				115
鲜柠檬果汁10				116
鲜柠檬果汁15				117
鲜柠檬果汁20				118
鲜柠檬果汁15				119
鲜青柠檬果汁15				120
鲜柠檬果汁20				121
鲜柠檬果汁10				122
鲜柠檬果汁15				123
鲜柠檬果汁20				124
鲜柠檬果汁10				125
柠檬果汁少许	砂糖适量			126
香橙果汁20、菠萝果汁20			S香橙1片	126
菠萝果汁40	糖浆10		椰奶20、S青柠檬1/2片、菠萝片1片、M樱桃1颗、兰花1朵	126
葡萄果汁适量			食盐适量	127
				127
青柠檬果汁10	糖浆1茶匙			127
	A苦精酒少许			127
				128
				128

鸡尾酒名称	类别		调制手法	酒水度数	味道	基酒	利口酒、其他酒品
白色罗斯人				35.9	甜口	伏特加20	咖啡利口酒40
俄罗斯千禧年咖啡				8	中口	黑皇冠伏特加20	爱尔兰奶油酒20、香草利口酒20
血腥玛莉				12	中口	伏特加45	
弗拉门戈女郎				14	中口	伏特加20	仙桃利口酒20
信使				23	甜口	伏特加35	意大利苦杏酒15
芭芭拉				23	甜口	伏特加30	可可乳酒15
朋友				28	中口	伏特加30	莳萝利口酒15
巨锤				35	辣口	伏特加50	
皇后				27	中口	伏特加30	干味美思15、甜杏白兰地15、安格斯图拉苦精酒少许
什锦鸡尾酒				17	中口	伏特加30	樱桃白兰地10、干味美思20
伏尔加船夫				18	中口	伏特加20	樱桃白兰地20
波兰舞曲				24	中口	伏特加40	樱桃白兰地20
蓝色珊瑚礁				23	中口	伏特加30	蓝色柑桂酒20
招财猫				8	中口	伏特加20	椰奶10、香蕉利口酒10、蓝柑桂酒1茶匙
雪国				30	中口	伏特加45	白色柑桂酒15
午夜阳光				8	中口	伏特加40	三得利蜜瓜味利口酒30
哈维撞墙				14	中口	伏特加45	香橙果汁适量、茴香酒2茶匙
螺丝刀				12	中口	伏特加35~45	
错觉				18	甜口	伏特加30	老酒10、意大利苦杏酒10
美女明星				37	中口	皇冠伏特加45	苹果利口酒10
绿色记忆				8	甜口	伏特加15	青柠檬利口酒15
飞马				28	中口	伏特加30	蓝柑桂酒15、白可可乳酒15、意大利茴香酒少许
莫斯科骡（日本皇家大酒店）				10	中口	伏特加45	
莫斯科骡（东京全日空大酒店）				16.6	中口	皇冠伏特加（50°）45	
莫斯科骡（日本东京大仓饭店）				12	中口	皇冠伏特加45	青柠檬利口酒20
莫斯科骡（日本京王广场酒店）				15	中口	蓝天伏特加45	青柠檬利口酒15

果汁	甜味、香味材料	碳酸饮料	装饰和其他	页数
			鲜奶油10	128
	香草糖浆5		冰咖啡90、食用兰花1朵	129
番茄果汁适量、柠檬果汁2茶匙			柠檬片1片、塔巴斯哥辣酱油少许、英式辣酱少许	129
菠萝果汁20、柠檬果汁10	红石榴糖浆1茶匙		白砂糖适量、柠檬片1/2片	129
			椰奶15、肉桂粉适量	130
			鲜奶油15	130
青柠檬果汁15				130
青柠檬果汁10				130
				131
			玛若丝卡酸味樱桃1颗	131
香橙果汁20				131
柠檬果汁1茶匙	白糖浆1茶匙			131
柠檬果汁20			柠檬片1片、香橙片1片、玛若丝卡酸味樱桃1颗	132
鲜葡萄果汁20			玛若丝卡酸味樱桃1颗、红樱桃1颗	132
青柠檬果汁2茶匙	砂糖适量		绿草莓1颗	132
香橙果汁20、柠檬果汁20	红石榴糖浆1茶匙	苏打水适量	柠檬片1/2片、玛若丝卡酸味樱桃1颗	133
香橙果汁适量			香橙片1片	133
香橙果汁适量			香橙片1/2片	133
鲜香橙果汁20	红石榴糖浆1茶匙		鸡蛋1个	134
UCC蓝糖浆1/2茶匙、明治屋青柠檬果汁1茶匙	糖浆适量		薄荷樱桃1颗	134
鲜葡萄果汁15	哈密瓜糖浆15			134
鲜柠檬果汁15			马头形柠檬块适量	134
青柠檬果汁约15		威尔金森姜汁汽水倒满	青柠檬片1/6片	135
		姜汁啤酒倒满	青柠檬片1/2片	136
		威尔金森姜汁汽水倒满	青柠檬片1/4片	137
		加拿大干姜汁汽水倒满	青柠檬片1/6片、黄瓜条1根	138

鸡尾酒名称	类别		调制手法	酒水度数	味道	基酒	利口酒、其他酒品
莫斯科骡（日本新大谷酒店）				12	中口	蓝天伏特加45	石头姜汁啤酒10
莫斯科骡（日本帝国酒店）				17	中口	皇冠伏特加（50°）51	
莫斯科骡（日本宫殿酒店）				13	中口	蓝天伏特加45	
莫斯科骡（日本皇家花园大酒店）				11	中口	黑皇冠伏特加45	
莫斯科骡（东京世纪凯悦大酒店）				12	中口	苏联红牌伏特加（40°）45	
莫斯科骡（日本大都会大饭店）				12	中口	蓝天伏特加45	
莫斯科骡（东京太平洋大酒店）				13	中口	蓝天伏特加45	
莫斯科骡（东京王子大饭店）				12	中口	雪树伏特加45	
午夜后				41	甜口	伏特加40	绿薄荷酒10、白可可酒10
湖中女王				25	甜口	伏特加20	绿茶利口酒20
野外点茶				31	甜口	伏特加30	绿茶利口酒15、青柠檬利口酒15
吉野				49	甜口	伏特加60	绿茶利口酒1/2茶匙、樱桃利口酒1/2茶匙
伟大的爱情				17.8	甜口	堪察加伏特加15	波士紫罗兰酒15、西洋梨白兰地15
芬芳捕获				18.8	甜口	伏特加30	仙桃利口酒15
罗宾				17	甜口	伏特加25	爱丽鲜金牌酒25、香槟倒满
暴风雪				9	中口	伏特加35	桃树酒15、金百利酒5
公牛弹丸				18	中口	伏特加30	
感谢				12	甜口	伏特加20	甜瓜利口酒45
雪				34.5	中口	伏特加30	茴香酒15
漂亮的玛利				32	甜口	伏特加15	意大利苦杏酒30
俄罗斯铁钉				40	中口	伏特加40	杜林标20
神风				35	辣口	伏特加30	白色柑桂酒15
口红				16	甜口	伏特加30	红柠檬利口酒35
印象				27	甜口	伏特加20	仙桃利口酒10、甜杏白兰地10
泥石流				31	甜口	伏特加20	百利甜20、香甜咖啡利口酒20

果汁	甜味、香味材料	碳酸饮料	装饰和其他	页数
		威尔金森姜汁汽水倒满	S柠檬1/2片	139
鲜青柠檬果汁15		姜汁啤酒倒满	S柠檬1/8片	140
鲜青柠檬果汁15		姜汁啤酒倒满	S柠檬1片	141
		威尔金森姜汁汽水适量	S柠檬1/2片、黄瓜条1根	142
		威尔金森姜汁汽水倒满	黄瓜条1/8根、S柠檬1片	143
		加拿大干姜汁汽水倒满	S柠檬1/4片	144
		加拿大干姜汁汽水倒满	S柠檬1/8片	145
鲜青柠檬果汁10		威尔金森姜汁汽水倒满	S青柠檬1片	146
				147
菠萝果汁10			鲜奶油10	147
				147
			腌制樱花叶（在热水中脱盐）1片	147
鲜葡萄果汁10、鲜柠檬果汁5			M樱桃1颗、心形柠檬果肉1块	148
香橙果汁15、菠萝果汁15	G糖浆1茶匙		S柠檬1片、S香橙1片、樱桃1颗	148
鲜香橙果汁				148
葡萄果汁35、柠檬果汁5			M樱桃1颗	149
			清汤120、食盐适量、胡椒适量	149
菠萝果汁10、鲜柠檬果汁15、椰子果汁20			哈密瓜片1片、S柠檬1片	149
鲜青柠檬果汁15			蛋清1/2个	150
			鲜奶油15	150
				150
鲜青柠檬果汁15				150
仙桃甘露15、鲜柠檬果汁1茶匙				151
苹果果汁20	G糖浆1茶匙			151
				151

鸡尾酒名称	类别		调制手法	酒水度数	味道	基酒	利口酒、其他酒品
苏格兰流行				27	中口	伏特加20	姜汁红酒20、干味美思20
火烈鸟				13.8	甜口	伏特加30	茴香酒15、白可可酒20
黄色潜水艇				14.6	甜口	伏特加15	茴香甜酒15
北极之光				28.3	甜口	伏特加30	黑加仑酒10
红发俄罗斯人				31	中口	伏特加30	覆盆子利口酒20、青柠檬利口酒10
激情海滩				21.9	甜口	伏特加45	覆盆子利口酒20、甜瓜利口酒20
伏尔加				27.8	甜口	伏特加20	樱桃酒20、干味美思10
美好假日				22	甜口	伏特加10	荷兰利口酒30、甜瓜利口酒10
香蕉鱿鱼				27	中口	伏特加25	香蕉利口酒10、干味美思5
绿色幻想				32	甜口	伏特加25	甜瓜利口酒10、干味美思25、青柠檬利口酒少许
不冻酒液				43.3	甜口	伏特加45	甜瓜利口酒15
湾流				19	甜口	伏特加15	仙桃利口酒15、蓝柑桂酒5
玛琳黛·德丽				49	辣口	伏特加60	波士紫罗兰酒1茶匙、蓝柑桂酒1茶匙、金百利酒1茶匙
瓜球				19.2	甜口	伏特加30	甜瓜利口酒60

果汁	甜味、香味材料	碳酸饮料	装饰和其他	页数
				151
	G糖浆2茶匙		牛奶60、菠萝片1片、S香橙1片、M樱桃1颗	152
鲜香橙果汁30、菠萝果汁30			菠萝片1片、M樱桃1颗	152
草莓果汁20、鲜柠檬果汁1茶匙			白砂糖适量	152
				153
菠萝果汁35、草莓果汁30			菠萝片1片、M樱桃1颗	153
鲜香橙果汁10				153
鲜柠檬果汁10				154
鲜香橙果汁20				154
				154
			S柠檬1片	154
鲜葡萄果汁20、菠萝果汁5				155
				155
鲜香橙果汁60				155

巴拉莱卡（日本皇家大酒店）

君度利口酒的甘甜和柠檬的酸味完美地调和在一起

    日本皇家大酒店（DAIWA ROYAL HOTELS）在调和巴拉莱卡酒的时候，使用了比较柔和的摇和手法。这样是为了使作为基酒的伏特加产生细腻的味道，同时更好地保存君度利口酒的甜味与柠檬的酸味。调和出的酒香甜可口，能够感受到非常舒爽的酸味与清凉感，让我们重新体味到了巴拉莱卡酒的风味。

制作材料

伏特加⋯⋯⋯⋯⋯⋯⋯⋯	30ml
君度利口酒⋯⋯⋯⋯⋯⋯	15ml
鲜柠檬果汁⋯⋯⋯⋯⋯⋯	15ml

用具、酒杯

摇酒壶、鸡尾酒杯

制作方法

1. 将全部制作材料和冰加入到摇酒壶中，上下摇动。

2. 将1倒入到鸡尾酒杯中。

巴拉莱卡（东京全日空大酒店）

鲜柠檬的酸味和温柔的摇酒非常重要

　　巴拉莱卡酒的黄金调和比例是伏特加酒、白色柑桂酒、鲜榨柠檬果汁2:1:1。保持这个调和比例不发生变化固然非常重要，但是更重要的是如何能够根据每天不同的情况选用不同的鲜柠檬果汁，活用其酸味。东京全日空大酒店（ANA Hotel Tokyo）的主营酒吧在调制这款鸡尾酒的时候，每天都会精心选取最新鲜的柠檬，而且在摇酒的时候也特别注意使用的力度，这样能够防止柠檬的苦味过分散发出来，制作出新鲜可口的味道。

制作材料

皇冠伏特加（50°）·············	30ml
白色柑桂酒·················	15ml
鲜柠檬果汁·················	15ml

用具、酒杯

摇酒壶、鸡尾酒杯

制作方法

1. 将全部制作材料和冰加入到摇酒壶中，上下摇动。

2. 将1倒入到鸡尾酒杯中。

巴拉莱卡（日本东京大仓饭店）

4:1:1的比例调和出口感甘冽的巴拉莱卡

巴拉莱卡酒淡淡的白色往往会给人一种很清凉的感觉，而这也成为其特点。东京大仓饭店（Hotel Okura）的主营酒吧调和该酒的时候，区别于传统的调和比例，使用4份伏特加酒来对应1份君度利口酒和1份鲜柠檬果汁。以这种比例调和出的鸡尾酒口味略甜，口感清爽，同时又不失甘冽。酸味和甜味能够保持很好的平衡，完美地体现出这款酒清爽的感觉。相信在工作结束休息的时候，品尝巴拉莱卡酒能够消除您一天的疲劳。

制作材料

皇冠伏特加（50°）……………………… 40ml
君度利口酒………………………………… 10ml
鲜柠檬果汁………………………………… 10ml

用具、酒杯

摇酒壶、鸡尾酒杯

制作方法

1. 将全部制作材料和冰加入到摇酒壶中，上下摇动。

2. 将1倒入到鸡尾酒杯中。

巴拉莱卡（日本京王广场酒店）

保持甜味与酸味的平衡，重视酒品的口感

　　日本京王广场酒店（Keio Plaza Hotel）的主营酒吧调和的巴拉莱卡酒，整体的味道平衡自不必说，而且非常有特色。作为基酒的伏特加酒使用的是口感清爽且容易将其他制作材料的味道烘托出来的蓝天伏特加，而君度利口酒与鲜榨柠檬果汁的配比是1:1。这样调和出的巴拉莱卡酒非常有葡萄汁的风味，能让您体味到清凉感十足、非常可口的巴拉莱卡。

制作材料

蓝天伏特加	30ml
君度利口酒	15ml
鲜柠檬果汁	15ml

用具、酒杯

摇酒壶、鸡尾酒杯

制作方法

1. 将全部制作材料和冰加入到摇酒壶中，上下摇动。

2. 将1倒入到鸡尾酒杯中。

巴拉莱卡（日本新大谷酒店）

因酒名而经典，倾心于俄罗斯产伏特加

巴拉莱卡酒是以俄罗斯乐器命名的一款鸡尾酒，日本新大谷酒店（Hotel New Otani）主营酒吧制作调和的巴拉莱卡酒使用俄罗斯产的苏联红牌伏特加。同时，特别值得注意的是在调和这款酒的时候与传统风格不同，使用了相同比例的伏特加、君度利口酒和鲜柠檬果汁。这种柔和的口感和香味是深谙苏联红牌伏特加的特点才能调和出来的。调和出的巴拉莱卡酒可口、柔和，这正是日本新大谷酒店（Hotel New Otani）的风格。

制作材料

苏联红牌伏特加······················· 20ml
君度利口酒··························· 20ml
鲜柠檬果汁··························· 20ml

用具、酒杯

摇酒壶、鸡尾酒杯

制作方法

1. 将全部制作材料和冰加入到摇酒壶中，上下摇动。

2. 将1倒入到鸡尾酒杯中。

巴拉莱卡（日本帝国酒店）

坚守2∶1∶1的黄金比例，重现酒的原来风貌

　　巴拉莱卡的传统比例是2份伏特加与1:1等量的君度利口酒和柠檬果汁混合而成的。想要体会这种保持传统的鸡尾酒就一定不要错过日本帝国酒店（IMPERIAL Hotel）的主营酒吧。按照传统的配方使用酒精度数比较高的皇冠伏特加（50°），在平和中体现出一种甘冽之感。使用的柠檬果汁也注意酸味的恰到好处，不甜不酸平衡之感明显，是一款不可多得的杰作。

制作材料

皇冠伏特加（50°）	30ml
君度利口酒	15ml
鲜柠檬果汁	15ml

用具、酒杯

摇酒壶、鸡尾酒杯

制作方法

1. 将全部制作材料和冰加入到摇酒壶中，上下摇动。

2. 将1倒入到鸡尾酒杯中。

巴拉莱卡（日本宫殿酒店）

使用比较多的伏特加酒，使调和出的鸡尾酒甘冽且富有动感

　　日本宫殿酒店（Palace Hotel）主营酒吧调和出的巴拉莱卡酒甘冽且富有动感，相对比较爽口的口感是其特点。为了调和出这种口感，使用了口感平和的蓝天伏特加，同时用量方面比较传统的配方要多一些，在辅料方面使用了鲜青柠檬果汁来代替柠檬果汁。在日本宫殿酒店（Palace Hotel）的主营酒吧中，巴拉莱卡酒的定位和边车酒的定位相仿，可以按照顾客的口味要求，加入香橙片汁。

制作材料

蓝天伏特加	45ml
君度利口酒酒	20ml
鲜青柠檬果汁	15ml

用具、酒杯

摇酒壶、鸡尾酒杯

制作方法

1. 将全部制作材料和冰加入到摇酒壶中，上下摇动。

2. 将1倒入到鸡尾酒杯中。

巴拉莱卡（日本皇家花园大酒店）

将酸味很好地体现出来，清爽感十足

　　日本皇家花园大酒店（Royal Park Hotel）的主营酒吧调和巴拉莱卡酒的时候特别喜欢使用皇冠黑色伏特加。制作皇冠酒的公司虽然是一家美国公司，但是以俄罗斯的乐器来命名了这款酒，据说是源自对于俄罗斯原产制作材料的倾心（现在变成由英国生产）。同时制作这款酒的时候还用了比较多的鲜柠檬果汁，很好地利用了辅料使得酒整体平衡感十足，非常好喝。

制作材料

皇冠伏特加·····················30ml
君度利口酒······················15ml
鲜柠檬果汁·····················20ml

用具、酒杯

摇酒壶、鸡尾酒杯

制作方法

1. 将全部制作材料和冰加入到摇酒壶中，上下摇动。

2. 将1倒入到鸡尾酒杯中。

巴拉莱卡（东京世纪凯悦大酒店）

调和出辛辣的口感，适合喜欢辛辣口味的成年人

东京世纪凯悦大酒店（Century Hyatt Tokyo）的主营酒吧调和出的巴拉莱卡酒特别注意突出作为基酒的伏特加的酒味，与传统的比例相异，使用伏特加与君度利口酒和鲜柠檬果汁7：1：1的混合。调和出的鸡尾酒非常甘洌特别。因为伏特加的用量比较多，因此口感也相对辛辣，特别适合现在对于鸡尾酒辛辣口感追求的趋势。推荐酷爱这种口感的朋友来品尝。

26

制作材料

苏联红牌伏特加（40°）	70ml
君度利口酒	10ml
鲜柠檬果汁	10ml

用具、酒杯

摇酒壶、鸡尾酒杯

制作方法

1. 将全部制作材料和冰加入到摇酒壶中，上下摇动。

2. 将1倒入到鸡尾酒杯中。

巴拉莱卡（日本大都会大饭店）

经典的味道，忠实再现传统的巴拉莱卡酒风味

巴拉莱卡酒是一款使用伏特加、君度利口酒、柠檬果汁混合而成的相对比较简单的鸡尾酒，但将各种制作材料混合平衡却是一件非常不容易的事情。日本大都会大饭店（Hotel Metropolitan）主营酒吧调和出的鸡尾酒，使用2：1：1的标准配比方法，呈现经典的巴拉莱卡酒味，忠实再现传统风味。而且，在选用作为基酒的伏特加时使用经典的蓝天伏特加酒，调和出上乘且具有现代气息的鸡尾酒。

制作材料

蓝天伏特加·······················30ml
君度利口酒·······················15ml
鲜柠檬果汁·······················15ml

用具、酒杯

摇酒壶、鸡尾酒杯

制作方法

1. 将全部制作材料和冰加入到摇酒壶中，上下摇动。

2. 将1倒入到鸡尾酒杯中。

巴拉莱卡（东京太平洋大酒店）

突出酸味，口感清爽且甘洌的一款鸡尾酒

巴拉莱卡酒在保证甜味和酸味平衡方面一直很难。标准的制作方法中，君度利口酒的甜味和柠檬果汁的酸味比例为1：1，但是东京太平洋大酒店（Hotel Pacific Tokyo）的主营酒吧在制作的时候特别多加入了一些君度利口酒。但是因为同时加入了大量的作为基酒的伏特加，所以整体感觉并没有很甜，相反柠檬的酸味和伏特加甘洌的口感非常突出，口感清爽。可以说这是当下流行的甘洌口味调和方法。

26

制作材料

蓝天伏特加	60ml
君度利口酒	20ml
鲜柠檬果汁	20ml

用具、酒杯

摇酒壶、鸡尾酒杯

制作方法

1. 将全部制作材料和冰加入到摇酒壶中，上下摇动。

2. 将1倒入到鸡尾酒杯中。

巴拉莱卡（东京王子大饭店）

用口感清爽的伏特加调出平衡感非常好的一款鸡尾酒

　　东京王子大饭店（Tokyo Prince Hotel）主营酒吧调和出的巴拉莱卡酒，选用雪树伏特加作为基酒并成为特色。这款伏特加在众多的伏特加酒品中属于非常清爽没有特殊气味的一款，调和出的鸡尾酒味道也非常香醇。同时，在调和的时候比标准的比例要多加了一些伏特加，颜色淡雅、口感清爽且味道平衡，显示出了一股清凉之感，生活在城市的朋友们可以试一试这款鸡尾酒。

制作材料
雪树伏特加·························· 50ml
君度利口酒·························· 20ml
鲜柠檬果汁·························· 10ml

用具、酒杯
摇酒壶、鸡尾酒杯

制作方法

1. 将全部制作材料和冰加入到摇酒壶中，上下摇动。

2. 将1倒入到鸡尾酒杯中。

烈焰之吻

只要品尝一小口就能明白酒名的意思

　　伏特加酒、金酒、干味美思酒混合调和出的刺激味道。取自路易斯·阿姆斯特朗同名曲，是石冈贤二制作的。

25

制作材料

伏特加····················20ml
野莓金酒··················20ml
干味美思··················20ml
柠檬果汁··················少许
砂糖······················适量

用具、酒杯

摇酒壶、鸡尾酒杯

制作方法

1. 在酒杯边缘沾上柠檬果汁（用量以外），使用糖装饰成雪花边饰。

2. 将除了砂糖以外的全部制作材料以及冰块倒入摇酒壶中，上下摇动。

3. 将1的鸡尾酒倒入2中。

安其罗

橙黄色的橙汁非常吸引人眼球，是一款果味丰富的鸡尾酒

　　果味丰富的一款鸡尾酒，非常适合女性朋友品尝。在微风吹过的海滩上，品味这杯橙黄色的南国美酒，一定非常舒服。

12

制作材料

伏特加····················30ml
香橙果汁··················20ml
菠萝果汁··················20ml
茴香酒··················1茶匙
金馥力娇酒················10ml
香橙片····················1片

用具、酒杯

摇酒壶、高脚杯

制作方法

1. 在高脚杯中加冰。

2. 将除了香橙片以外的全部制作材料倒入摇酒壶中，上下摇动。

3. 将2倒入1，在杯子边缘用香橙片作点缀。

奇奇

南国的鸡尾酒感受四季长夏的夏威夷风情

　　奇奇这款鸡尾酒是夏威夷特产的南国风味热带鸡尾酒。在暖暖的太阳照射下茁壮生长的各种水果，使用在这款鸡尾酒中，别具风味。

7

制作材料

伏特加····················45ml
菠萝果汁··················40ml
椰奶······················20ml
糖浆······················10ml
青柠檬片··················1/2片
菠萝片····················1片
玛若丝卡酸味樱桃··········1颗
兰花······················1朵

用具、酒杯

摇酒壶、吸管两根、大杯子、鸡尾酒签

制作方法

1. 将从伏特加到糖浆的制作材料放入摇酒壶中，上下摇动。

2. 在酒杯中放满冰块，倒入1。

3. 在杯子里面放入兰花，在杯边用青柠檬片作点缀，将玛若丝卡酸味樱桃和菠萝片插在鸡尾酒签上，放入杯中，最后插入吸管。

咸狗

酸甜的味道和略带咸味的绝佳妙饮

　　首先在杯子边缘沾一些盐，然后放入鲜葡萄果汁，饮用的时候，会感到一股水果香甜的味道在口中弥漫。

13 制作材料

伏特加·················35ml
葡萄果汁·············适量
食盐·····················适量

用具、酒杯

调酒长匙、古典杯

制作方法

1. 使用雪花盐装饰古典杯边缘。

2. 在1中加入伏特加和水，倒入葡萄果汁，用调和法混合。

※杯子边缘不进行装饰的是东京大仓饭店（Hotel Okura）风格。

白蜘蛛

如同清风拂面一般的感觉，清爽宜人的味道

　　并没有蜘蛛那种给人恐怖的感觉，这款鸡尾酒因为加入了薄荷，所以给人以清风一般的感觉。

30 制作材料

伏特加·················40ml
白薄荷酒·············20ml

用具、酒杯

摇酒壶、鸡尾酒杯

制作方法

1. 将全部制作材料和冰放入摇酒壶中，上下摇动。

2. 将1倒入鸡尾酒杯中。

铁骑军队

能够感受无敌铁骑军队带给我们的力量之感

　　这款酒以俄国沙皇时代以无敌著名的铁骑军团命名。使用伏特加和白兰地酒为基酒，口感非常好。

27 制作材料

伏特加·················30ml
白兰地·················20ml
青柠檬果汁···········10ml
糖浆·····················1茶匙

用具、酒杯

摇酒壶、鸡尾酒杯

制作方法

1. 将全部制作材料和冰放入摇酒壶中，上下摇动。

2. 将1倒入鸡尾酒杯中。

吉卜赛

一款略带苦味且具有个性的鸡尾酒

　　使用本尼狄克丁修士酒调和出具有异域风格的鸡尾酒，取名为"吉卜赛"，也是因为最初调和这款酒的时候想到吉卜赛人游走四方、欢快的性格。

33 制作材料

伏特加·················45ml
本尼狄克丁修士酒···15ml
安格斯图拉苦精······少许

用具、酒杯

摇酒壶、鸡尾酒杯

制作方法

1. 将全部制作材料和冰放入摇酒壶中，上下摇动。

2. 将1倒入鸡尾酒杯中。

俄罗斯人

带有巧克力味道的俄罗斯著名鸡尾酒

　　这款酒使用伏特加为基酒，适中的口感却有非常高的酒精浓度。同时因为使用了可可乳酒，酒本身也具有了巧克力的风味，非常可口。由此这款酒还有一个名字是"女性杀手鸡尾酒"。

32

制作材料

伏特加	20ml
干金酒	20ml
可可乳酒	20ml

用具、酒杯

摇酒壶、鸡尾酒杯

制作方法

1. 将全部制作材料和冰放入摇酒壶中，上下摇动。

2. 将1倒入鸡尾酒杯中。

黑色俄罗斯人

非常值得品尝的咖啡味道鸡尾酒

　　这款黑色俄罗斯人鸡尾酒使用咖啡利口酒，与俄罗斯人酒相同，虽然有伏特加作为基酒，酒精度数比较高，但是一样适合饮用，特别是在严寒天气时代替热咖啡。相信通过品尝这款鸡尾酒能够温暖到您心底。

32

制作材料

伏特加	40ml
咖啡利口酒	20ml

用具、酒杯

调酒长匙、古典杯

制作方法

将全部制作材料放入加冰的古典杯中。

※为女性朋友摇动。

※将这款酒中的伏特加换成龙舌兰，名字就是"启示录"。

白色俄罗斯人

突出咖啡的香味，捕获您内心的一款鸡尾酒

　　这款鸡尾酒融合了咖啡利口酒苦中略带甜的口味，同时与伏特加清爽甘洌的辛辣口感相结合，是一款非常适合成年人饮用的鸡尾酒。在这款酒的上层漂浮着奶油花，让酒又具有了适中的甜味，同样非常适合作为饭后的甜点鸡尾酒饮用。

35.9

制作材料

伏特加	20ml
咖啡利口酒	40ml
鲜奶油	10ml

用具、酒杯

调酒长匙、古典杯

制作方法

1. 将冰放在古典杯中，将除了鲜奶油之外的全部制作材料和冰放入混酒杯中，进行调和。

2. 把鲜奶油倒入1中，使其漂浮在表面。

俄罗斯千禧年咖啡

苦味、酸味与爽快的口感，让您痛快地度过炎热的夏季

咖啡略带苦味的味道与伏特加甘洌的过喉之感相结合，调和出这款适合夏季饮用的鸡尾酒。

8

制作材料

黑皇冠伏特加·······20ml
爱尔兰奶油酒·······20ml
香草利口酒·······20ml
香草糖浆·······5ml
冰咖啡·······90ml
食用兰花·······1朵

用具、酒杯

摇酒壶、柯林斯酒杯、吸管两根

制作方法

1. 将除了冰咖啡、食用兰花以外的全部制作材料和冰放入摇酒壶中，上下摇动。

2. 将1倒入到加冰的柯林斯酒杯中，冰咖啡在上层，分为两层。

3. 在2中用兰花作装饰，放入吸管。

血腥玛莉

以血腥的玛丽而命名的鸡尾酒

以16世纪残酷迫害反对者的英格兰皇后玛丽的名字命名的一款刺激的鸡尾酒。

12

制作材料

伏特加·······45ml
番茄果汁·······适量
柠檬果汁·······2茶匙
柠檬片·······1片
塔巴斯哥辣酱油·······少许
英式辣酱·······少许

用具、酒杯

调酒长匙、调酒棒、平底大玻璃杯

制作方法

1. 将冰放在平底大玻璃杯中，将伏特加、番茄果汁、鲜柠檬果汁和冰放入混酒杯中，进行调和。

2. 在杯边用柠檬片作装饰，将塔巴斯哥辣酱油，英式辣酱加入杯中，放入调酒棒。

※也可以将制作材料放入摇酒壶中，摇动调和。

弗拉门戈女郎

丰富的色彩，引人注目的一款鸡尾酒

这款浅粉色的鸡尾酒，造型为飘雪状，在杯子边缘用柠檬片作点缀，让人联想到弗拉门戈女郎饮水时的情景。

14

制作材料

伏特加·······20ml
仙桃利口酒·······20ml
菠萝果汁·······20ml
柠檬果汁·······10ml
红石榴糖浆·······1茶匙
白砂糖·······适量
柠檬片·······1/2片

用具、酒杯

摇酒壶、酸酒杯

制作方法

1. 使用红石榴糖浆润湿酸酒杯边，使用白砂糖进行雪花装饰。

2. 将伏特加、仙桃利口酒、菠萝果汁、柠檬果汁和冰放入摇酒壶中，上下摇动。

3. 将2倒入1，在杯子的边缘用柠檬片作装饰。

信使

壁画上的少女表达感谢而制作的一杯鸡尾酒

一名画家以少女为题材绘制了一幅壁画，这个少女为表达感谢而制作的一杯鸡尾酒。因口感甘甜受到女性朋友喜欢。

23 🍸 🔳 🍶

制作材料

伏特加·····················35ml
意大利苦杏酒··········15ml
椰奶·····················15ml
肉桂粉·····················适量

用具、酒杯

摇酒壶、鸡尾酒杯

制作方法

1. 将除了肉桂粉以外的全部制作材料和冰放入摇酒壶中，用力上下摇动。
2. 将1倒入到鸡尾酒杯中。
3. 在酒表面撒上肉桂粉。

芭芭拉

有着如同女人肌肤一般的顺滑感觉

这款鸡尾酒使用充足的鲜奶油，口感顺滑、色泽鲜艳，甚至让人感觉不到是以伏特加为基酒。非常适合女性饮用。

23 🍸 🔳 🍶

制作材料

伏特加·····················30ml
可可乳酒·················15ml
鲜奶油·····················15ml

用具、酒杯

摇酒壶、鸡尾酒杯

制作方法

1. 将全部制作材料和冰放入摇酒壶中，上下摇动。
2. 将1倒入鸡尾酒杯中。

朋友

喝杯鸡尾酒，交个朋友

清爽的风味让您和朋友一起举起酒杯共度畅快时刻，这款鸡尾酒以朋友为名寓意深刻。

28 🍸 🔳 🍶

制作材料

伏特加·····················30ml
莳萝利口酒··············15ml
青柠檬果汁···············15ml

用具、酒杯

摇酒壶、鸡尾酒杯

制作方法

1. 将全部制作材料和冰放入摇酒壶中，上下摇动。
2. 将1倒入鸡尾酒杯中。

巨锤

被巨锤打击那样的强力鸡尾酒

如同巨锤一般的强力鸡尾酒。极为辛辣的口感，不过您若是不小心喝多了，就如同被重锤打到那样晕晕乎乎。

35 🍸 🔳 🍶

制作材料

伏特加·····················50ml
青柠檬果汁···············10ml

用具、酒杯

摇酒壶、鸡尾酒杯

制作方法

1. 将全部制作材料和冰放入摇酒壶中，上下摇动。
2. 将1倒入鸡尾酒杯中。

皇后

命名为皇后的一款高贵厚重的鸡尾酒

品尝这杯酒让您感到如同置身于高贵华美的氛围中一般，仿佛如同高贵的皇后。这酒本身的名字源自于俄罗斯。

27 🍸 🧊 🍶

制作材料

伏特加·············30ml
干味美思···········15ml
甜杏白兰地·········15ml
安格斯图拉苦精酒·····少许

用具、酒杯

摇酒壶、鸡尾酒杯

制作方法

1. 将全部制作材料和冰放入摇酒壶中，上下摇动。

2. 将1倒入鸡尾酒杯中。

什锦鸡尾酒

取意"混合"之意的一款鸡尾酒

这款鸡尾酒的名字在法语中为混合之意，有使用啤酒作为基酒的，但是这款以伏特加为基酒的什锦鸡尾酒才是最正宗的。

17 🍸 🧊 🍶

制作材料

伏特加·············30ml
樱桃白兰地·········10ml
干味美思···········20ml
玛若丝卡酸味樱桃·····1颗

用具、酒杯

摇酒壶、调酒长匙、鸡尾酒杯、鸡尾酒签

制作方法

1. 将除了玛若丝卡酸味樱桃以外的全部制作材料和冰放入摇酒壶，上下摇动。

2. 将玛若丝卡酸味樱桃插在鸡尾酒签上，放入杯中，把1的酒液滤入鸡尾酒杯中。

伏尔加船夫

献给爱划船爱自然的朋友们

伏尔加是俄罗斯的一条著名河流，这款酒取名为"伏尔加船夫"。使用樱桃白兰地和香橙果汁使酒非常可口。

18 🍸 🧊 🍶

制作材料

伏特加·············20ml
樱桃白兰地·········20ml
香橙果汁···········20ml

用具、酒杯

摇酒壶、鸡尾酒杯

制作方法

1. 将全部制作材料和冰放入摇酒壶中，上下摇动。

2. 将1倒入鸡尾酒杯中。

波兰舞曲

鲜艳的橙色表现出波兰传统舞蹈的热烈与奔放

樱桃白兰地醇香的酒味和口感与柠檬果汁清爽的感觉相混合，调和出一款美妙的鸡尾酒。

24 🍸 🧊 🍶

制作材料

伏特加·············40ml
樱桃白兰地·········20ml
柠檬果汁···········1茶匙
白糖浆·············1茶匙

用具、酒杯

摇酒壶、鸡尾酒杯

制作方法

1. 将全部制作材料和冰放入摇酒壶中，上下摇动。

2. 将1倒入鸡尾酒杯中。

※使用野牛伏特加更好。

蓝色珊瑚礁

让您品味好似漫步旅游胜地的高雅时刻

　　这款鸡尾酒于1960年在法国诞生，清爽的甜味和清凉的外观，特别受到女士们的青睐。

23 🍸 🖼 🍶

制作材料

伏特加······30ml
蓝色柑桂酒······20ml
柠檬果汁······20ml
柠檬片······1片
香橙片······1片
玛若丝卡酸味樱桃······1颗

用具、酒杯

摇酒壶、浅碟形香槟杯、鸡尾酒签

制作方法

1. 将伏特加、蓝色柑桂酒、柠檬果汁和冰放入摇酒壶中，上下摇动。

2. 将碎冰块放入浅碟形香槟杯中，倒入1的酒液。

3. 将柠檬片和香橙片插在鸡尾酒签上，沉入杯底，在边缘用玛若丝卡酸味樱桃作装饰。

招财猫

小小的梦在心头，非常可爱的一款鸡尾酒

　　这款酒酒名取自招财猫，寓意祝福每个人能获得幸福。这款酒也是日本第22届调酒师技能大赛冠军横山和久的获奖作品。

8 🍸 🖼 🍶

制作材料

伏特加······20ml
椰奶······10ml
香蕉利口酒······10ml
鲜葡萄果汁······20ml
蓝柑桂酒······1茶匙
玛若丝卡酸味樱桃······1颗
红樱桃······1颗

用具、酒杯

摇酒壶、鸡尾酒杯、鸡尾酒签

制作方法

1. 将除了玛若丝卡酸味樱桃和红樱桃以外的全部制作材料放入摇酒壶中，上下摇动。

2. 将2倒入1中，将玛若丝卡酸味樱桃和红樱桃插在鸡尾酒签上，沉入杯底。

雪国

点缀成下雪的感觉，表现日本雪景的美丽

　　这款酒是日本山形县井山计一创作的鸡尾酒。酒杯边缘部分点缀成雪花的样子，很好地表现了故乡雪景的美丽。

30 🍸 🖼 🍶

制作材料

伏特加······45ml
白色柑桂酒······15ml
青柠檬果汁······2茶匙
砂糖······适量
绿草莓······1颗

用具、酒杯

摇酒壶、鸡尾酒杯、鸡尾酒签

制作方法

1. 将鸡尾酒杯边装饰成雪花样式。

2. 在摇酒壶中放入除了砂糖、绿草莓以外的全部材料和冰，上下摇动。

3. 将2倒入鸡尾酒杯中。

4. 将绿草莓插在鸡尾酒签上，沉入杯底。

午夜阳光

想在深夜品尝的一杯美酒

　　酸甜的口感和清爽的过喉之感，让这款酒非常好喝。想象着极圈内的冬天和夏天看到极昼极夜时的美景的一款鸡尾酒。

 8

制作材料

伏特加	40ml
三得利蜜瓜味利口酒	30ml
香橙果汁	20ml
柠檬果汁	20ml
红石榴糖浆	1茶匙
苏打水	适量
柠檬片	1/2片
玛若丝卡酸味樱桃	1颗

用具、酒杯

摇酒壶、调酒长匙、柯林斯杯、鸡尾酒签

制作方法

1. 将伏特加、三得利蜜瓜味利口酒、香橙果汁、柠檬果汁的全部材料以及冰块放入摇酒壶中，上下摇动。

2. 将冰放入柯林斯杯中，倒入1中，再加入苏打水，轻轻搅拌，最后将1茶匙红石榴糖浆慢慢放入杯底，将柠檬片和玛若丝卡酸味樱桃插在鸡尾酒签上在杯边作装饰。

哈维撞墙

即使喝多也不会真的撞墙

　　一个名叫哈维的人因饮用了这款鸡尾酒而变得晕晕乎乎，头也不小心撞到了墙上。就这样以此命名了这款鸡尾酒。是一款味道浓郁的鸡尾酒。

14

制作材料

伏特加	45ml
香橙果汁	适量
茴香酒	2茶匙
香橙片	1片

用具、酒杯

调酒长匙、柯林斯酒杯

制作方法

1. 将伏特加、香橙果汁以及冰块放入柯林斯酒杯中，用调和法混合。

2. 加入茴香酒、香橙片挂在杯边作装饰。

螺丝刀

扭结而成的这款鸡尾酒非常容易饮用

　　在美国的得克萨斯州油田里工作的男子们使用螺丝刀搅拌伏特加和橙汁而诞生的一款鸡尾酒。

12

制作材料

伏特加	35~45ml
香橙果汁	适量
香橙片	1/2片

用具、酒杯

调酒长匙、平底大玻璃杯或者高脚杯

制作方法

1. 在平底大玻璃杯或者高脚杯中加入冰块。

2. 将伏特加、香橙果汁放入杯中，用香橙片装饰杯边。

错觉

使用老酒而产生一种别样美味的风格

宛如错觉般的美丽粉色，口感也是非常好的，让人感觉不到酒精的辛辣。

18

制作材料

伏特加·················30ml
老酒·················10ml
鲜香橙果汁·············20ml
意大利苦香酒···········10ml
红石榴糖浆···········1茶匙
鸡蛋·················1个

用具、酒杯

摇酒壶、鸡尾酒杯

制作方法

1. 将全部材料和冰放入摇酒壶中，上下摇动。

2. 将1倒入鸡尾酒杯中。

美女明星

清爽的味道和爽快的心情

将杯边装饰成雪花状，就好似在蔚蓝的大海里仰望星空那样，愉快的心情不言而喻。

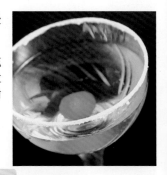

37

制作材料

皇冠伏特加·············45ml
苹果利口酒·············10ml
明治屋青柠檬果汁···1茶匙
UCC蓝糖浆·······1/2茶匙
薄荷樱桃·············1颗
糖浆·················适量
砂糖·················适量

用具、酒杯

摇酒壶、鸡尾酒杯

制作方法

1. 使用砂糖在杯边装饰出雪花造型。

2. 将从皇冠伏特加、苹果利口酒、明治屋青柠檬果汁、UCC蓝糖浆的全部材料和冰放入摇酒壶中，上下摇动。

3. 将2倒入1鸡尾酒杯中，将薄荷樱桃沉入杯底。

绿色记忆

在这重要的夜晚想要留住美好记忆

青柠檬、哈密瓜、葡萄果汁在口中融合，弥漫着香味，让我们感到非常特别的一种满足感。

8

制作材料

伏特加·················15ml
青柠檬利口酒···········15ml
哈密瓜糖浆·············15ml
鲜葡萄果汁·············15ml

用具、酒杯

摇酒壶、鸡尾酒杯

制作方法

1. 将全部制作材料和冰放入摇酒壶中，上下摇动。

2. 将1倒入鸡尾酒杯中。

飞马

想象着飞行在空中的天马

酸味和甜味以及可可的味道在口中融合，口感平衡浓郁。是一款味道清新的鸡尾酒。

28

制作材料

伏特加·················30ml
蓝柑桂酒···············15ml
白可可乳酒·············15ml
鲜柠檬果汁·············15ml
意大利茴香酒···········少许
马头形柠檬块···········适量

用具、酒杯

摇酒壶、鸡尾酒杯

制作方法

1. 将全部材料和冰放入摇酒壶中，上下摇动。

2. 将1倒入鸡尾酒杯中。

莫斯科骡（日本皇家大酒店）

精确计算青柠檬果汁分量，重视口感平衡

　　日本皇家大酒店（DAIWA ROYAL HOTELS）制作调和的莫斯科骡鸡尾酒在鲜柠檬果汁的使用方面非常独到。将青柠檬片放入杯中，其分量也精确算入到果汁的总量当中。与此相对使用45ml的伏特加和15ml的鲜青柠檬果汁，威尔金森姜汁汽水的辛辣和甜味与青柠檬的酸味相互辉映，口感平衡。

10

制作材料

伏特加	45ml
青柠檬果汁	约15ml
威尔金森姜汁汽水	倒满
青柠檬片	1/6片

用具、酒杯

柯林斯酒杯、调酒棒

制作方法

1. 在柯林斯酒杯里放入青柠檬片和冰。

2. 在1中加入伏特加、鲜青柠檬果汁，最后加入冷藏的威尔金森姜汁汽水，放入调酒棒。

莫斯科骡（东京全日空大酒店）

使用姜汁啤酒重现传统风味

　　按照传统的莫斯科骡制作菜单，使用姜汁啤酒来代替姜汁汽水，这款鸡尾酒就是由东京全日空大酒店（ANA Hotel Tokyo）主营酒吧调和出来的。之所以选用姜汁啤酒是因为其姜汁的味道更浓郁，适合辛辣的口感。另外，在调和的过程中也没有使用鲜青柠檬果汁而是直接将青柠檬放入杯中，将这款鸡尾酒的新鲜和清凉的感觉更好地体现出来。

制作材料

皇冠伏特加（50°）……………………… 45ml

姜汁啤酒……………………………………… 倒满

青柠檬片………………………………………… 1/2片

用具、酒杯

柯林斯酒杯、调酒棒

制作方法

1. 在柯林斯酒杯里放入青柠檬片和冰。

2. 在1中加入皇冠伏特加，加入冷藏的姜汁啤酒，放入调酒棒。

莫斯科骡（日本东京大仓饭店）

姜汁汽水略带辣味的特别感觉
是成人的味道

　　日本东京大仓饭店（Hotel Okura）主营酒吧调和的莫斯科骡按照不同时代的流行特点，使用姜汁汽水或是姜汁啤酒。现在是用口感辛辣且碳酸的刺激程度更高的威尔金森姜汁汽水来调和莫斯科骡。这是因为现在的顾客大多喜欢口感偏辛辣的鸡尾酒。在这间酒吧里品尝清凉、辛辣的莫斯科骡是一种非常好的享受。

12

制作材料

皇冠伏特加	45ml
青柠檬利口酒	20ml
威尔金森姜汁汽水	倒满
1/4青柠檬片	1片

用具、酒杯

平底大玻璃杯、调酒棒

制作方法

1. 将冰加入平底大玻璃杯，再加入皇冠伏特加和青柠檬利口酒，最后加入青柠檬片。

2. 加入冷藏的威尔金森姜汁汽水，轻轻搅拌。

莫斯科骡（日本京王广场酒店）

加入黄瓜的味道，使酒味更加浓郁深邃

　　日本京王广场酒店（Keio Plaza Hotel）的主营酒吧使用传统的铜制酒杯，能够更好体现莫斯科骡的美味。其最大的特点是用青柠檬利口酒和加拿大干姜汁汽水调制而成，口感略甜。这样的莫斯科骡酒中只有伏特加酒略带酒精，其余制作材料都没有酒精，可能有时过于清淡。最后加入黄瓜利口酒，使整个酒的味道更加浓郁，非常引人注目。

制作材料
蓝天伏特加…………………………… 45ml
青柠檬利口酒………………………… 15ml
加拿大干姜汁汽水…………………… 倒满
青柠檬片……………………………… 1/6片
黄瓜条………………………………… 1根

用具、酒杯
铜质马克杯、调酒棒

制作方法

1. 将冰加入铜质马克杯，将青柠檬片放入杯中。

2. 在1中倒入蓝天伏特加，青柠檬利口酒和冷却的加拿大干姜汁汽水。

3. 在2中加入黄瓜条，最后插入调酒棒。

莫斯科骡（日本新大谷酒店）

姜汁味道浓郁的一款甘冽口味鸡尾酒

　　调和莫斯科骡的时候根据制作菜单的不同有时使用姜汁汽水，有时使用姜汁啤酒，但是在日本新大谷酒店（Hotel New Otani）的主营酒吧所使用的是姜汁汽水和姜汁啤酒两种制作材料。从前姜汁汽水曾作为成年人的专用饮品来饮用，而酒吧为了重现这种辛辣之感特别在调和的时候强调了这种辛辣。调和出一款极品莫斯科骡，有机会请您一定要尝试一下。

制作材料

蓝天伏特加	45ml
石头姜汁啤酒	10ml
威尔金森姜汁汽水	倒满
青柠檬片	1/2片

用具、酒杯

铜质马克杯、调酒棒

制作方法

1. 将冰加入铜质马克杯，将青柠檬片放入杯中。

2. 在1中倒入蓝天伏特加、石头姜汁啤酒和冷却的威尔金森姜汁汽水，最后插入调酒棒。

莫斯科骡（日本帝国酒店）

享受伏特加与姜汁汽水辛辣的味道

日本帝国酒店（Imperial Hotel）主营酒吧调和出的莫斯科骡是按照标准的菜单调和而成，一直坚持使用过去的姜汁啤酒（有一段时间使用过姜汁汽水），另外还使用了50°的皇冠伏特加酒，能够很好地品尝到伏特加酒的味道。调和出的鸡尾酒有基酒的味道，姜汁啤酒辛辣、爽快的口感，味道非常平衡，是名副其实的经典莫斯科骡。

(17)

制作材料

皇冠伏特加（50°）	51ml
鲜青柠檬果汁	15ml
姜汁啤酒	倒满
青柠檬片	1/8片

用具、酒杯

铜质马克杯、调酒长匙、调酒棒

制作方法

1. 将冰加入铜质马克杯，倒入皇冠伏特加和鲜青柠檬果汁，轻轻搅拌。

2. 在1中倒入冷却的姜汁啤酒，放入青柠檬片，最后插入调酒棒。

莫斯科骡（日本宫殿酒店）

伏特加基酒的味道，口感酸甜的一款美酒

　　和辛辣口感的姜汁汽水相比，日本宫殿酒店（Palace Hotel）主营酒吧调和的这款莫斯科骡选用了并不是特别辛辣和刺激的姜汁啤酒。在选择基酒的时候也选择了蓝天伏特加，很好地融合了青柠檬的酸味和姜汁的辛辣味道，非常爽口。同时在调和的时候可以根据顾客的需要适当添加鲜青柠檬果汁，让酒的清凉感更加突出。

制作材料

蓝天伏特加	45ml
鲜青柠檬果汁	15ml
姜汁啤酒	倒满
青柠檬片	1片

用具、酒杯

柯林斯酒杯、调酒棒

制作方法

1. 将冰加入到柯林斯酒杯中，将蓝天伏特加、鲜青柠檬果汁倒入到杯中，最后注满姜汁啤酒。

2. 轻轻调和酒液，放入青柠檬片。

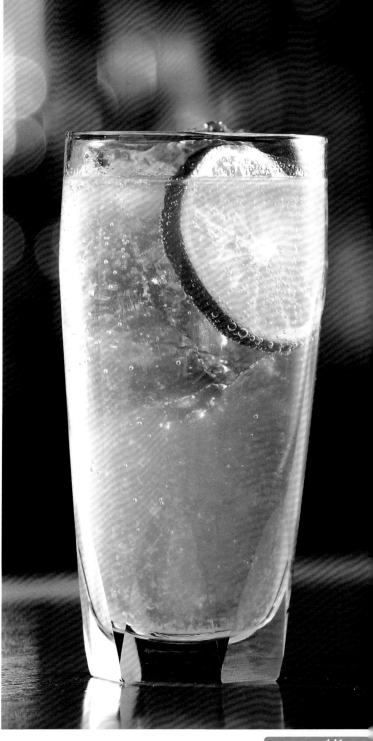

Royal Park Hotel

莫斯科骡（日本皇家花园大酒店）

点缀在杯边的黄瓜条提升酒的特点

　　骡子在俄语中具有"顽固""倔强"的意思。以骡子来命名这款鸡尾酒，在经过日本皇家花园大酒店（Royal Park Hotel）的主营酒吧精心调和之后，您就能够品味到辛辣特别的莫斯科骡酒了。使用味道浓郁的黑皇冠伏特加将酒的辛辣感体现出来，同时为了体现"莫斯科骡"这个名字的特点，在酒杯边上使用黄瓜条来造型，摆出骡子耳朵的感觉。

制作材料

皇冠黑伏特加	45ml
威尔金森姜汁汽水	适量
青柠檬片	1/2片
黄瓜条	1根

用具、酒杯

铜质马克杯、调酒棒

制作方法

1. 将冰加入到铜质马克杯中，在杯中倒入黑皇冠伏特加，加入冷却的威尔金森姜汁汽水。

2. 在1中加入青柠檬片轻轻搅拌，最后加入黄瓜条。

莫斯科骡（东京世纪凯悦大酒店）

青柠檬的酸味和香味与姜汁汽水的完美混合

在莫斯科骡的传统配方中，大多使用姜汁啤酒，其辛辣的口感和刺激相对都比较弱。东京世纪凯悦大酒店（Century Hyatt Tokyo）主营酒吧突破传统使用威尔金森姜汁汽水调和出辛辣的口感和碳酸的刺激的味道。另外在基酒的选择方面使用了口感柔和清澈的苏联红牌伏特加，最后点缀黄瓜增添了清爽的风味。

制作材料

苏联红牌伏特加（40°）·················· 45ml
威尔金森姜汁汽水···················· 倒满
青柠檬片·························· 1/8片
黄瓜条··························· 1根

用具、酒杯

平底大玻璃杯、调酒棒

制作方法

1. 在平底大玻璃杯中加入冰，再倒入苏联红牌伏特加。

2. 将冷却的威尔金森姜汁汽水倒入，再加入黄瓜条和调酒棒，在边缘用青柠檬片作装饰。

莫斯科骡（日本大都会大饭店）

柠檬香味与姜汁汽水的清爽交相辉映

在选用基酒的时候特别挑选了口感清淡的蓝天伏特加酒，姜汁汽水使用味道甜淡的加拿大姜汁汽水，这就是日本大都会大饭店（Hotel Metropolitan）主营酒吧调和出的莫斯科骡鸡尾酒。平常之间让人忘却酒精的味道是这款鸡尾酒最大的特点。最后在杯中加入青柠檬片，使得酒更加新鲜可口，表现出鸡尾酒爽快之感的一杯佳作。

制作材料

蓝天伏特加………………………	45ml
加拿大干姜汁汽水………………	倒满
青柠檬片…………………………	1/4片

用具、酒杯

平底大玻璃杯、调酒棒

制作方法

1. 在平底大玻璃杯中加入冰，加入青柠檬片，再倒入蓝天牌伏特加。

2. 将冷却的加拿大干姜汁汽水倒入。

莫斯科骡 （东京太平洋大酒店）

广受好评，重视口感的一款鸡尾酒

　　这款莫斯科骡鸡尾酒在标准鸡尾酒中属于非常易饮让人容易接受的一款。东京太平洋大酒店（Hotel Pacific Tokyo）主营酒吧调和出的鸡尾酒非常忠实于这一点，让广大顾客能够随意饮用。为了实现这个目的在使用基酒的方面选取了易于饮用的蓝天伏特加，然后加入加拿大干姜汁汽水，增加酒的甜味和碳酸的刺激之感。好似夏天清凉饮料一般让人容易饮用。

制作材料
蓝天伏特加	45ml
加拿大干姜汁汽水	1/2杯
青柠檬片	1/8片

用具、酒杯
平底大玻璃杯、调酒棒

制作方法

1. 在平底大玻璃杯中加入冰，再倒入蓝天伏特加。

2. 将冷却的加拿大干姜汁汽水加入，再加入青柠檬片条和调酒棒。

莫斯科骡（东京王子大饭店）

口感平衡略有刺激的一款城市鸡尾酒

　　东京王子大饭店（Tokyo Prince Hotel）主营酒吧调和出的这款莫斯科骡鸡尾酒让人看上去非常想品尝，杯中逐渐升起的小气泡和略带深色的酒色对人都产生强烈的诱惑。辛辣口味的威尔金森姜汁汽水和口味细腻的雪树伏特加相混合，口感丰润，味道细腻。

12

制作材料
雪树伏特加·······························45ml
鲜青柠檬果汁·····························10ml
威尔金森姜汁汽水·························倒满
青柠檬片···································1片

用具、酒杯
柯林斯酒杯

制作方法

1. 将冰加入酒杯中，在杯中倒入雪树伏特加、鲜青柠檬果汁。

2. 将冷却的威尔金森姜汁汽水加入杯中，最后放入青柠檬片。

午夜后

让您心情舒畅的薄荷香气

可可利口酒将伏特加浓郁的味道变得平衡、可口起来，薄荷的香气在酒中回荡。

41 🟦 ▨ 🍹 🍶

制作材料

伏特加······40ml
绿薄荷酒······10ml
白可可酒······10ml

用具、酒杯

摇酒壶、古典杯

制作方法

1. 将全部制作材料和冰放入摇酒壶中，上下摇动。

2. 将1倒入古典杯中。

湖中女王

完美的融合，奏响和谐的音符

绿茶利口酒与鲜奶油完美的融合，加上菠萝果汁，是一款口味香甜浓厚的南国鸡尾酒。

25 🍸 ▨ 🍶

制作材料

伏特加······20ml
绿茶利口酒······20ml
菠萝果汁······10ml
鲜奶油······10ml

用具、酒杯

摇酒壶、鸡尾酒杯

制作方法

1. 将全部制作材料和冰放入摇酒壶中，上下摇动。

2. 将1倒入鸡尾酒杯中。

野外点茶

绿茶的香味沁人心脾，让人放松

伏特加浓烈的口感与绿茶利口酒苦中带甜的味道完美融合，有种撞击的美感。

31 🍸 ▨ 🍶

制作材料

伏特加······30ml
绿茶利口酒······15ml
青柠檬利口酒······15ml

用具、酒杯

摇酒壶、鸡尾酒杯

制作方法

1. 将全部制作材料和冰放入摇酒壶中，上下摇动。

2. 将1倒入鸡尾酒杯中。

吉野

淡绿色的酒液中漂浮着几片日本樱花

能让您很自然地感到美丽的春天。推荐您在祝福的席间以及出门平安的愿望中品尝这杯美酒。

49 🍸 🖼 🍶

制作材料

伏特加······60ml
绿茶利口酒······1/2茶匙
樱桃利口酒······1/2茶匙
腌制樱花叶（在热水中脱盐）······1片

用具、酒杯

摇酒壶、鸡尾酒杯

制作方法

1. 将除了腌制樱花叶以外的全部制作材料和冰放入摇酒壶中，上下摇动。

2. 将1倒入鸡尾酒杯中，将腌制樱花叶放在杯中。

伟大的爱情

显示出如大海般寂静神秘的一杯鸡尾酒

在日本第一届玛丽·布里泽尔鸡尾酒比赛中获得冠军的作品，出自调酒师羽角久光之手。是一款果味丰富且略带甜味的鸡尾酒。

17.8

制作材料

堪察加伏特加	15ml
波士紫罗兰酒	15ml
西洋梨白兰地	15ml
鲜葡萄果汁	10ml
鲜柠檬果汁	5ml
玛若丝卡酸味樱桃	1颗
心形柠檬果肉	1块

用具、酒杯

摇酒壶、鸡尾酒杯

制作方法

1. 将除了玛若丝卡酸味樱桃、心形柠檬果肉以外的全部制作材料和冰放入摇酒壶中，上下摇动。

2. 将1倒入鸡尾酒杯中，将玛若丝卡酸味樱桃沉在杯中，在杯子边缘用心形柠檬果肉作装饰。

芬芳捕获

芬芳之感让您身心放松

将多种水果混合浓缩之后，调和出的一杯果味鸡尾酒。不仅味道好而且还能让您在香味中放松身心。

18.8

制作材料

伏特加	30ml
仙桃利口酒	15ml
香橙果汁	15ml
菠萝果汁	15ml
红石榴糖浆	1茶匙
柠檬片	1片
香橙片	1片
樱桃	1颗

用具、酒杯

摇酒壶、高脚杯、鸡尾酒签、吸管两根

制作方法

1. 将伏特加、仙桃利口酒、香橙果汁、菠萝果汁的全部制作材料和冰加入到摇酒壶中，上下摇动。

2. 在高脚杯中加入冰，将红石榴糖浆沉入1中。

3. 在2的杯边用樱桃、柠檬片、香橙片作点缀并插入鸡尾酒签，加入吸管。

罗宾

让大盗罗宾偷走您的心

以侠盗罗宾的名字命名的这款鸡尾酒果味非常丰富，品尝过后真有一种被大盗偷走心灵的感觉。

17

制作材料

伏特加	25ml
爱丽鲜金牌酒	25ml
鲜香橙果汁	25ml
香槟	倒满

用具、酒杯

摇酒壶、调酒长匙、香槟酒杯

制作方法

1. 将除香槟以外的全部制作材料和冰加入到摇酒壶中，上下摇动。

2. 将1倒入到香槟酒杯中，用调和法混合。

暴风雪

好似勇敢的男人在暴风雪中前行一般

　　这款酒的味道就好似暴风雪一般在口中弥漫。它由东京大仓饭店（Hotel Okura）的长岛茂敏调和的，使用了芬兰产的伏特加酒。

⑨ 🍸 ▨ 🍶

制作材料

伏特加……………………35ml
桃树酒……………………15ml
金百利酒……………………5ml
葡萄果汁……………………35ml
柠檬果汁……………………5ml
玛若丝卡酸味樱桃……………1颗

用具、酒杯

摇酒壶、碟形香槟酒杯

制作方法

1. 将除玛若丝卡酸味樱桃以外的全部制作材料和冰加入到摇酒壶中，上下摇动。

2. 将1倒入到碟形香槟酒杯中，在杯子的边缘用玛若丝卡酸味樱桃作装饰。

公牛弹丸

清汤和伏特加调和出的一款另类鸡尾酒

　　这款鸡尾酒诞生自1953年的美国底特律，使用清汤和伏特加混合，是一款另类且稀有的鸡尾酒。

⑱ ▨ ▨ ▨

制作材料

伏特加……………………30ml
清汤………………………120ml
食盐…………………………适量
胡椒…………………………适量

用具、酒杯

摇酒壶、古典杯

制作方法

1. 将清汤冷却。

2. 在1中加入冷却的伏特加、食盐、胡椒。

3. 将2倒入古典杯中。

感谢

清爽利口的味道会捕获您的身心

　　哈密瓜和菠萝演绎出南国的风味，果味丰富的一款鸡尾酒。由中村健二制作调和。

⑫ ▨ ▨ 🍶

制作材料

伏特加……………………20ml
甜瓜利口酒…………………45ml
菠萝果汁……………………10ml
鲜柠檬果汁…………………15ml
椰子果汁……………………20ml
哈密瓜片……………………1片
青柠檬片……………………1片

用具、酒杯

摇酒壶、热带酒杯、吸管两根

制作方法

1. 将哈密瓜片、青柠檬片以外的全部制作材料和冰加入到摇酒壶中，上下摇动。

2. 将1倒入到碎冰的热带酒杯中。

3. 在2的杯子边缘用哈密瓜片和青柠檬片作装饰，加入吸管。

雪

让人能想到洁白的雪景

如同雪景般神秘，适中的口感与清爽的味道就是这款鸡尾酒的特色。茴香酒的香味也是其特点之一，味道深邃。

34.5

制作材料
伏特加……………………30ml
茴香酒……………………15ml
鲜青柠檬果汁……………15ml
蛋清……………………1/2个

用具、酒杯
电动搅拌机、调酒长匙、浅碟形香槟酒杯

制作方法
1. 将全部的材料和碎冰放入电动搅拌机中，开始搅拌。
2. 将1倒入到浅碟形香槟酒杯。

漂亮的玛利

如同圣洁的圣母玛利亚一般的美酒

香甜的味道是这款酒的特点，加入鲜奶油使整体的口感更加浓郁。所以它是非常受到女性朋友喜欢的一款鸡尾酒。

32

制作材料
伏特加……………………15ml
意大利苦杏酒……………30ml
鲜奶油……………………15ml

用具、酒杯
摇酒壶、鸡尾酒杯

制作方法
1. 将全部材料和冰放入摇酒壶中，上下摇动。
2. 将1倒入鸡尾酒杯中。

俄罗斯铁钉

甘洌刺激的一款鸡尾酒

杜林标酒的醇香和浓郁与伏特加辛辣的口感相结合，非常好喝。酒精度数虽然有些高，但是口感却非常好。

40

制作材料
伏特加……………………40ml
杜林标……………………20ml

用具、酒杯
调酒杯长匙、古典杯

制作方法
将全部材料倒入装满冰的古典杯中，用调和法混合。

神风

如同清风拂过面庞

伏特加的味道与白色柑桂酒以及鲜青柠檬果汁相混合，如同一股清风吹过你的面庞。

35

制作材料
伏特加……………………30ml
白色柑桂酒………………15ml
鲜青柠檬果汁……………15ml

用具、酒杯
摇酒壶、调酒棒、古典杯

制作方法
1. 将全部材料和冰放入摇酒壶中，上下摇动。
2. 将1倒入古典杯杯中。

口红

好似要被卷进这红色的漩涡中

　　柠檬新鲜的酸味和桃子富有水分的甜味混合，加入伏特加点缀，是一款非常有层次的、果味丰富的鸡尾酒。

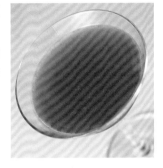

16

制作材料
伏特加·····················30ml
红柠檬利口酒···········35ml
仙桃甘露·················15ml
鲜柠檬果汁············1茶匙

用具、酒杯
摇酒壶、鸡尾酒杯

制作方法
1. 将全部材料和冰放入摇酒壶中，上下摇动。
2. 将1倒入鸡尾酒杯中。

印象

与水果共同演绎绝伦美味

　　品尝这款鸡尾酒好似品尝混合果汁那样口感平滑，完全感觉不到酒精的浓度。

27

制作材料
伏特加·····················20ml
仙桃利口酒···········10ml
甜杏白兰地···········10ml
苹果果汁·················20ml
红石榴糖浆············1茶匙

用具、酒杯
摇酒壶、鸡尾酒杯

制作方法
1. 将全部材料和冰放入摇酒壶中，上下摇动。
2. 将1倒入鸡尾酒杯中。

泥石流

好似在口中融化了一般细腻

　　奶味丰富的百利甜和香甜咖啡利口酒苦中带甜的味道相融合，体现出细腻甘甜之感。

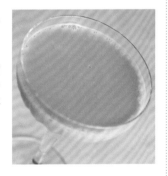

31

制作材料
伏特加·····················20ml
百利甜·····················20ml
香甜咖啡利口酒········20ml

用具、酒杯
摇酒壶、鸡尾酒杯

制作方法
1. 将全部材料和冰放入摇酒壶中，上下摇动。
2. 将1倒入鸡尾酒杯中。

苏格兰流行

辛辣的口感刺激你的味蕾

　　使用姜汁红酒和伏特加相混合，调和出刺激口感的辛辣鸡尾酒，最后加入干味美思，让你感受无穷魅力的一款适合成人的鸡尾酒。

27

制作材料
伏特加·····················20ml
姜汁红酒·················20ml
干味美思·················20ml

用具、酒杯
混酒杯、滤冰器、调酒棒、鸡尾酒杯

制作方法
1. 将全部材料和冰放入混酒杯中，用调和法混合。
2. 将1盖上滤冰器，倒入鸡尾酒杯中。

火烈鸟

被香味包围的南国热带美酒

　　伏特加的美味与可可利口酒的浓厚醇香融合在一起，茴香酒的独特香味因牛奶而变得更加美味，非常诱人。

13.8

制作材料

伏特加⋯⋯⋯⋯⋯⋯⋯⋯⋯⋯30ml
茴香酒⋯⋯⋯⋯⋯⋯⋯⋯⋯⋯15ml
白可可酒⋯⋯⋯⋯⋯⋯⋯⋯⋯20ml
红石榴糖浆⋯⋯⋯⋯⋯⋯⋯2茶匙
牛奶⋯⋯⋯⋯⋯⋯⋯⋯⋯⋯⋯60ml
菠萝片⋯⋯⋯⋯⋯⋯⋯⋯⋯⋯⋯1片
香橙片⋯⋯⋯⋯⋯⋯⋯⋯⋯⋯⋯1片
玛若丝卡酸味樱桃⋯⋯⋯⋯⋯1颗

用具、酒杯

摇酒壶、红酒杯、吸管两根、鸡尾酒签

制作方法

1. 将除了菠萝片、香橙片、玛若丝卡酸味樱桃以外的全部制作材料和冰加入到摇酒壶中，上下摇动。

2. 将红酒杯加入冰，将1倒入。

3. 将玛若丝卡酸味樱桃插在鸡尾酒签上，将菠萝片、香橙片放入杯中，加入吸管。

黄色潜水艇

香草和水果的约会，极富冒险性质的口味

　　这款鸡尾酒味道深邃喷香，菠萝果汁与香橙果汁相混合，看上去水分丰富非常爽口。

14.6

制作材料

伏特加⋯⋯⋯⋯⋯⋯⋯⋯⋯⋯15ml
茴香甜酒⋯⋯⋯⋯⋯⋯⋯⋯⋯15ml
鲜香橙果汁⋯⋯⋯⋯⋯⋯⋯⋯30ml
菠萝果汁⋯⋯⋯⋯⋯⋯⋯⋯⋯30ml
菠萝片⋯⋯⋯⋯⋯⋯⋯⋯⋯⋯⋯1片
玛若丝卡酸味樱桃⋯⋯⋯⋯⋯1颗

用具、酒杯

调酒长匙、平底大玻璃杯、调酒棒

制作方法

1. 将除了菠萝片和玛若丝卡酸味樱桃以外的全部制作材料和冰加入到摇酒壶中，上下摇动。

2. 在平底大玻璃杯中加入冰，将1倒入。

3. 将玛若丝卡酸味樱桃插在鸡尾酒签上，将菠萝片装饰在杯中。

北极之光

念着心里的那个人儿品尝着手中美酒

　　将白砂糖装饰在杯边，宛若北极光那般，非常浪漫，让人想起心中的那个她。

28.3

制作材料

伏特加⋯⋯⋯⋯⋯⋯⋯⋯⋯⋯30ml
黑加仑酒⋯⋯⋯⋯⋯⋯⋯⋯⋯10ml
草莓果汁⋯⋯⋯⋯⋯⋯⋯⋯⋯20ml
鲜柠檬果汁⋯⋯⋯⋯⋯⋯⋯1茶匙
白砂糖⋯⋯⋯⋯⋯⋯⋯⋯⋯⋯适量

用具、酒杯

摇酒壶、古典杯、吸管两根

制作方法

1. 在古典杯的杯口撒上白砂糖装饰成雪花状，杯子里放满冰块。

2. 将除了白砂糖以外的全部材料和冰放入杯中，上下摇动。

3. 将2倒入1中。

红发俄罗斯人

温暖的水色和适中的酸味，让您疲劳的身体完全放松

　　在伏特加酒中混合覆盆子利口酒的甘甜让酒味道整体变得清爽起来。青柠檬的酸味也非常有特点，更增添了酒本身的爽快之感。

 31

制作材料

伏特加	30ml
覆盆子利口酒	20ml
青柠檬利口酒	10ml

用具、酒杯

摇酒壶、鸡尾酒杯

制作方法

1. 将全部材料和冰放入摇酒壶中，上下摇动。

2. 将1倒入鸡尾酒杯中。

激情海滩

适合在开放的海滩品尝的一杯酒

　　配合伏特加的味道加入口味独特的水果，果香四溢的一杯鸡尾酒，可以算是甜点类的鸡尾酒。

21.9

制作材料

伏特加	45ml
覆盆子利口酒	20ml
甜瓜利口酒	20ml
菠萝果汁	35ml
草莓果汁	30ml
菠萝片	1片
玛若丝卡酸味樱桃	1颗

用具、酒杯

摇酒壶，柯林斯酒杯，鸡尾酒签

制作方法

1. 将除了菠萝片和玛若丝卡酸味樱桃以外的全部制作材料和冰加入到摇酒壶中，上下摇动，将冰加入柯林斯酒杯中。

2. 将1倒入到鸡尾酒杯中，将玛若丝卡酸味樱桃、菠萝片插在鸡尾酒签上作装饰。

伏尔加

樱桃平和的香味让您的心也随之感动

　　伏特加浓烈的味道和樱桃酒柔和的香味凸现鲜果汁的酸味，非常清爽的一杯鸡尾酒。

27.8

制作材料

伏特加	20ml
樱桃酒	20ml
干味美思	10ml
鲜香橙果汁	10ml

用具、酒杯

摇酒壶、鸡尾酒杯

制作方法

1. 将全部材料和冰放入摇酒壶中，上下摇动。

2. 将1倒入鸡尾酒杯中。

美好假日

清爽的柠檬带给您美味一刻

伏特加配合荷兰利口酒再加上甜瓜利口酒，甘甜清爽十足的一款水果鸡尾酒。

22 🍸 ▨ 🍶

制作材料

伏特加······10ml
荷兰利口酒······30ml
甜瓜利口酒······10ml
鲜柠檬果汁······10ml

用具、酒杯

摇酒壶、鸡尾酒杯

制作方法

1. 将全部材料和冰放入摇酒壶中，上下摇动。

2. 将1倒入鸡尾酒杯中。

香蕉鱿鱼

南国风味的香蕉魅力十足

甜甜的香蕉利口酒和新鲜的香橙果汁，混合辛辣的伏特加，让您品尝清爽的香蕉鱿鱼鸡尾酒。

27 🍸 ▨ 🍶

制作材料

伏特加······25ml
香蕉利口酒······10ml
干味美思······5ml
鲜香橙果汁······20ml

用具、酒杯

摇酒壶、鸡尾酒杯

制作方法

1. 将全部制作材料和冰放入摇酒壶中，上下摇动。

2. 将1倒入鸡尾酒杯中。

绿色幻想

被醇香的甜瓜包围的绿色天堂

辛辣的伏特加配上甜瓜利口酒的甘甜，混合干味美思形成口感清爽特别的一款鸡尾酒。

32 🍸 ▨ 🍶

制作材料

伏特加······25ml
甜瓜利口酒······10ml
干味美思······25ml
青柠檬利口酒······少许

用具、酒杯

摇酒壶、鸡尾酒杯

制作方法

1. 将全部材料和冰放入摇酒壶中，上下摇动。

2. 将1倒入鸡尾酒杯中。

不冻酒液

体现出甜瓜美味、水分充足的鸡尾酒

辛辣的伏特加与哈密瓜水分十足的味道，让您体会芳香与刺激，口感非常好的一款鸡尾酒。

43.3 ▨ ✉ ▨

制作材料

伏特加······45ml
甜瓜利口酒······15ml
柠檬片······1片

用具、酒杯

调酒长匙、古典杯

制作方法

1. 将除了柠檬片以外的全部材料放入古典杯，轻轻搅拌。

2. 将柠檬片放入1中。

湾流

南国的风轻轻吹过让人身心放松

好似南国度假海岸那清澄的大海一般，淡淡的颜色在杯中荡漾，清爽的口感让心情放松，南国的口味非常诱人。桃子、葡萄、菠萝、蓝色柑桂酒带给你水分十足的享受。

19

制作材料

伏特加	15ml
仙桃利口酒	15ml
蓝柑桂酒	5ml
鲜葡萄果汁	20ml
菠萝果汁	5ml

用具、酒杯

摇酒壶、鸡尾酒杯

制作方法

1. 将全部材料和冰放入摇酒壶中，上下摇动。
2. 将1倒入鸡尾酒杯中。

玛琳黛·德丽

冰冻般水色中隐藏着热情的玄机

这款鸡尾酒表面看上去是漂亮的淡蓝色，但是当您轻轻地尝上一小口就有一种强烈的酒精刺激如同拳击一般冲向头顶。酒的酒精度数虽然很高，但是因为使用了波士紫罗兰酒、蓝柑桂酒以及金百利酒，味道非常香甜，口感也非常舒服。

49

制作材料

伏特加	60ml
波士紫罗兰酒	1茶匙
蓝柑桂酒	1茶匙
金百利酒	1茶匙

用具、酒杯

混酒杯、滤冰器、调酒长匙、鸡尾酒杯

制作方法

1. 将制作材料加冰后全部倒入混酒杯中，开始调和。
2. 放置滤冰器将混合好的酒液滤入鸡尾酒杯中。

瓜球

使用甜瓜利口酒的一款鸡尾酒

甜瓜的甜味与鲜橙果汁的酸甜略带苦的口味有极高的融合性。使用甜瓜利口酒是非常标准的一种调酒配方，让您怎么喝都不会醉。非常适合不胜酒力的朋友。

19.2

制作材料

伏特加	30ml
甜瓜利口酒	60ml
鲜香橙果汁	60ml

用具、酒杯

调酒长匙、平底大玻璃杯

制作方法

将平底大玻璃杯加入冰，然后将全部材料放进杯中，轻轻搅拌。

战国武士也喜欢利口酒？

我们都知道，在欧洲修道院里的修道士或者是皇宫里的贵族们经常饮用利口酒，但是您可知道，据说在日本安土桃山时代有名的武士织田信长也特别喜欢饮用利口酒。

在日本安土桃山时代，武士织田信长统治着整个日本，基督教的传教士为了传播基督教从葡萄牙乘船漂洋过海来到了日本。据当时的文献记载：传教士以神的名义给日本人品尝红葡萄酒和香甜的利口酒。这个利口酒就成了日本历史上最早的利口酒了。

利口酒最早以音译的形式在日本传开的时候是在1853年佩里来航的时候。佩里招待日本浦贺港的官员时，为他们献上了各式各样的西洋酒品。其中的利口酒没有留下一滴，全被喝掉了。另据传说所述，佩里献给幕府的礼品中有玛若丝卡酸味樱桃酒，所以当时饮用的利口酒极有可能是玛若丝卡酸味樱桃利口酒。

此后，1883年日本日比谷开了一间名叫鹿鸣馆的酒吧，酒吧的利口酒在上流社会中大受欢迎。1900年利口酒逐渐进入了咖啡厅和一般的酒吧，并不断地在日本传播。现在制作鸡尾酒的时候，利口酒绝对是不可或缺的常备酒品。

LIQUEUR

利口酒系列

LIQUEUR 利口酒 以利口酒为基酒制作酒品一览

※基酒、利口酒和其他酒品的容量单位都为ml。

鸡尾酒名称	类别		调制手法	酒水度数	味道	利口酒、其他酒品
彩虹酒				27	甜口	紫罗兰酒1/6杯、绿薄荷利口酒1/6杯、黄色修道院酒1/6杯、白兰地1/6杯
天使之吻				20	甜口	棕可可酒30
皇家四重奏				12	中口	露洁四重奏利口酒20、拿破仑VSOP白兰地10、岗颂黑标香槟酒80
树莓天使				6.3	甜口	木莓白兰地酒45
奥尔多柑橘				5	甜口	樱桃利口酒30
金棕榈				16.5	甜口	杏子利口酒20、酸橙汽水20、白薄荷酒1茶匙
黄鹦鹉				30	甜口	杏味白兰地20、彼诺茴香酒20、黄色修道院酒20
巴伦西亚				14	中口	杏子白兰地45
女王之吻				30	中口	卡巴多斯苹果酒30、本尼狄克修士酒15、黄色修道院酒15
杏子库勒				7	中口	杏仁白兰地45
波西米亚狂想				10	中口	杏味白兰地30
野红梅杜松子菲兹				12	中口	野红梅杜松子酒（斯洛金酒）45
快吻我				20	中口	法国绿茴香酒60、柑桂酒少许
蚱蜢鸡尾酒				14	甜口	白色可可酒15、绿色薄荷酒20
佛莱培				17	甜口	绿色薄荷酒45
媚眼				22	甜口	茴香酒40、绿薄荷酒20
查尔斯·乔丹				13.3	甜口	苏士酒20、荔枝酒10、柑桂酒10
白色萨丁				17	甜口	咖啡利口酒20、茴香酒20
冷香蕉				11	甜口	香蕉利口酒25、柑桂酒25
香蕉之乐				26	甜口	香蕉利口酒30、白兰地30
野红梅杜松子菲丽波				11	甜口	野红梅杜松子酒20
金百利苏打水				8	中口	金百利酒45
金百利香橙				7	中口	金百利酒45
斯普莫尼				5	中口	金百利酒30
樱花				25	中口	樱桃白兰地20、白兰地30、橘味柑桂酒1/2茶匙
序曲菲兹				6	中口	金百利酒苦酒30
修士塔克				18	甜口	意大利榛子利口酒45

果汁	甜味、香味材料	碳酸饮料	装饰和其他	页数
	G糖浆1/6			170
			鲜奶油15、M樱桃1颗	170
柠檬果汁1茶匙			红樱桃1颗、菠萝片1片、薄荷叶适量	170
		苏打水45	M樱桃1颗、普通酸奶45	171
鲜橙汁1杯			橙子片1片、M樱桃1颗	171
新鲜葡萄柚汁20			黑橄榄1颗、菠萝叶2片	171
				172
橙汁15	橙味比特酒少许			172
	A苦精酒少许			172
柠檬果汁20	石榴糖浆1茶匙	冰镇苏打水适量		172
橙汁20、柠檬果汁5	石榴糖浆5	苏打水适量	橙子片1/2片	173
柠檬果汁15	糖浆2茶匙	苏打水适量	S柠檬1片、M樱桃1颗	173
	A苦精酒少许	苏打水适量		173
			鲜奶油25	174
			薄荷叶1~2片	174
				174
鲜葡萄柚汁20				174
			鲜奶油20	175
			鲜奶油15、蛋清2茶匙、M樱桃1颗	175
			M樱桃1颗	175
	肉桂粉适量		鲜奶油2茶匙、糖粉2茶匙、鸡蛋1个	175
		苏打水适量	S柠檬或橙子片1片	176
橙汁适量			橙子瓣1瓣	176
葡萄柚汁45		奎宁水（汤力水）适量		176
柠檬果汁10	G糖浆1/2茶匙		M樱桃1颗	177
乳酸饮料20、柠檬汁10		苏打水适量	S柠檬1片	177
鲜柠檬果汁15	G糖浆1茶匙			177

鸡尾酒名称	类别	调制手法	酒水度数	味道	利口酒、其他酒品
阴天丽客酒			10	甜口	黑醋李酒45
郝思佳			15	甜口	金馥力娇酒30
白瑞德			25	中口	金馥力娇酒20、白色柑桂酒20
万寿菊			18.6	甜口	香橙柑桂酒20、爱丽鲜金牌酒20
查理·卓别林			23	甜口	野莓金酒20、甜杏白兰地20
睡美人			15.8	甜口	山竹利口酒30、伏特加10
必要鸡尾酒			14	甜口	山竹利口酒30、白色朗姆酒15
最后一滴			19	甜口	仙桃利口酒30、白兰地15、黑醋栗甜酒1茶匙
法国微风			4	甜口	爱丽鲜金牌酒45
帕帕格塔			15	甜口	莫扎特巧克力奶油利口酒30、白兰地15
金梦			16	甜口	茴香酒15、白色柑桂酒15
白天鹅			9.3	甜口	意大利苦杏酒20
皇家			16	甜口	巧克力利口酒25、白色柑桂酒5、香甜香蕉15
猴踢			6	甜口	香蕉利口酒15
酸梨酒			16	甜口	西洋梨酒60
柯林斯梨酒			8	甜口	西洋梨酒45
苹果甲壳			20	甜口	苹果利口酒60
奥古斯塔			6	甜口	西番莲利口酒45
白冠（1）			12.5	中口	萨姆布卡酒45
艾伯丁			42.5	甜口	黄色修道院酒15、樱桃白兰地30、白色柑桂酒15、M樱桃酒少许
海市蜃楼			20.6	甜口	水蜜桃利口酒20、奥尔堡20
晚餐后			22	中口	甜杏白兰地30、香橙柑桂酒25
霹雳马			11	中口	金百利酒20、起泡葡萄酒适量
马里宝舞者			4.2	甜口	马里宝酒30
马里宝可乐			6	甜口	马里宝酒45
比昂酒			35.2	甜口	樱桃利口酒25、干味美思25、白色柑桂酒10
森保加利口酒			38	辣口	茴香酒1杯
马里宝海滩			7	甜口	马里宝45
苹果射击			4	甜口	绿色苹果利口酒30

果汁	甜味、香味材料	碳酸饮料	装饰和其他	页数
鲜柠檬果汁20	G糖浆10	苏打水倒满	S柠檬1片	177
草莓果汁20、 鲜柠檬果汁10				178
青柠檬利口酒10、 鲜柠檬果汁10				178
鲜香橙果汁15、 鲜柠檬果汁5	G糖浆1茶匙			178
鲜柠檬果汁20				178
菠萝果汁20	G糖浆1茶匙			179
草莓果汁30			金箔少许	179
鲜香橙果汁15				179
草莓果汁30		苏打水倒满		179
			鲜奶油15	180
香橙果汁15			鲜奶油15	180
			牛奶30	180
			鲜奶油15	180
鲜香橙果汁15		汤力水30	S香橙1个、M樱桃1颗	181
鲜柠檬果汁20	白糖粉末1茶匙		S香橙1个、M樱桃1颗	181
鲜柠檬果汁20	S糖浆15	苏打水倒满	S柠檬1/2片、M樱桃1颗	181
鲜柠檬果汁1茶匙	A苦精酒少许		柠檬皮1块	182
菠萝利口酒100、 鲜柠檬果汁5				182
		苏打水倒满	S青柠檬1片	182
				182
鲜菠萝果汁20、 鲜柠檬果汁1茶匙			木薯淀粉1茶匙	183
青柠檬果汁5				183
石榴汁3、香橙果汁3				183
菠萝果汁倒满			菠萝片1片、M樱桃1颗	184
可口可乐倒满				184
	A苦精酒少许			184
			咖啡豆(烘烤后)3~5颗	184
鲜香橙果汁倒满			S柠檬1个、M樱桃1颗	185
鲜柠檬果汁1茶匙		苏打水60、汤力水适量		185

鸡尾酒名称	类别		调制手法	酒水度数	味道	利口酒、其他酒品
中国蓝				5	甜口	荔枝利口酒30、蓝色柑桂酒1茶匙
地平线				16	甜口	柠檬利口酒45、蓝柑桂酒10、绿薄荷酒2茶匙
布鲁斯蓝色				4	甜口	蓝莓利口酒15、蓝色柑桂酒1茶匙
珊瑚海				8.5	甜口	A苦精酒20、椰子利口酒10、蓝色柑桂酒1茶匙
安萨里				22.2	甜口	理查德酒20、柠檬伏特加20、苏兹酒5、蓝色柑桂酒15
水族馆				14.5	甜口	蓝查尔斯酒40、蓝柑桂酒10、茴香甜酒10
蓝点酒				8.7	甜口	茴香甜酒30、蓝柑桂酒20
紫罗兰菲兹				16	甜口	波士紫罗兰酒45
丛林幻想				4	甜口	绿香蕉利口酒45
翡翠柚子				16	甜口	绿香蕉利口酒40、白色柑桂酒10
绿色家园				20	甜口	绿香蕉利口酒30、烧酒30、蓝柑桂酒1茶匙、白可可酒1茶匙
忧郁宝贝				11.7	甜口	甜瓜利口酒45
哈密瓜吊带				6.1	甜口	哈密瓜利口酒40
爱情海				20	甜口	甜瓜利口酒10、荔枝利口酒30、蓝色柑桂酒10
绿色和平				14.6	甜口	甜瓜利口酒30、蓝柑桂酒20
美罗尼亚				22	甜口	甜瓜利口酒30、白色柑桂酒15、香蕉利口酒15
黑托帕斯				6	甜口	黑色菠萝利口酒60
深度				9	甜口	黑色菠萝利口酒50、蓝色柑桂酒25、波士紫罗兰1茶匙
乒乓				29	甜口	野莓金酒30、波士紫罗兰30
阿梅皮康酒				16.5	甜口	阿梅皮康酒30、甜味美思30
西番莲（热带版本）				9	甜口	爱丽鲜蓝牌酒20、爱丽鲜金牌酒10、爱丽鲜红牌酒10
金·彼得				7.5	甜口	樱桃酒45
红宝石菲丝				9.9	甜口	野莓金酒45
天使喜悦				16	甜口	波士紫罗兰15、白色柑桂酒15
拐点				20	甜口	马卡达姆坚果酒20
长绿树林				8	甜口	绿茶利口酒45
热门人物				10	甜口	茴香酒20
茴香黑醋栗酒				8	甜口	茴香甜酒30、黑加仑酒20
吉利豆				33	甜口	意大利茴香酒30、意大利苦杏酒30

果汁	甜味、香味材料	碳酸饮料	装饰和其他	页数
鲜葡萄果汁适量				185
			牛奶5	186
鲜葡萄果汁45				186
鲜葡萄果汁30				186
		汤力水倒满		186
鲜青柠檬果汁10		汤力水倒满	薄荷樱桃1颗、海藻形青柠檬果肉1片、鱼形果肉1片、鱼形葡萄果肉1片	187
鲜柠檬果汁50		苏打水倒满	S香橙1片、S柠檬1片、M樱桃1颗、薄荷叶适量	187
鲜柠檬果汁20	S糖浆1茶匙	苏打水倒满	S柠檬1/2片、M樱桃1颗	187
菠萝果汁倒满				188
鲜柠檬果汁10				188
				188
			S青柠檬1片	188
鲜柠檬果汁20		苏打水倒满		189
鲜葡萄果汁10				189
菠萝果汁15、鲜柠檬果汁1茶匙			鲜奶油15	189
鲜柠檬果汁15			砂糖（粉末）1茶匙	189
		苏打水倒满		190
		汤力水倒满		190
鲜柠檬果汁1茶匙				190
				190
芒果果汁20、可尔必思5			薄荷叶适量、菠萝片1片	191
鲜柠檬果汁10		汤力水倒满	S柠檬1/2片、M樱桃1颗	191
鲜柠檬果汁20	G糖浆1茶匙、白糖粉1茶匙	苏打水倒满	蛋清1个	191
	G糖浆15		鲜奶油15	192
			鲜奶油10	192
乌龙茶倒满				192
			热咖啡20、植物性奶油20	192
		苏打水倒满		193
			果冻豆2~3颗	193

鸡尾酒名称	类别		调制手法	酒水度数	味道	利口酒、其他酒品
蒂凡奶茶酒				15.9	甜口	天分茶利口酒40
西西里热情				9.6	甜口	阿马罗45
姜雾酒				17.5	甜口	爱尔兰奶油30
西西里吻				32	甜口	金馥力娇酒40、意大利苦杏酒20
马头琴				35	甜口	苹果利口酒40、白兰地10、黑可可10
风流寡妇No.2				27.5	甜口	樱桃利口酒30、樱桃白兰地30
咖啡手榴弹				9.4	甜口	柑橘利口酒45
咖啡香甜酒				8.6	甜口	香甜咖啡利口酒20
歌帝梵意大利酒				23	甜口	歌帝梵巧克力利口酒30、意大利苦杏酒30
皇家奶油				17	甜口	M樱桃利口酒20、香甜咖啡利口酒20
金色凯迪拉克				19	甜口	茴香酒20、白可可酒20
苦艾酒				26	辣口	苦艾酒40
月光				22.2	甜口	杜林标30、白可可酒30
科纳马克				17	甜口	马卡达姆坚果酒20、咖啡利口酒20
核桃牛奶利口酒				8	甜口	核桃榛子利口酒20
核桃摇动利口酒				6	甜口	核桃榛子利口酒30
俄罗斯奎路德酒				26	甜口	意大利榛子利口酒20、百利甜20、伏特加15
马龙奶酒				8	甜口	马龙利口酒20
海洋之美				12.7	甜口	爱丽鲜金牌酒30、君度利口酒10
夜幕降临				10	甜口	波士紫罗兰酒30、查尔斯顿山竹利口酒20、白色薄荷酒1茶匙
童年的梦				9	甜口	百香利口酒20、加利佛尼亚草莓20、草莓奶油20、黑醋栗甜酒10
阿里加法				11	甜口	爱丽鲜红牌酒30、黑醋栗甜酒5
马鞭草酒				13	中口	弗莱马鞭草酒45
猕猴桃菲兹酒				4	甜口	猕猴桃利口酒45
大里维埃拉				13.5	甜口	彼诺酒45
苹果肉桂				7.2	甜口	肉桂利口酒45
苏兹汤力水				3.2	甜口	苏兹酒30
复古				16	甜口	苏兹酒30、干味美思30
酸柑橘酒				19	甜口	柑橘利口酒20、白色柑桂酒1茶匙

果汁	甜味、香味材料	碳酸饮料	装饰和其他	页数
			牛奶20	193
血色香橙果汁倒满			S柠檬1/8片	193
	柠檬果肉1块	姜汁汽水30		194
				194
				194
			M樱桃1颗	194
			咖啡适量、植物性奶油10	195
			牛奶40	195
	香橙果肉适量		方糖适量	195
			植物性奶油20	195
			鲜奶油20	196
	焦糖1茶匙、 A苦精酒少许		矿泉水20	196
			鲜奶油30	196
			鲜奶油20	196
			牛奶40	197
			牛奶40、肉桂粉适量	197
				197
			牛奶40	197
西番莲果汁20	G糖浆5		蓝色柑桂酒和鲜葡萄果汁制作的果冻适量、M樱桃1颗、鲜橙果皮1片、柠檬果皮1片、青柠檬果皮1片	198
鲜葡萄果汁20		汤力水倒满	菠萝叶适量、星形苹果片1片、 星形S柠檬4片	198
仙桃甘露20			草莓切块1块	198
鲜葡萄果汁20	莫尼西番莲糖浆5		薄荷樱桃1颗、薄荷叶适量	199
	S青柠檬皮1/2片	姜汁汽水倒满	S青柠檬1片	199
鲜柠檬果汁20	糖浆1茶匙	苏打水倒满	S柠檬1片、M樱桃1颗	199
鲜香橙果汁适量	S糖浆1茶匙			200
苹果果汁倒满			苹果片装饰1片	200
		汤力水倒满	S青柠檬1/8片	200
鲜柠檬果汁1茶匙				201
鲜柠檬果汁20			S香橙1片、M樱桃1颗	201

鸡尾酒名称	类别		调制手法	酒水度数	味道	利口酒、其他酒品
肉桂茶				7.2	甜口	肉桂利口酒45
酷热意大利				7	甜口	意大利苦杏酒60
皮康红石榴酒				8	中口	阿梅皮康酒45
樱桃黑醋栗				10	中口	樱桃白兰地30、黑醋栗甜酒30
法国皮康高飞球酒				6	甜口	阿梅皮康酒45
黑醋栗菲兹酒				15	甜口	黑加仑酒40、樱桃白兰地30
红宝石黑醋栗酒				6	甜口	黑加仑酒30、干味美思20
阿玛罗菲兹				9.6	甜口	阿玛罗45
阿玛罗高飞球				10	甜口	阿玛罗45
幻影泳滩				10	甜口	柠檬利口酒20、荔枝利口酒10
玛丽·罗斯				3.3	甜口	玫瑰利口酒30、黑醋栗甜酒1茶匙
神之子				4	甜口	黑加仑酒30
梅花				16	甜口	梅酒30、金百利酒10、鲜葡萄利口酒10
黄色小鸟				7.5	甜口	彼诺酒30
香草蛋诺酒				7	甜口	香草利口酒30、白兰地15
法国骡子				4	甜口	爱丽鲜红牌酒45
非洲皇后				21	甜口	香蕉利口酒50、白色柑桂酒50
南风				15	甜口	酸奶利口酒15、芒果利口酒40、马里宝酒15
生死时速				19.6	甜口	百香利口酒15、桂花陈酒20、野牛草伏特加5、蓝色柑桂酒10、白色葡萄酒10
香柚婚礼				6	甜口	香柚利口酒45
蓝莓酷乐酒				4	甜口	蓝莓利口酒40
大吉岭酷乐酒				4.2	甜口	天分茶利口酒15、覆盆子利口酒15
蒂塔香橙酒				5	甜口	仙桃利口酒30
蒂塔斯普莫尼				5	甜口	荔枝利口酒（蒂塔）30
毛脐				5.4	甜口	仙桃利口酒45
布希球				5.6	甜口	意大利苦杏酒30
马龙菲兹				8	甜口	马龙利口酒45
可可菲兹酒				8	中口	可可利口酒40
蝴蝶				9.3	甜口	鸡蛋利口酒45、草莓利口酒20

果汁	甜味、香味材料	碳酸饮料	装饰和其他	页数
			红茶倒满、肉桂棒1根	201
鲜香橙果汁倒满			肉桂棒1根	201
	G糖浆10	苏打水适量		202
		苏打水适量		202
	S糖浆20	苏打水倒满		202
		苏打水倒满		202
		汤力水倒满		203
鲜柠檬果汁20	糖浆1茶匙	苏打水倒满	S柠檬1片、M樱桃1颗	203
		苏打水倒满	S柠檬1/8片	203
菠萝果汁20、鲜柠檬果汁10	S糖浆1茶匙			204
鲜柠檬果汁10	S糖浆1/2茶匙	苏打水适量		204
鲜柠檬果汁10		苏打水倒满	S柠檬1片	204
鲜葡萄果汁10				205
苹果果汁适量、鲜柠檬果汁15			椰奶30	205
	砂糖2茶匙		牛奶倒满、肉桂粉适量、蛋清1个	205
		姜汁汽水倒满	S青柠檬1/2片	205
鲜香橙果汁50			S柠檬1片、M樱桃1颗	206
香橙果汁10			牛奶10、芒果果子露适量、兰花1朵	206
可尔必思10、菠萝果汁15、鲜柠檬果汁5				206
鲜柠檬果汁10		苏打水倒满	M樱桃1颗、S柠檬1/2片	207
鲜柠檬果汁20	焦糖1茶匙	苏打水倒满	S柠檬1/2片、M樱桃1颗	207
鲜柠檬果汁1茶匙		姜汁汽水倒满		207
鲜香橙果汁倒满			S香橙1片、M樱桃1颗	208
鲜葡萄果汁60		汤力水60		208
鲜香橙果汁倒满			S柠檬1片	208
鲜香橙果汁30		苏打水倒满	S香橙1片、M樱桃1颗	209
鲜柠檬果汁20	S糖浆1茶匙	苏打水倒满	S柠檬1/2片、M樱桃1颗	209
柠檬果汁15	砂糖1茶匙	苏打水适量	S柠檬1片、红樱桃1颗	209
		苏打水倒满		210

鸡尾酒名称	类别		调制手法	酒水度数	味道	利口酒、其他酒品
香草菲丽波酒				14	甜口	香橙利口酒45
八点之后				23	甜口	百利甜20、香甜咖啡利口酒20、白薄荷酒20
蜜蜂52				28	甜口	百利甜20、香甜咖啡利口酒20、金万利20
草莓柑橘				16	甜口	香柚利口酒15
雪球				6	甜口	鸡蛋利口酒45
意大利螺丝刀				5.6	甜口	意大利苦杏酒30
大无限				19	辣口	西番莲水果利口酒20、伏特加10、意大利苦杏酒10
治愈的乐园				6.5	甜口	热带酸奶30、爱丽鲜金牌酒10、黑加仑酒10
莫扎特牛奶				5.6	甜口	莫扎特巧克力利口酒20
牛奶托地				4	甜口	牛奶利口酒45
牛奶冰沙				17	甜口	牛奶利口酒45
先知				11	甜口	波鲁斯香橙酒20、大柑橘酒10、草莓利口酒7.5
皇家之翼				15	甜口	蓝色查尔斯酒20、必富达干金酒15
拉费斯塔				14	甜口	山竹利口酒20、格拉巴酒10、蓝莓利口酒10
求婚				16	甜口	西番莲利口酒20、意大利苦杏酒15、荔枝利口酒5
号角				22	甜口	西番莲利口酒30、干邑白兰地20
芳婷				21.4	甜口	香橙柑桂酒20、香蕉利口酒15、绿香蕉利口酒5
哈佛酷乐酒				12	中口	甜杏白兰地45
酸奶姜汁酒				5	甜口	酸奶利口酒45

果汁	甜味、香味材料	碳酸饮料	装饰和其他	页数
	砂糖1茶匙		蛋黄1个、肉桂粉适量	210
				210
				210
	草莓奶油45			211
		姜汁汽水倒满		211
鲜香橙果汁倒满			S香橙1片	211
鲜葡萄果汁20	S糖浆1茶匙、带皮香橙1块			212
菠萝果汁15、西番莲果汁适量		七喜倒满		212
			牛奶倒满	212
	砂糖1茶匙		热水倒满、肉桂棒1根	213
				213
鲜香橙果汁30、鲜柠檬果汁7.5			白花1朵	213
鲜葡萄果汁20、绿苹果糖浆10	绿薄荷糖浆10		食盐适量	213
鲜葡萄果汁20	G糖浆1茶匙		彩虹糖适量、旋转柠檬皮1片、旋转S柠檬1片、M樱桃1颗、S柠檬1片	214
菠萝果汁20	G糖浆1茶匙		S柠檬1片、玫瑰1朵、M樱桃1颗	214
鲜柠檬果汁1茶匙	G糖浆1茶匙		蛋清1/3个	214
			鲜奶油20	215
柠檬果汁15	S糖浆1茶匙	苏打水适量		215
		姜汁汽水倒满	薄荷叶适量	215

彩虹酒

可以品尝到各式利口酒的充满趣味的鸡尾酒

　　彩虹酒又名"饭后酒"，意为饭后咖啡的甜酒。五层色彩缤纷的鸡尾酒十分养眼，充满了趣味。

27

制作材料

红石榴糖浆	1/6
紫罗兰酒	1/6
绿薄荷利口酒	1/6
黄色修道院酒	1/6
白兰地	1/6

用具、酒杯
调酒长匙、彩虹专用酒杯

制作方法

1. 按上文制作材料的顺序，沿调酒长匙背面小心倒入杯中。

※可以按照个人喜好使用吸管选择爱喝的利口酒层。

※各个制作材料用量均为酒杯的1/6。

天使之吻

如天使之吻一般甘甜浓郁

　　当红樱桃放入再拉起时，可见鲜奶油上的旋涡如天使嘴唇般开合，该酒因此得名。酒味甘甜浓郁。

20

制作材料

棕可可酒	30ml
鲜奶油	15ml
玛若丝卡酸味樱桃	1颗

用具、酒杯
摇酒壶、香槟酒杯、调酒长匙、鸡尾酒签

制作方法

1. 将棕可可酒、鲜奶油按顺序沿调酒长匙背面缓缓倒入杯中。

2. 将插上酒签的玛若丝卡酸味樱桃放置于杯子上。

皇家四重奏

4种味道的合奏，美艳朱红色的和声

　　香槟酒独特纯正的酸味，樱桃利口酒的甘甜，干邑白兰地醇和的味道，橡木桶的清香以及柠檬果汁构成一个和谐的整体，调和成这款口味出色的鸡尾酒。

12

制作材料

露洁四重奏利口酒	20ml
拿破仑VSOP白兰地	10ml
柠檬果汁	1茶匙
岗颂黑标香槟酒	80ml
红樱桃	1颗
菠萝片	1片
薄荷叶	适量

用具、酒杯
摇酒壶、香槟酒杯、调酒长匙、鸡尾酒签

制作方法

1. 将冷藏过的岗颂黑标香槟酒倒入香槟酒杯。

2. 将露洁四重奏利口酒、拿破仑VSOP白兰地、柠檬果汁和冰放入调酒壶，摇匀后倒入香槟酒杯。

3. 用酒签刺好的红樱桃、菠萝和薄荷叶装饰在2的酒杯杯口。

树莓天使

俘获女性芳心，天使般的柔和味道

一般使用以树莓的甜酸味为特色的木莓白兰地酒，给人以华丽的感觉。再混以酸奶和苏打水，口感十分清爽。可以当成甜品来品尝。

6.3

制作材料

木莓白兰地酒	45ml
普通酸奶	45ml
苏打水	45ml
玛若丝卡酸味樱桃	1颗

用具、酒杯

电动搅拌机、葡萄酒杯、吸管两根

制作方法

1. 在电动搅拌器中加入除玛若丝卡酸味樱桃之外的制作材料，再加入2/3杯的方冰块，搅拌约30秒，使其混合。

2. 将1倒入葡萄酒杯中，在杯沿用樱桃作装饰，插上吸管。

奥尔多柑橘

适合不擅饮酒者，清淡的鸡尾酒

以玛若丝卡酸味樱桃为原料的利口酒的芳香混以鲜橙汁的酸味，是一款具有果味的鸡尾酒。酒精含量仅为5%，适合不擅饮酒者。

5

制作材料

樱桃利口酒	30ml
鲜橙汁	1杯
橙子片	1片
玛若丝卡酸味樱桃	1颗

用具、酒杯

调酒长匙、平底玻璃杯、鸡尾酒签

制作方法

1. 往加入冰块的平底玻璃杯里倒入樱桃利口酒与鲜橙汁，搅拌。

2. 在1的杯子边缘用橙子片和玛若丝卡酸味樱桃作装饰。

金棕榈

酸甜的柑橘水果带来的梦一样的感受

充满了杏子、酸橙、葡萄柚等柑橘系水果的风味，并且有白薄荷酒的味道作为基调，给人带来清爽的回味。这是东京全日空大酒店（ANA International Tokyo）原创的鸡尾酒。

16.5

制作材料

杏子利口酒	20ml
酸橙汽水	20ml
新鲜葡萄柚汁	20ml
白薄荷酒	1茶匙
黑橄榄	1颗
菠萝叶	2片

用具、酒杯

摇酒壶、鸡尾酒杯、酒签

制作方法

1. 将上述制作材料除黑橄榄和菠萝叶外加入冰块摇混。

2. 将1倒入鸡尾酒杯，并装饰上插有酒签的黑橄榄和菠萝叶。

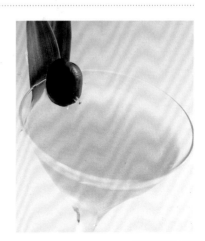

黄鹦鹉

黄色鹦鹉低语的甘甜诱惑

　　与黄色鹦鹉这样可爱的名字不相符的高度酒。一旦喝醉会像鹦鹉那样饶舌呢。

30

制作材料
杏味白兰地…………………20ml
彼诺茴香酒…………………20ml
黄色修道院酒………………20ml

用具、酒杯
摇酒壶、鸡尾酒杯

制作方法

1. 将上述制作材料与冰块放入摇酒壶摇混。

2. 将1倒入鸡尾酒杯。

巴伦西亚

来自太阳之国西班牙的馈赠，如水果一般多汁

　　让人联想起西班牙东部沐浴着太阳光辉的橙子。加香槟饮用也不妨一试。

14

制作材料
杏子白兰地…………………45ml
橙汁…………………………15ml
橙味比特酒…………………少许

用具、酒杯
摇酒壶、鸡尾酒杯

制作方法

1. 将上述制作材料与冰块放入摇酒壶摇混。

2. 将1倒入鸡尾酒杯。

※加香槟的第二种喝法也有。饮用时请使用香槟酒杯。

女王之吻

拥有女王气质，口感丰富的鸡尾酒

　　值得特别一提的是黄色修道院酒，这种由草药和蜂蜜浸制的利口酒被赞誉为"利口酒皇后"。因此这款鸡尾酒显得非常高贵。

30

制作材料
卡巴多斯苹果酒……………30ml
本尼狄克修士酒……………15ml
黄色修道院酒………………15ml
安哥斯图拉苦精酒…………少许

用具、酒杯
摇酒壶、鸡尾酒杯

制作方法

1. 将上述制作材料与冰块放入摇酒壶摇混。

2. 将1倒入鸡尾酒杯。

杏子库勒

带有清凉水果味的一杯鸡尾酒

　　鸡尾酒滑过喉咙时的清凉感以及低酒精度很适合酒量不好的人。还可以随个人喜好改变苏打水的量。

7

制作材料
杏仁白兰地…………………45ml
柠檬果汁……………………20ml
石榴糖浆……………………1茶匙
冰镇苏打水…………………适量

用具、酒杯
摇酒壶、柯林斯酒杯、调酒长匙

制作方法

1. 将上述制作材料与冰块放入摇酒壶摇混。

2. 将1倒入加冰块的柯林斯酒杯，再加入苏打水搅拌。

※夏天可以使用方冰块。

波西米亚狂想

鲜橙与柠檬的清爽在口中扩散的清淡鸡尾酒

　　因为度数低以及果味口感，所以很受女性欢迎。这款鸡尾酒使用了苏打水，甜而不腻，有清凉感。

⑩ 🥃 🎨 🍶

制作材料
杏味白兰地‥‥‥‥‥‥‥‥‥‥30ml
石榴糖浆‥‥‥‥‥‥‥‥‥‥‥5ml
橙汁‥‥‥‥‥‥‥‥‥‥‥‥‥20ml
柠檬果汁‥‥‥‥‥‥‥‥‥‥‥5ml
苏打水‥‥‥‥‥‥‥‥‥‥‥‥适量
橙子片‥‥‥‥‥‥‥‥‥‥‥1/2片

用具、酒杯
摇酒壶、柯林斯酒杯

制作方法

1. 将制作材料和冰放入摇酒壶，摇匀。

2. 将1倒入柯林斯酒杯。

3. 用橙子薄片装饰，用冰镇苏打水加满酒杯，用调和法混合。

野红梅杜松子菲兹

果实的魅力，充满果味与惹人喜爱的制作

　　口感不甜腻，非常清爽。可以按个人喜好改变苏打水与杜松子酒的比例。

⑫ 🥃 🎨 🍶

制作材料
野红梅杜松子酒（斯洛金酒）‥‥‥‥45ml
柠檬果汁‥‥‥‥‥‥‥‥‥‥15ml
糖浆‥‥‥‥‥‥‥‥‥‥‥2茶匙
苏打水‥‥‥‥‥‥‥‥‥‥‥适量
柠檬片‥‥‥‥‥‥‥‥‥‥‥1片
玛若丝卡酸味樱桃‥‥‥‥‥‥1颗

用具、酒杯
摇酒壶、平底大玻璃杯、酒签

制作方法

1. 将苏打水、柠檬片、玛若丝卡酸味樱桃以外的制作材料倒入摇酒壶中摇匀。

2. 将1倒入平底大玻璃杯，再加入冰镇苏打水，倒满。装饰上酒签刺好的柠檬片和玛若丝卡酸味樱桃。

快吻我

让人心醉，一款成年人的鸡尾酒

　　令人脸红心跳的名字代表着直接却暗含深意的味道。

⑳ 🥃 🎨 🍶

制作材料
法国绿茴香酒‥‥‥‥‥‥‥‥60ml
柑桂酒‥‥‥‥‥‥‥‥‥‥‥少许
安格斯图拉苦精酒‥‥‥‥‥‥少许
苏打水‥‥‥‥‥‥‥‥‥‥‥适量

用具、酒杯
摇酒壶、平底大玻璃杯、调酒长匙

制作方法

1. 将制作材料和冰(苏打水除外)放入摇酒壶，摇匀。

2. 将1倒入盛有冰块的平底大玻璃杯，倒入冰镇苏打水，调匀。

蚱蜢鸡尾酒

以在草地上跳跃的蚱蜢为原型的浅蓝色鸡尾酒

使用了白色可可酒以及鲜奶油，所以味道甘甜，丝滑的口感近乎于甜点。

14

制作材料

白色可可酒⋯⋯⋯⋯15ml
绿色薄荷酒⋯⋯⋯⋯20ml
鲜奶油⋯⋯⋯⋯⋯⋯25ml

用具、酒杯

调酒壶、鸡尾酒杯

制作方法

1. 将制作材料和冰放入摇酒壶，用力摇匀。

2. 将1加入鸡尾酒杯。

佛莱培

在酷暑中特别想饮用的清凉一杯

佛莱培在法语中意为冰凉之物。散发着清凉感的佛莱培鸡尾酒是最适宜夏季饮用的。

17

制作材料

绿色薄荷酒⋯⋯⋯⋯45ml
薄荷叶⋯⋯⋯⋯⋯⋯1~2片

用具、酒杯

香槟酒杯、吸管

制作方法

1. 用片冰将香槟酒杯装满。

2. 然后加入薄荷酒。

3. 在2上装饰薄荷叶，插入吸管。

媚眼

耀眼的绿色夺人眼球

Glad Eye在英语中意为媚眼。混合着薄荷的甘甜口味令人回味，口感清爽。

22

制作材料

茴香酒⋯⋯⋯⋯⋯⋯40ml
绿薄荷酒⋯⋯⋯⋯⋯20ml

用具、酒杯

摇酒壶、鸡尾酒杯

制作方法

1. 将上述制作材料与冰块放入摇酒壶中摇混。

2. 将1倒入鸡尾酒杯。

查尔斯·乔丹

洋溢着芳香的高贵鸡尾酒

果香与多汁的口感，再加上苏士酒略苦的味道，散发出醇厚的芳香。颜色非常美丽，很适合情侣饮用。

13.3

制作材料

苏士酒⋯⋯⋯⋯⋯⋯20ml
荔枝酒⋯⋯⋯⋯⋯⋯10ml
柑桂酒⋯⋯⋯⋯⋯⋯10ml
鲜葡萄柚汁⋯⋯⋯⋯20ml

用具、酒杯

摇酒壶、鸡尾酒杯

制作方法

1. 将所有作材料与冰块放入酒壶摇混。

2. 将1倒入鸡尾酒杯。

白色萨丁

让人忆起萨丁的优雅风味

　　大量使用鲜奶油使该酒呈现出优雅的味道。艳丽的颜色与光泽度显示出了萨丁的高贵。

17 🍸 🧊 🏺

制作材料

咖啡利口酒	20ml
茴香酒	20ml
鲜奶油	20ml

用具、酒杯

摇酒壶、鸡尾酒杯

制作方法

1. 将上述制作材料与冰块放入摇酒壶摇混。

2. 将1倒入鸡尾酒杯。

冷香蕉

香蕉的醇厚、丝滑口感

　　如甜点一般醇厚丝滑的鸡尾酒。香蕉中富含维生素与胡萝卜素，深受女性喜爱。

11 🍸 🧊 🏺

制作材料

香蕉利口酒	25ml
柑桂酒	25ml
鲜奶油	15ml
蛋清	2茶匙
玛若丝卡酸味樱桃	1颗

用具、酒杯

摇酒壶、鸡尾酒杯

制作方法

1. 将上述制作材料除玛若丝卡酸味樱桃以外与冰块放入摇酒壶摇混。

2. 将1倒入鸡尾酒杯。

香蕉之乐

给人带来无限喜悦的最佳鸡尾酒

　　第一眼看不出使用了香蕉利口酒。但是香蕉利口酒和白兰地的搭配却非常巧妙，相得益彰。

26 🧊

制作材料

香蕉利口酒	30ml
白兰地	30ml

用具、酒杯

古典杯、调酒长匙

制作方法

1. 将上述制作材料与冰块倒入古典杯。

2. 调匀1。

野红梅杜松子菲丽波

成为甘美鸡尾酒的俘虏吧

　　甜酸的杜松子酒与鲜奶油完美融合的甘美之味。鲜奶油丰富的泡沫让人倍感温馨。

11 🍸 🧊 🏺

制作材料

野红梅杜松子酒	20ml
鲜奶油	2茶匙
糖粉	2茶匙
鸡蛋	1个
肉桂粉	适量

用具、酒杯

摇酒壶、浅碟形香槟酒杯

制作方法

1. 将除肉桂粉以外的与冰块放入摇酒壶摇混。

2. 将1倒入浅碟形香槟酒杯，撒上肉桂粉。

金百利苏打水

世人皆爱之，简单好喝的
鸡尾酒

　　意大利产的金百利酒，混以苏
打水，是必点的鸡尾酒。微苦的口
感使人迷恋，不知不觉就醉了。

8 | 🖼 🥃

制作材料
金百利酒⋯⋯⋯⋯⋯⋯⋯⋯45ml
苏打水⋯⋯⋯⋯⋯⋯⋯⋯⋯适量
柠檬片或橙子片⋯⋯⋯⋯⋯1片
用具、酒杯
调酒长匙、平底大玻璃杯

制作方法

1. 将金百利酒倒入平底大玻璃杯。

2. 加入冰块，用苏打水注满，最后用柠檬片或橙子片装饰。

金百利香橙

虽然简单，但十分经典，
人气爆棚的鸡尾酒

　　果味与苦味融合的时髦口味。
使用橙汁以外的柑橘系果汁也十分
美味。

7 | 🖼 🥃

制作材料
金百利酒⋯⋯⋯⋯⋯⋯⋯⋯45ml
橙汁⋯⋯⋯⋯⋯⋯⋯⋯⋯⋯适量
橙子瓣⋯⋯⋯⋯⋯⋯⋯⋯⋯1瓣
用具、酒杯
调酒长匙、平底大玻璃杯

制作方法

1. 将金百利酒倒入加冰块的平底大玻璃杯。

2. 用橙汁注满，调匀，最后用橙子瓣装饰。

斯普莫尼

金百利酒与葡萄柚汁的美
味合奏

　　与金百利香橙鸡尾酒相同，在
意大利极具人气的鸡尾酒。清爽的
口感，非常适合在进餐时享用。

5 | 🖼 🥃

制作材料
金百利酒⋯⋯⋯⋯⋯⋯⋯⋯30ml
葡萄柚汁⋯⋯⋯⋯⋯⋯⋯⋯45ml
奎宁水（汤力水）⋯⋯⋯⋯适量
用具、酒杯
调酒长匙、平底大玻璃杯

制作方法

1. 在放入冰块的杯子里倒入全部制作材料，轻轻地搅拌。

2. 用汤力水注满，调匀。

樱花

日本为之自豪的樱花鸡尾酒

在国际上都有名的以日本国花樱花命名的鸡尾酒。白兰地和樱桃白兰地调出的艳红色，让人想起漫山遍野的樱花。

 25

制作材料
樱桃白兰地……………20ml
白兰地…………………30ml
橘味柑桂酒……… 1/2茶匙
柠檬果汁………………10ml
红石榴糖浆……… 1/2茶匙
玛若丝卡酸味樱桃…… 1颗

用具、酒杯
摇酒壶、鸡尾酒杯

制作方法

1. 将除玛若丝卡酸味樱桃以外的制作材料与冰块放入摇酒壶摇混。

2. 将1倒入鸡尾酒杯，放入玛若丝卡酸味樱桃。

序曲菲兹

乳酸饮料与金百利酒的甜美合奏

Prelude意为序曲。酒里乳酸饮料的甜酸味与清爽口感，最适宜餐前饮用。

6

制作材料
金百利酒苦酒…………30ml
乳酸饮料………………20ml
柠檬果汁………………10ml
苏打水…………………适量
柠檬片…………………… 1片

用具、酒杯
摇酒壶、古典杯

制作方法

1. 将上述制作材料除苏打水与柠檬片以外放入摇酒壶摇混。

2. 将1倒入装有冰块的古典杯，倒入苏打水，放上柠檬片。

修士塔克

爽快的甘甜香味成就独特口味

意大利榛子利口酒中混合的榛子的味道让人感到独特，鲜柠檬果汁让酒品整体非常清爽，味道浓郁。

18

制作材料
意大利榛子利口酒……45ml
鲜柠檬果汁……………15ml
红石榴糖浆……… 1茶匙

用具、酒杯
摇酒器、鸡尾酒杯

制作方法

1. 将全部材料和冰放入摇酒器中，上下摇动。

2. 将1注入鸡尾酒杯中。

阴天丽客酒

迎合您的心情，愿你快乐

这款酒取名自"阴霾的天空"，但是在酸味里有着清淡的口感，非常甘甜可口的一款鸡尾酒。

 10

制作材料
黑醋李酒………………45ml
鲜柠檬果汁……………20ml
红石榴糖浆……………10ml
苏打水…………………倒满
青柠檬片…………………… 1片

用具、酒杯
调酒长匙、平底大玻璃杯

制作方法

1. 将除了青柠檬片和苏打水以外的全部材料放入平底大玻璃杯，用调和法调和。

2. 将苏打水倒入1中，轻轻调和，加入青柠檬片。

郝思佳

献给那些心中充满童话的女士们

　　这款鸡尾酒是以乱世佳人的郝思佳为原型调和出来的，在红色酒液有着香甜略酸的绝妙口感，那感觉就好像乱世佳人郝思佳一般。

15

制作材料

金馥力娇酒	30ml
草莓果汁	20ml
鲜柠檬果汁	10ml

用具、酒杯

摇酒壶、鸡尾酒杯

制作方法

1. 将全部材料和冰放入摇酒壶中，上下摇动。
2. 将1倒入鸡尾酒杯中。

白瑞德

想象着自信十足的白瑞德

　　这款鸡尾酒以乱世佳人的男主人公白瑞德为原型创作。这款酒果味浓郁，清爽的甜味和酸味完美混合，是非常好喝的一款鸡尾酒。

25

制作材料

金馥力娇酒	20ml
白色柑桂酒	20ml
青柠檬利口酒	10ml
鲜柠檬果汁	10ml

用具、酒杯

摇酒壶、鸡尾酒杯

制作方法

1. 将全部材料和冰放入摇酒壶中，上下摇动。
2. 将1倒入鸡尾酒杯中。

万寿菊

柑橘类的水果风味鸡尾酒

　　如同果汁般爽口，将水果的风味完全调动出来，果味丰富的一款鸡尾酒。

18.6

制作材料

香橙柑桂酒	20ml
爱丽鲜金牌酒	20ml
鲜香橙果汁	15ml
鲜柠檬果汁	5ml
红石榴糖浆	1茶匙

用具、酒杯

摇酒壶、鸡尾酒杯

制作方法

1. 将全部材料和冰放入摇酒壶中，上下摇动。
2. 将1倒入鸡尾酒杯中。

查理·卓别林

以世界喜剧之王查理·卓别林的名字命名

　　这款鸡尾酒，香甜的感觉沁人心脾，似乎品尝这杯酒都能笑出声音。

23

制作材料

野莓金酒	20ml
甜杏白兰地	20ml
鲜柠檬果汁	20ml

用具、酒杯

摇酒壶、古典杯

制作方法

1. 将全部材料和冰放入摇酒壶中，上下摇动。
2. 将1倒入古典杯中。

睡美人

高贵的香味和如同梦境般沉寂的感觉

　　山竹利口酒和菠萝的味道混合在一起，口感丰润，水果香味浓郁的这款鸡尾酒就如同被施了魔法一般，非常有魅力。

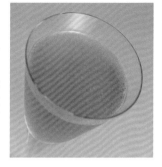

15.8 🍸 🧊 🫙

制作材料
山竹利口酒…………30ml
伏特加……………10ml
菠萝果汁…………20ml
红石榴糖浆………1茶匙

用具、酒杯
摇酒壶、鸡尾酒杯

制作方法
1. 将全部材料和冰放入摇酒壶中，上下摇动。
2. 将1倒入鸡尾酒杯中。

必要鸡尾酒

在特别的日子里和重要的人一起分享

　　华丽的杯子里盛放着红色的酒液，杯中漂浮的金箔让人感到豪华奢侈。使用果味利口酒之王的山竹利口酒，让这款鸡尾酒品尝起来更加有魅力。

14 🍸 🌀 🥄

制作材料
山竹利口酒…………30ml
白色朗姆酒…………15ml
草莓果汁…………30ml
金箔………………少许

用具、酒杯
混酒杯、调酒长匙、滤冰器、鸡尾酒杯

制作方法
1. 将除了金箔以外的全部材料和冰放入混酒杯，用调和法混合。
2. 放置滤冰器将混合好的酒液滤入鸡尾酒杯中。将金箔放在杯中。

最后一滴

让您滴滴不放过的美味鸡尾酒

　　水果味道丰富的甜味桃子利口酒与白兰地混合调和出高贵的适合成年人饮用的鸡尾酒。黑醋栗甜酒的香味决定了这款鸡尾酒的味道。

19 🍸 🧊 🫙

制作材料
仙桃利口酒…………30ml
白兰地……………15ml
鲜香橙果汁…………15ml
黑醋栗甜酒………1茶匙

用具、酒杯
摇酒壶、鸡尾酒杯

制作方法
1. 将全部材料和冰放入摇酒壶中，上下摇动。
2. 将1倒入鸡尾酒杯中。

法国微风

重新获得动力的一款鸡尾酒

　　果味香浓的水果饮料和草莓酸甜的口味使用苏打水调和，是一款过喉痛快，深受女性朋友喜爱的果味十足的鸡尾酒。

4 🍸 🌀 🥤

制作材料
爱丽鲜金牌酒…………45ml
草莓果汁…………30ml
苏打水……………倒满

用具、酒杯
调酒长匙、平底大玻璃杯

制作方法
将全部材料放入平底大玻璃杯，用调和法混合。

帕帕格塔

莫扎特也非常喜欢的奶油鸡尾酒

　　这杯鸡尾酒的制作灵感来自于莫扎特的歌剧《魔笛》，使用巧克力奶油利口酒，甘甜的牛奶风味。

15 🍸 🧊 🥛

制作材料
莫扎特巧克力奶油
利口酒·················30ml
白兰地·················15ml
鲜奶油·················15ml

用具、酒杯
摇酒壶、鸡尾酒杯

制作方法

1. 将全部材料和冰放入摇酒壶中，上下摇动。
2. 将1倒入鸡尾酒杯中。

金梦

陶醉在金黄色的如梦境般的心境中

　　茴香酒的意大利名字的意思为英雄，使用茴香酒，配合鲜奶油调和出的浓郁口味，非常适合睡觉前饮用的一款鸡尾酒。

16 🍸 🧊 🥛

制作材料
茴香酒·················15ml
白色柑桂酒·············15ml
香橙果汁···············15ml
鲜奶油·················15ml

用具、酒杯
摇酒壶、鸡尾酒杯

制作方法

1. 将全部材料和冰放入摇酒壶中，上下摇动。
2. 将1倒入鸡尾酒杯中。

白天鹅

想象着白天鹅的魅力调和出的一款鸡尾酒

　　意大利苦杏酒如同春风一般的甜味被牛奶所包围，是饭后休闲时饮用的一杯美酒。

9.3 🥛 🧊 🥛

制作材料
意大利苦杏酒·········20ml
牛奶···················30ml

用具、酒杯
调酒长匙、古典杯、调酒棒

制作方法

将全部材料放入古典杯，用调和法混合。

皇家

奢华的巧克力和香蕉味道相互融合

　　显现出静谧浓厚的氛围，在假日夜晚演绎出最优雅、放松的时刻。

16 🍸 🧊 🥛

制作材料
巧克力利口酒·········25ml
白色柑桂酒············· 5ml
香甜香蕉···············15ml
鲜奶油·················15ml

用具、酒杯
摇酒壶、鸡尾酒杯

制作方法

1. 将全部材料和冰放入摇酒壶中，上下摇动。
2. 将1倒入鸡尾酒杯中。

猴踢

香味在杯中弥漫，一款非常好喝的鸡尾酒

　　香蕉利口酒丰富的甜味和香橙果汁果味的浓郁相互融合，使用汤力水进行最后的融合，清爽宜人的口感。

⑥ 🍹 🥃 🫙

制作材料
香蕉利口酒·······················15ml
鲜香橙果汁·······················15ml
汤力水·····························30ml
香橙片································1片
玛若丝卡酸味樱桃·····················1颗

用具、酒杯
摇酒壶、古典杯、鸡尾酒签

制作方法

1. 将除了汤力水、香橙片、玛若丝卡酸味樱桃的全部制作材料和冰加入到摇酒壶中，上下摇动。

2. 在古典杯中加入冰，将1倒入，倒满汤力水。

3. 将香橙片、玛若丝卡酸味樱桃插在鸡尾酒签上，放在杯边作装饰。

酸梨酒

鸭梨顺口的味道和柠檬略酸的口感

　　西洋梨酒的甜味和柠檬清新的酸味相融合，体现出水果的特点。这是一款口感平衡，非常好喝的鸡尾酒。

⑯ 🍸 🥃 🫙

制作材料
西洋梨酒·························60ml
鲜柠檬果汁·······················20ml
白糖粉末·························1茶匙
香橙片································1片
玛若丝卡酸味樱桃·····················1颗

用具、酒杯
摇酒壶、酸酒杯、鸡尾酒签

制作方法

1. 将除了香橙片、白糖粉末、玛若丝卡酸味樱桃的全部制作材料和冰加入到摇酒壶中，上下摇动。

2. 将1倒入酸酒杯，将香橙片、玛若丝卡酸味樱桃插在鸡尾酒签上，放在杯边作装饰。

柯林斯梨酒

果味浓厚的味道和鸭梨顺口的感觉

　　西洋梨酒细腻的口感与苏打水相混合，演绎出口感清爽吸引人的好味道。

⑧ 🍺 🥃 🫙

制作材料
西洋梨酒·························45ml
鲜柠檬果汁·······················20ml
白糖浆·····························15ml
苏打水·····························倒满
柠檬片·····························1/2片
玛若丝卡酸味樱桃·····················1颗

用具、酒杯
摇酒壶、柯林斯酒杯、鸡尾酒签

制作方法

1. 将除了柠檬片、玛若丝卡酸味樱桃的全部制作材料和冰加入到摇酒壶中，上下摇动。

2. 将1倒入柯林斯酒杯，加入苏打水。

3. 将柠檬片、玛若丝卡酸味樱桃插在鸡尾酒签上，放在杯边作装饰。

苹果甲壳

醇香的苹果味道，非常享受的欢乐时光

苹果利口酒配上柠檬果汁调和出清新的淡淡酸味，是一款果味浓郁，略苦但别有风味的鸡尾酒。

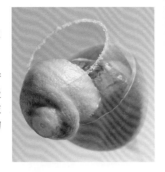

20 🍸

制作材料

苹果利口酒……………60ml
鲜柠檬果汁……………1茶匙
安格斯图拉苦精酒……少许
柠檬皮……………………1块

用具、酒杯

摇酒壶、鸡尾酒杯

制作方法

1. 将除柠檬皮以外的全部制作材料和冰加入到摇酒壶中，上下摇动。

2. 将1倒入鸡尾酒杯中，使用白糖（材料外）将酒杯装饰成下雪状，将柠檬皮拧成螺旋状，装饰在杯边。

奥古斯塔

清爽的微风吹过你的身旁

南国的水果果味，品尝一口，味道在口中弥漫，略酸的味道给酒增添了更好的口感，非常可口的一款鸡尾酒。

6

制作材料

西番莲利口酒……………45ml
菠萝利口酒……………100ml
鲜柠檬果汁………………5ml

用具、酒杯

摇酒壶、平底大玻璃杯

制作方法

1. 将全部材料和冰放入摇酒壶中，上下摇动。

2. 将1倒入平底大玻璃杯中。

白冠（1）

如同白云一般的淡水色鸡尾酒

萨姆布卡酒和青柠檬调和出清新的味道，淡淡的酒色让人联想到漂浮在天空中的白云，酒中加入苏打水，口感也很清爽。

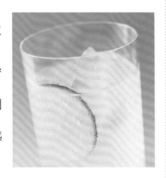

12.5

制作材料

萨姆布卡酒………………45ml
苏打水……………………倒满
青柠檬片……………………1片

用具、酒杯

混酒杯、平底大玻璃杯

制作方法

1. 将除了青柠檬片外的全部材料和冰放入混酒杯中，用调和法混合，倒入平底大玻璃杯中。

2. 将青柠檬片加入1中。

艾伯丁

口感非常平衡的一款鸡尾酒

樱桃和香橙的味道混合，加入黄色修道院酒使酒的味道更加浓郁奢华，酒味平和，非常好喝的一款鸡尾酒。

42.5 🍸

制作材料

黄色修道院酒……………15ml
樱桃白兰地………………30ml
白色柑桂酒………………15ml
玛若丝卡酸味樱桃酒……少许

用具、酒杯

摇酒壶、鸡尾酒杯

制作方法

1. 将全部材料和冰放入摇酒壶中，上下摇动。

2. 将1倒入玻璃质鸡尾酒杯中。

海市蜃楼

颗粒的口感与南国风味的融合

  沉入到淡粉色酒液的底部的木薯淀粉如梦幻一般，是一款非常适合夏季品尝的果味鸡尾酒。

20.6 🍸 🖼️ 🍶

制作材料

水蜜桃利口酒······20ml
奥尔堡······20ml
鲜菠萝果汁······20ml
鲜柠檬果汁······1茶匙
木薯淀粉······1茶匙

用具、酒杯

摇酒壶、鸡尾酒杯、调酒长匙

制作方法

1. 将除木薯淀粉以外的全部制作材料和冰加入到摇酒壶中，上下摇动。

2. 将1倒入到鸡尾酒杯中，将木薯淀粉沉入杯底。

晚餐后

为您的美味正餐画上圆满句号的一款鸡尾酒

  这款酒非常适合用餐过后饮用，正如其名字的意思那样。品尝这杯酒有利于胃部消化，给您美味的用餐画上完美的句号。

22 🍸 🖼️ 🍶

制作材料

甜杏白兰地······30ml
香橙柑桂酒······25ml
青柠檬果汁······5ml

用具、酒杯

摇酒壶、鸡尾酒杯

制作方法

1. 将全部材料和冰放入摇酒壶中，上下摇动。

2. 将1倒入鸡尾酒杯中。

霹雳马

在美好时刻开始前品尝的一款清爽鸡尾酒

  起泡葡萄酒的甘冽口感与金百利酒的味道最为搭配，是非常清爽的餐前饮用酒品。

11 🍸 🖼️ 🍸

制作材料

金百利酒······20ml
石榴汁······3ml
香橙果汁······3ml
起泡葡萄酒······适量

用具、酒杯

摇酒壶、大葡萄酒杯、吸管两根

制作方法

1. 将除起泡葡萄酒以外的全部制作材料和冰加入到摇酒壶中，上下摇动。

2. 将冰倒入大葡萄酒杯，再将1倒入到杯中，加入起泡葡萄酒轻轻搅拌，加入吸管。

马里宝舞者

让您喝一口就获得动力的活泼鸡尾酒

在果味丰富的菠萝果汁中品尝到飘香的椰果味道，让您感到这款鸡尾酒带给您的激情和力量。

4.2

制作材料

马里宝酒·············30ml
菠萝果汁·············倒满
菠萝片···············1片
玛若丝卡酸味樱桃······1颗

用具、酒杯

调酒长匙、平底大玻璃杯、鸡尾酒签

制作方法

1. 将冰加入到平底大玻璃杯，再加入马里布和菠萝果汁，轻轻搅拌。

2. 将菠萝片、玛若丝卡酸味樱桃插在鸡尾酒签上，放在杯边作装饰。

马里宝可乐

一款南国的香味四溢的爽快的鸡尾酒

马里宝鸡尾酒的浓郁香甜与可口可乐的味道很好地混合在一起，形成非常独特的味道。让人感受到夏日在南国吹着海风迎着太阳的感觉。

6

制作材料

马里宝酒·············45ml
可口可乐·············倒满

用具、酒杯

调酒长匙、平底大玻璃杯

制作方法

将冰加入平底大玻璃杯，再将其他全部材料放入杯中，轻轻搅拌。

比昂酒

奢华的味道与透明的酒液

纯净透明的酒液，果味风味的酒里加入安格斯图拉苦精酒独特的苦味，是一款口感比较复杂的鸡尾酒。

35.2

制作材料

安格斯图拉苦精酒······少许
樱桃利口酒···········25ml
干味美思·············25ml
白色柑桂酒···········10ml

用具、酒杯

混酒杯、调酒长匙、滤冰器、鸡尾酒杯

制作方法

1. 将全部材料和冰放入混酒杯，用调和法混合。

2. 放置滤冰器将混合好的酒液滤入鸡尾酒杯中。

森保加利口酒

瞬间闪烁的火光，为您酿造出最好的酒香

在杯中点上火后会有一缕蓝色的火光闪现，酿造出新鲜的味道，这味道再与咖啡味道混合，让您感到梦幻感十足，适合饭后饮用。

38

制作材料

茴香酒···············1杯
咖啡豆（烘烤后）···3~5颗

用具、酒杯

调酒长匙、利口酒杯、火柴

制作方法

1. 将茴香酒倒入到利口酒杯中。

2. 用火柴点燃1。

3. 等火灭掉，酒变凉之后加入咖啡豆饮用。

马里宝海滩

受到太阳恩惠的一款华丽鸡尾酒

　　这款鸡尾酒让我们联想到在南国的海滩上，太阳照射着椰树和各种南国的水果，浓郁的味道在酒中四溢。

7 🥃 🍊 🥛

制作材料

马里宝酒·····················45ml
鲜香橙果汁·····················倒满
柠檬片·····························1片
玛若丝卡酸味樱桃·················1颗

用具、酒杯

调酒长匙、平底大玻璃杯、鸡尾酒签

制作方法

1. 将马里宝酒和鲜香橙果汁倒入加冰的杯子里，用调和法混合。

2. 将玛若丝卡酸味樱桃、柠檬片插在鸡尾酒签上，放在杯边作装饰。

苹果射击

绿色苹果给您清爽舒适的感觉

　　这款酒的味道就好似苹果苏打水果汁那样可口，清爽好喝。

4 🥃 🍏 ✏

制作材料

绿色苹果利口酒·················30ml
鲜柠檬果汁·····················1茶匙
苏打水·························60ml
汤力水·························适量

用具、酒杯

调酒长匙、平底大玻璃杯

制作方法

将全部材料放入平底大玻璃杯，用调和法混合。

中国蓝

让人不禁联想到神秘蔚蓝的大海

　　荔枝利口酒高贵的甜味演绎出静谧的氛围，丰富的果味让不胜酒力的朋友也能够轻易品尝。

5 🥃 🍇 🥛

制作材料

荔枝利口酒·····················30ml
鲜葡萄果汁·····················适量
蓝色柑桂酒·····················1茶匙

用具、酒杯

调酒长匙、柯林斯酒杯、调酒棒

制作方法

1. 将除了蓝色柑桂酒以外的全部材料和冰放入混酒杯，用调和法混合，倒入柯林斯酒杯中。

2. 将蓝色柑桂酒慢慢滴入酒液中，放入调酒棒。

地平线

清爽的淡蓝色让您的心情也开朗起来

柠檬利口酒配上薄荷的香味，带来爽快的口感，让您想象那片蔚蓝的海洋。

16 🍸 🟦 🫗

制作材料
柠檬利口酒……………45ml
蓝柑桂酒……………10ml
牛奶……………5ml
绿薄荷酒……………2茶匙

用具、酒杯
摇酒壶、鸡尾酒杯

制作方法

1. 将全部材料和冰放入摇酒壶中，上下摇动。
2. 将1倒入鸡尾酒杯中。

布鲁斯蓝色

淡淡的蓝色让您的身心放松

蓝莓利口酒略酸的口味是其特色，配上略带苦味的葡萄果汁为您混合出非常有特色的香甜口感鸡尾酒。

4 🍸 🟩 🫗

制作材料
蓝莓利口酒……………15ml
鲜葡萄果汁……………45ml
蓝色柑桂酒……………1茶匙

用具、酒杯
摇酒壶、鸡尾酒杯

制作方法

1. 将全部材料和冰放入摇酒壶中，上下摇动。
2. 将1倒入鸡尾酒杯中。

珊瑚海

将海底点缀成五彩缤纷的珊瑚礁

安格斯图拉苦精酒的醇香风味和葡萄酸中带苦的味道相混合，最后加入椰子体现出清爽的极致美观。

8.5 🍸 🟦 🫗

制作材料
安格斯图拉苦精酒……20ml
椰子利口酒……………10ml
鲜葡萄果汁……………30ml
蓝色柑桂酒……………1茶匙

用具、酒杯
摇酒壶、鸡尾酒杯

制作方法

1. 将全部材料和冰放入摇酒壶中，上下摇动。
2. 将1倒入鸡尾酒杯中，将蓝色柑桂酒滴入杯中。

安萨里

淡蓝的颜色演绎出清凉之感

清澈的淡蓝色带给您无穷的美感，柠檬伏特加酒的酸味与理查德酒的独特芬芳相混合，非常好喝的一款鸡尾酒。

22.2 🟦 🟩 🫗

制作材料
理查德酒……………20ml
柠檬伏特加……………20ml
苏兹酒……………5ml
蓝色柑桂酒……………15ml
汤力水……………倒满

用具、酒杯
摇酒壶、调酒长匙、平底大玻璃杯

制作方法

1. 将除了汤力水以外的全部制作材料和冰加入到摇酒壶中，上下摇动。
2. 将1倒入到加冰的平底大玻璃杯中，倒满汤力水。

水族馆

在静谧的水族馆里享受美酒一杯

以水族馆为设计灵感，清新的蓝色和鱼儿在水里游泳的图景都特别惹人注目，是一款非常生动的鸡尾酒。

14.5

制作材料

蓝查尔斯酒	40ml
蓝柑桂酒	10ml
鲜青柠檬果汁	10ml
茴香甜酒	10ml
汤力水	倒满
薄荷樱桃	1颗
海藻形青柠檬皮	1片
鱼形果肉	1块
鱼形葡萄果肉	1块

用具、酒杯

摇酒壶、调酒长匙、柯林斯酒杯、吸管两根、调酒棒、彩带

制作方法

1. 将蓝查尔斯酒、蓝柑桂酒、鲜青柠檬果汁、茴香甜酒和冰加入到摇酒壶中，上下摇动。

2. 在杯子底部放入插在薄荷樱桃上的海藻形青柠檬皮，将碎冰倒入到杯1中，倒满汤力水。

3. 在2中加入鱼形果肉、鱼形葡萄果肉，将使用彩带打结的吸管和调酒棒放入酒中。

蓝点酒

清新的蓝色让人心也随之一动

让人畅想这地中海的蓝色，碳酸的刺激和酸酸的口感，都使您的心随之而动，让您心情畅快的一杯酒。

8.7

制作材料

茴香甜酒	30ml
蓝柑桂酒	20ml
鲜柠檬果汁	50ml
苏打水	倒满
香橙片	1片
柠檬片	1片
玛若丝卡酸味樱桃	1颗
薄荷叶	适量

用具、酒杯

调酒长匙、柯林斯酒杯、吸管两根、鸡尾酒签

制作方法

1. 将茴香甜酒、蓝柑桂酒、鲜柠檬果汁和冰加入到柯林斯酒杯中。

2. 将冷藏的苏打水加入到1中，轻轻搅拌。

3. 将香橙片和柠檬片、玛若丝卡酸味樱桃插在鸡尾酒签上，放在杯边，最后加入薄荷叶和调酒棒。

紫罗兰菲兹

艳丽的堇菜，爽快喷香的味道

淡蓝色的酒液让您为之一振，艳丽的堇菜和爽快的味道，让您非常想要品尝。最后加入波士紫罗兰酒让酒味浓香飘逸。

16

制作材料

波士紫罗兰酒	45ml
鲜柠檬果汁	20ml
白糖浆	1茶匙
苏打水	倒满
柠檬片	1/2片
玛若丝卡酸味樱桃	1颗

用具、酒杯

摇酒壶、调酒长匙、平底大玻璃杯、鸡尾酒签

制作方法

1. 将波士紫罗兰酒、鲜柠檬果汁、白糖浆和冰加入到摇酒壶中，上下摇动。

2. 在平底大玻璃杯中加入冰，将1倒入，倒满苏打水，轻轻调和。

3. 将玛若丝卡酸味樱桃和柠檬片插在鸡尾酒签上，放在杯边作点缀。

丛林幻想

南国的味道在口中弥漫

南国的香蕉和菠萝有个美好的约会，在这款水分充足的鸡尾酒中混合，让您喜爱的一款鸡尾酒。

4

制作材料
绿香蕉利口酒…………45ml
菠萝果汁……………倒满

用具、酒杯
调酒长匙、平底大玻璃杯

制作方法
将全部材料放入平底大玻璃杯，用调和法混合。

翡翠柚子

清澈、温馨的淡淡绿色

通透的绿色映照在杯中，鲜柠檬的味道给您香甜美味的饮酒余味。

16

制作材料
绿香蕉利口酒…………40ml
白色柑桂酒……………10m
鲜柠檬果汁……………10ml

用具、酒杯
摇酒壶、鸡尾酒杯

制作方法
1. 将全部材料和冰放入摇酒壶中，上下摇动。
2. 将1倒入鸡尾酒杯中。

绿色家园

鲜明的绿色与可口的味道

绿色香蕉利口酒与流行的烧酒混合，最后加入白可可酒的浓郁味道，是一款奢华有魅力的鸡尾酒。

20

制作材料
绿香蕉利口酒…………30ml
烧酒………………30ml
蓝柑桂酒……………1茶匙
白可可酒……………1茶匙

用具、酒杯
摇酒壶、鸡尾酒杯

制作方法
1. 将全部材料和冰放入摇酒壶中，上下摇动。
2. 将1倒入鸡尾酒杯中。

忧郁宝贝

在炎热的夏季饮用的一款带瓜香的美酒

使用甜瓜利口酒与碎冰混合，淡淡的颜色让您忘记夏日的炎热，青柠檬的酸味也给您不能忘记的过喉之感。

11.7

制作材料
甜瓜利口酒…………45ml
青柠檬片………………1片

用具、酒杯
调酒长匙、古典杯

制作方法
1. 在加冰的古典杯里加入甜瓜利口酒。
2. 加入青柠檬片，静静地调和。

哈密瓜吊带

突出哈密瓜味道的一款好喝鸡尾酒

　　醇香的哈密瓜利口酒和柠檬的酸味相混合，口感非常好。加入苏打水使您饮用的时候更多了几分清爽。

6.1

制作材料
哈密瓜利口酒…………40ml
鲜柠檬果汁……………20ml
苏打水…………………倒满

用具、酒杯
调酒长匙、平底大玻璃杯

制作方法
将全部材料放入平底大玻璃杯，用调和法混合。

爱情海

想象干练的女子设计的一款酒

　　甜瓜和荔枝利口酒味道完美结合，缔造出这款水果味道丰富的高贵鸡尾酒。

20

制作材料
甜瓜利口酒……………10ml
荔枝利口酒……………30ml
蓝色柑桂酒……………10ml
鲜葡萄果汁……………10ml

用具、酒杯
摇酒壶、鸡尾酒杯

制作方法
1. 将全部材料和冰放入摇酒壶中，上下摇动。
2. 将1倒入鸡尾酒杯中。

绿色和平

品尝一口让您幸福感油然而生

　　水分丰富的甜瓜和柠檬、菠萝混合在一起，调和出果味丰富的鸡尾酒，加入鲜奶油让酒的口感也更加丰润。

14.6

制作材料
甜瓜利口酒……………30ml
蓝柑桂酒………………20ml
菠萝果汁………………15ml
鲜柠檬果汁……………1茶匙
鲜奶油…………………15ml

用具、酒杯
摇酒壶、浅碟形香槟杯

制作方法
1. 将全部材料和冰放入摇酒壶中，上下摇动。
2. 将1倒入浅碟形香槟杯中。

美罗尼亚

浓郁的香味让您的梦想成真

　　甜瓜利口酒为基酒，香蕉和柑橘系水果的特点在酒中凸显，让酒整体的果味浓郁，香甜可口。

22

制作材料
甜瓜利口酒……………30ml
白色柑桂酒……………15ml
香蕉利口酒……………15ml
鲜柠檬果汁……………15ml
砂糖（粉末）…………1茶匙

用具、酒杯
摇酒壶、浅碟形香槟杯

制作方法
1. 将全部材料和冰放入摇酒壶中，上下摇动。
2. 将1倒入浅碟形香槟杯中。

黑托帕斯

闪亮的黑色给人水分充足之感

　　使用黑色菠萝利口酒调和出稀少的纯黑酒液，果味丰富，非常好喝的一款鸡尾酒。

6

制作材料
黑色菠萝利口酒………60ml
苏打水……………………倒满

用具、酒杯
调酒长匙、笛形香槟杯

制作方法

将全部材料放入笛形香槟杯，用调和法混合。

深度

慢慢品尝的长饮型鸡尾酒

　　董菜的香味为酒带来了特别的味道，黑色菠萝带给您水果风味，是一款深受女性朋友好评的鸡尾酒。

9

制作材料
黑色菠萝利口酒………50ml
蓝色柑桂酒……………25ml
波士紫罗兰………………1茶匙
汤力水……………………倒满

用具、酒杯
摇酒壶、调酒长匙、平底大玻璃杯

制作方法

1. 将除汤力水以外的全部制作材料和冰加入到摇酒壶中，上下摇动。

2. 将1倒入平底大玻璃杯中，用调和法混合。

乒乓

董菜的香味，给您一个美好的梦境

　　桃子的酸甜口味与董菜独特的香味让您心情平静，品尝一口美酒就如同进入梦境一般，舒服闲适。

29

制作材料
野莓金酒…………………30ml
波士紫罗兰………………30ml
鲜柠檬果汁………………1茶匙

用具、酒杯
摇酒壶、鸡尾酒杯

制作方法

1. 将全部材料和冰放入摇酒壶中，上下摇动。

2. 将1倒入鸡尾酒杯中。

阿梅皮康酒

浓郁的苦味带来品尝的清爽

　　使用如同阿梅皮康酒那样的苦味配合香甜味美思让酒的味道清爽独特，非常好喝的一款鸡尾酒。

16.5

制作材料
阿梅皮康酒………………30ml
甜味美思…………………30ml

用具、酒杯
混酒杯、调酒长匙、滤冰器、鸡尾酒杯

制作方法

1. 将全部材料和冰放入混酒杯，用调和法混合。

2. 放置滤冰器将混合好的酒液滤入鸡尾酒杯中。

西番莲（热带版本）

使用西番莲编织魅力口味

　　使用味道浓郁的芒果以及三种西番莲水果利口酒，让这醇香在您的嘴里回荡。

9 🍸 🖼 🏺

制作材料

爱丽鲜蓝牌酒	20ml
爱丽鲜金牌酒	10ml
爱丽鲜红牌酒	10ml
芒果利口酒	20ml
可尔必思	5ml
薄荷叶	适量
菠萝片	1片

用具、酒杯

摇酒壶、红酒杯、光立方

制作方法

1. 将除了薄荷叶、菠萝片以外的全部制作材料和冰加入到摇酒壶中，上下摇动。

2. 将红酒杯加入冰，将1倒入，同时放入光立方，将薄荷叶、菠萝片在杯边作装饰。

金·彼得

让人着迷的酸甜清爽口味

　　使用汤力水混合樱桃利口酒充分烘托其味道，加入柠檬果汁最后调和出口感清爽的鸡尾酒。

7.5 🧊 🖼 🟦

制作材料

樱桃酒	45ml
鲜柠檬果汁	10ml
汤力水	倒满
柠檬片	1/2片
玛若丝卡酸味樱桃	1颗

用具、酒杯

调酒长匙、平底大玻璃杯、鸡尾酒签

制作方法

1. 将樱桃酒、鲜柠檬果汁和冰加入到平底大玻璃杯中，上下摇动。

2. 在1中注满汤力水，轻轻搅拌。

3. 将柠檬片、玛若丝卡酸味樱桃插在鸡尾酒签上，放在杯边作装饰。

红宝石菲丝

丰富的泡沫混合着如红宝石般的酒液

　　细腻的泡沫与苏打水爽快的口感相融合，带给您不能忘怀的口感，酒液呈现出红宝石的颜色，非常美丽。

9.9 🧊 🖼 🏺

制作材料

野莓金酒	45ml
鲜柠檬果汁	20ml
红石榴糖浆	1茶匙
白糖粉	1茶匙
蛋清	1个
苏打水	倒满

用具、酒杯

摇酒壶、平底大玻璃杯

制作方法

1. 将除了苏打水以外的全部制作材料和冰加入到摇酒壶中，上下摇动。

2. 将平底大玻璃杯加入冰，将1倒入。

3. 将冷藏的苏打水倒入2，轻轻搅拌。

天使喜悦

如同天使一般美丽的鸡尾酒

　　这款酒调和之后出现鲜明的四层，如同天使的美丽一般，滋润人的心灵，而其甜美的味道也同样让人难以忘怀。

16 🍸 🧊 🥃

制作材料

红石榴糖浆……………15ml
波士紫罗兰……………15ml
白色柑桂酒……………15ml
鲜奶油…………………15ml

用具、酒杯

调酒长匙、利口酒酒杯

制作方法

按照红石榴糖浆、波士紫罗兰酒、白色柑桂酒、鲜奶油的顺序使用调酒长匙将酒液依次倒入杯中，形成分层。

拐点

让您感受奢华的马卡达姆坚果味道

　　马卡达姆坚果酒的醇香与鲜奶油混合在一起，让您品尝最丰富的新鲜口味。

20 🍸 🧊 🥃

制作材料

马卡达姆坚果酒………20ml
鲜奶油…………………10ml

用具、酒杯

利口酒酒杯

制作方法

将马卡达姆坚果酒倒入利口酒酒杯中，再倒入鲜奶油浮在表面。

长绿树林

日本和中国文化融合的最好体现

　　绿茶利口酒特有的甜味和乌龙茶爽口的口味混合，正如日本料理和中国料理那般配合独到。

8 🥃

制作材料

绿茶利口酒……………45ml
乌龙茶…………………倒满

用具、酒杯

调酒长匙、平底大玻璃杯、调酒棒

制作方法

将全部材料放入平底大玻璃杯，放入调酒棒。

热门人物

喷香的热咖啡

　　与植物性奶油混合在一起的略带苦味的热咖啡以及茴香酒浓郁的香味，能让您在饭后非常享受的一款鸡尾酒。

10 🍸 🥃

制作材料

茴香酒…………………20ml
热咖啡…………………20ml
植物性奶油……………20ml

用具、酒杯

调酒长匙、雪利酒酒杯

制作方法

将茴香酒、热咖啡和植物性奶油按照顺序倒入杯中。

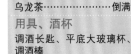

茴香黑醋栗酒

易饮的口感与深深的香味

黑加仑酒浓厚的味道和苏打水清爽的口感加上茴香甜酒的味道，调和的这款鸡尾酒非常适合和朋友一边聊天一边品尝。

8 🥃 📋 🖼 🥃

制作材料

茴香甜酒·············30ml
黑加仑酒·············20ml
苏打水··············倒满

用具、酒杯

调酒长匙、平底大玻璃杯

制作方法

将全部材料放入平底大玻璃杯，用调和法混合。

吉利豆

俏皮的味道和瞬间的激情

意大利苦杏酒的香味和茴香甜酒的香味完美混合，特别适合表现出都市里游戏痛快的心情。

33 🥃 📋 🥃

制作材料

意大利茴香·············30ml
意大利苦杏酒·············30ml
果冻豆·············2~3颗

用具、酒杯

调酒长匙、古典杯、鸡尾酒签

制作方法

1. 将除了果冻豆以外的全部制作材料和冰加入到古典杯中，轻轻调和。

2. 将果冻豆插在鸡尾酒签上，放在杯边作装饰。

蒂凡奶茶酒

奢侈的红茶平和的口味

红茶非常高贵的味道被牛奶的美味所包围，品尝这杯鸡尾酒就好像喝奶茶一般，奶香浓郁，口感顺滑。

15.9 🥃 📋 🥃

制作材料

天分茶利口酒·············40ml
牛奶·············20ml

用具、酒杯

调酒长匙、古典杯、调酒棒

制作方法

1. 在加冰的古典杯中加入天分茶利口酒。

2. 将牛奶慢慢倒入杯中，使之漂浮在酒液之上。

西西里热情

弥漫太阳热情的一款南国鸡尾酒

西西里岛在美丽的地中海，在这款酒中使用了当地产的血色香橙果汁，然后点缀柠檬片增添苦味，是一款热情十足的热带鸡尾酒。

9.6 🥃 📋 🥃

制作材料

阿马罗·············45ml
血色香橙果汁·············倒满
柠檬片·············1/8片

用具、酒杯

调酒长匙、柯林斯酒杯、调酒棒

制作方法

1. 将除了柠檬片以外的全部制作材料和冰加入到柯林斯酒杯中，轻轻搅拌。

2. 在杯边用柠檬片作装饰，放入调酒棒。

姜雾酒

能让心里的阴霾散去的鸡尾酒

香橙和杏仁味道浓郁的爱尔兰奶油配上姜汁汽水，整体呈现清新的融合的味道，非常好喝。

17.5

制作材料
爱尔兰奶油··············30ml
姜汁汽水··············30ml
柠檬果肉··············1块

用具、酒杯
调酒长匙、古典杯、调酒棒

制作方法
1. 在古典杯中装满碎冰，将除了柠檬片的全部材料倒入杯中，轻轻混合。
2. 在1中滴入柠檬果汁液，加入吸管。

西西里吻

深深地爱着西西里浓厚醇香的鸡尾酒

金馥力娇酒清爽的味道和浓厚甜美的意大利苦杏酒的味道融合，让我们体会到热爱的西西里的醇香味道。

32

制作材料
金馥力娇酒··············40ml
意大利苦杏酒··············20ml

用具、酒杯
调酒长匙、古典杯

制作方法
将全部材料和冰放入古典杯中，用调和法混合。

马头琴

高贵的琥珀色，味道浓郁的鸡尾酒

味道甘甜而且果味香浓的苹果利口酒加上白兰地和黑可可调和出一款高贵且味道浓郁的奢华鸡尾酒。

35

制作材料
苹果利口酒··············40ml
白兰地··············10ml
黑可可··············10ml

用具、酒杯
调酒长匙、古典杯

制作方法
将加冰的古典杯中放入全部材料调和。

风流寡妇No.2

樱桃的香味让春天来到您的身边

樱桃味道十足的一款鸡尾酒，甜美的感觉环绕在杯沿，只需要轻轻地品尝一口就让您满口都充满香甜清爽的味道。

27.5

制作材料
樱桃利口酒··············30ml
樱桃白兰地··············30ml
玛若丝卡酸味樱桃··············1颗

用具、酒杯
混酒杯、调酒长匙、滤冰器、鸡尾酒杯

制作方法
1. 将除了玛若丝卡酸味樱桃以外的全部材料和冰放入混酒杯，用调和法混合。
2. 放置滤冰器将混合好的酒液滤入鸡尾酒杯中。
3. 在杯边用玛若丝卡酸味樱桃作装饰。

咖啡手榴弹

柑橘利口酒的味道浓郁的新型咖啡

　　将咖啡变得甜中带酸的柑橘利口酒，让咖啡的味道变得非常独到。

9.4

制作材料
柑橘利口酒…………45ml
咖啡……………………适量
植物性奶油……………10ml

用具、酒杯
平底大玻璃杯、杯托、调酒棒

制作方法
1. 将杯中倒入柑橘利口酒和咖啡。
2. 倒入植物性奶油漂浮在酒液之上。

※在饮用之前调和。

※按照喜好也可放入香橙细丝。

咖啡香甜酒

世界闻名的成年人鸡尾酒

　　这款鸡尾酒如同牛奶咖啡那样可口，奶油的香甜和略苦的味道，让您享受饭后的美好一刻。

8.6

制作材料
香甜咖啡利口酒………20ml
牛奶……………………40ml

用具、酒杯
调酒长匙、古典杯、调酒棒

制作方法
在加冰的古典杯内放入香甜咖啡利口酒，再在上层倒入牛奶，将调酒棒放入杯中。

歌帝梵意大利酒

让女性怦然心动的甘甜奢华鸡尾酒

　　使用最高级的巧克力调和的这款高贵鸡尾酒，杏仁的味道浓郁，在不知不觉中就能体会到那奢华的一刻。

23

制作材料
歌帝梵巧克力利口酒…30ml
意大利苦杏酒…………30ml
方糖……………………适量
香橙果肉………………适量

用具、酒杯
混酒杯、调酒长匙、滤冰器、鸡尾酒杯

制作方法
1. 将除了香橙果肉和方糖以外的全部制作材料和冰加入到混酒杯中，用调和法混合。
2. 放置滤冰器将混合好的酒液滤入鸡尾酒杯中，在杯子边缘用方糖装饰成下雪状，最后滴入香橙果汁。

皇家奶油

奶油的运用缔造高贵品质鸡尾酒

　　飘香的香甜咖啡利口酒与植物性奶油相结合，调和出如同卡布奇诺般的润滑口感。

17

制作材料
玛若丝卡酸味樱桃
利口酒…………………20ml
香甜咖啡利口酒………20ml
植物性奶油……………20ml

用具、酒杯
调酒长匙、雪利酒酒杯

制作方法
1. 在雪利酒酒杯中倒入玛若丝卡酸味樱桃利口酒和香甜咖啡利口酒。
2. 倒入植物性奶油漂浮在酒液之上。

金色凯迪拉克

捕获人心的香甜鸡尾酒

茴香酒深邃的甘甜味道被鲜奶油包裹起来，香甜醇厚的味道在那一瞬间将您的心捕获。

19

制作材料
茴香酒·······················20ml
白可可酒·····················20ml
鲜奶油·······················20ml

用具、酒杯
摇酒壶、鸡尾酒杯

制作方法
1. 将全部材料和冰放入摇酒壶中，上下摇动。
2. 将1倒入鸡尾酒杯中。

苦艾酒

在深夜里寻求刺激的一款鸡尾酒

适中的苦味和甜味点缀与味美思特别的味道相混合，香气四溢，让您感到深夜品酒带给您的刺激之感。

26

制作材料
苦艾酒·······················40ml
矿泉水·······················20ml
焦糖·························1茶匙
安格斯图拉苦精酒·········少许

用具、酒杯
摇酒壶、鸡尾酒杯

制作方法
1. 将全部材料和冰放入摇酒壶中，上下摇动。
2. 将1倒入鸡尾酒杯中。

月光

眺望月亮享受美妙时刻

奶油带给人柔软顺滑的感觉，再加入杜林标和白可可让您感到醇香的味道和融合的甜味，非常适合女性朋友。

22.2

制作材料
杜林标·······················30ml
白可可酒·····················30ml
鲜奶油·······················30ml

用具、酒杯
摇酒壶、红酒酒杯

制作方法
1. 将全部材料和冰放入红酒酒杯中，上下摇动。
2. 将1倒入鸡尾酒杯中。

科纳马克

为成年人酿造的甜美果子露鸡尾酒

略苦的咖啡味道与马卡达姆坚果酒的香味混合，冷藏之后最为清爽的一杯消暑佳品。

17

制作材料
马卡达姆坚果酒·········20ml
咖啡利口酒·················20ml
鲜奶油·······················20ml

用具、酒杯
电动搅拌机、浅碟形香槟杯、吸管两根

制作方法
1. 将全部制作材料和碎冰块加入到电动搅拌机中，搅动。
2. 将1倒入到浅碟形香槟杯中，插入吸管两根。

核桃牛奶利口酒

核桃的味道与幸福的预感漂浮

　　使用意大利传统的核桃利口酒与牛奶相混合调和出最美味的味道。

 8

制作材料

核桃榛子利口酒……… 20ml
牛奶………………… 40ml

用具、酒杯

调酒长匙、平底大玻璃杯、调酒棒

制作方法

将全部材料放入平底大玻璃杯，用调和法混合。

核桃摇动利口酒

适中的口味浪漫的情调

　　使用口感浓郁的人气佳品——意大利核桃利口酒和鲜牛奶摇和，加入肉桂粉末，调和出一款芬芳的鸡尾酒。

6

制作材料

核桃榛子利口酒……… 30ml
牛奶………………… 40ml
肉桂粉……………… 适量

用具、酒杯

摇酒壶、平底大玻璃杯

制作方法

1. 将除了肉桂粉以外的全部制作材料和冰加入到摇酒壶中，上下摇动。

2. 在平底大玻璃杯中加入冰，将1注入，撒上肉桂粉。

俄罗斯奎路德酒

香甜的味道让您心情愉快地进入梦乡

　　这款酒的名字有"安眠药"之意，品尝一口让人感觉不到是酒的精美饮料，甜美的味道让您心情愉快地进入梦乡。

 26

制作材料

意大利榛子利口酒…… 20ml
百利甜……………… 20ml
伏特加……………… 15ml

用具、酒杯

摇酒壶、鸡尾酒杯

制作方法

1. 将全部材料和冰放入摇酒壶中，上下摇动。

2. 将1倒入鸡尾酒杯中。

马龙奶酒

秋意浓浓的一款香味四溢的鸡尾酒

　　刚刚烧好的栗子的香味，用牛奶包裹着，口感适中，这醇香宛如秋天来访一样惬意。

8

制作材料

马龙利口酒…………… 20ml
牛奶………………… 40ml

用具、酒杯

调酒长匙、古典杯、调酒棒

制作方法

将全部材料和冰放入古典杯，用调和法混合。

海洋之美

想象夕阳西下海之浪漫的一款鸡尾酒

干邑白兰地中加入西番莲水果饮料，经搅拌机搅合成爱丽鲜金牌酒。这款鸡尾酒是日本人藤卷伸子的作品。

12.7

制作材料

爱丽鲜金牌酒·················30ml
君度利口酒·················10ml
西番莲果汁·················20ml
红石榴糖浆·················5ml
使用蓝色柑桂酒和鲜葡萄果汁
制作的果冻·················适量
玛若丝卡酸味樱桃·················1颗
鲜橙果皮·················1片
柠檬果皮·················1片
青柠檬果皮·················1片

用具、酒杯

电动搅拌机、古典杯、吸管两根

制作方法

1. 将爱丽鲜金牌酒、君度利口酒、西番莲果汁、红石榴糖浆和碎冰加入到电动搅拌机中，进行搅拌直到成冰糊状，注意随时调节。

2. 将1倒入到古典杯中，将蓝色柑桂酒和鲜葡萄果汁制作的果冻倒在酒液上层，将鲜橙果皮、柠檬果皮、青柠檬果皮插在玛若丝卡酸味樱桃上边，装饰在杯边，最后加入吸管。

夜幕降临

想象夜空繁星闪烁，带来醇香美味的鸡尾酒

波士紫罗兰酒的香味与南国水果的酸甜味道相混合，加入汤力水让您品尝到清爽舒适的一款鸡尾酒。

10

制作材料

波士紫罗兰·················30ml
查尔斯顿山竹利口酒·················20ml
鲜葡萄果汁·················20ml
白色薄荷酒·················1茶匙
汤力水·················倒满
菠萝叶·················适量
星形苹果片·················1片
星形柠檬片·················4片

用具、酒杯

摇酒壶、调酒长匙、平底大玻璃杯、吸管两根、彩带、牙签

制作方法

1. 将波士紫罗兰、查尔斯顿山竹利口酒、鲜葡萄果汁、白色薄荷和冰加入到摇酒壶中，上下摇动。

2. 在平底大玻璃杯中加入冰，将1注入，倒满汤力水。

3. 将菠萝叶、星形苹果片和星形柠檬片装饰在杯边，最后放上系了彩带的吸管。

童年的梦

将童年的梦凝结在杯中

草莓的甘甜与酸味让您尽享果鲜，过喉之感清爽舒适，是东京全日空大酒店（ANA Hotel Tokyo）独创的鸡尾酒。

9

制作材料

百香利口酒·················20ml
加利佛罗尼亚草莓·················20ml
草莓奶油·················20ml
仙桃甘露·················20ml
黑醋栗甜酒·················10ml
草莓片·················1块

用具、酒杯

电动搅拌器、香槟杯、调酒长匙、吸管两根

制作方法

1. 将除了草莓片以外的全部制作材料和碎冰加入到电动搅拌机中，进行搅拌直到成冰糊状，注意随时调节。

2. 将1倒入到香槟杯中，将黑醋栗甜酒倒入。

3. 在杯边用草莓片作装饰，最后加入吸管。

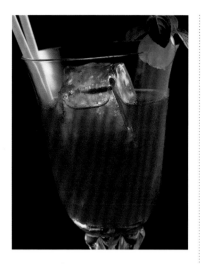

阿里加法

使用南国的西番莲水果带给您清风拂面般的感受

　　使用南国飘香的鲜葡萄果汁让这款鸡尾酒果味十足，风味独特，是东京全日空大酒店独创的一款鸡尾酒。

11 🍸 🖼 🎴 🧴

制作材料

爱丽鲜红牌酒·······················30ml
鲜葡萄果汁·························20ml
黑醋栗甜酒···························5ml
莫尼西番莲糖浆·····················5ml
薄荷樱桃····························1颗
薄荷叶·····························适量

用具、酒杯

摇酒壶、红酒杯、蓝色发光灯、吸管两根

制作方法

1. 将除了薄荷叶以外的全部制作材料和冰加入到摇酒壶中，上下摇动。

2. 在红酒杯中加入冰，将1注入，加入蓝色发光灯。

3. 将薄荷叶插在薄荷樱桃上放在杯边作装饰，加入吸管。

马鞭草酒

清爽通透的水色酒液是夏季的最佳饮品

　　姜汁汽水的甜辣口感与青柠檬酸酸的味道相混合，配合弗莱马鞭草酒的香草味道，是一款清凉感十足的鸡尾酒。

13 🍸 🎴 🍹 🧊

制作材料

弗莱马鞭草酒·······················45ml
姜汁汽水····························倒满
青柠檬皮··························1/2片
青柠檬片····························1片

用具、酒杯

调酒长匙、高脚杯、吸管两根

制作方法

1. 将青柠檬皮放入高脚杯中，加入碎冰块。

2. 将弗莱马鞭草酒倒入1中，再倒满姜汁汽水，轻轻搅拌，最后将青柠檬片装饰在杯边，添加吸管。

猕猴桃菲兹酒

渗透心底的青柠檬酸

　　猕猴桃的甜味和新鲜的柠檬的酸味很好地融合，使用苏打水进行调和，口感非常新鲜舒适。黄绿色的酒液也让人感到非常清爽。

4 🧊 🎴 🍹 🧴

制作材料

猕猴桃利口酒·······················45ml
鲜柠檬果汁·························20ml
糖浆·······························1茶匙
苏打水·····························倒满
柠檬片······························1片
玛若丝卡酸味樱桃····················1颗

用具、酒杯

摇酒壶、调酒长匙、平底大玻璃杯、鸡尾酒签

制作方法

1. 将猕猴桃利口酒、鲜柠檬果汁、糖浆和冰加入到摇酒壶中，上下摇动。

2. 在平底大玻璃杯中加入冰，将1倒满苏打水，轻轻调和。

3. 将玛若丝卡酸味樱桃和柠檬片插在鸡尾酒签上，放在杯边作点缀。

大里维埃拉

爽快的过喉之感带给您惬意的微笑

　　使用鲜橙果汁配合彼诺酒略酸的口味是这款鸡尾酒的特点，非常想在南国沙滩上品尝的一款惬意鸡尾酒。

 13.5

制作材料

彼诺酒·······················45ml
鲜香橙果汁·····················适量
白糖浆·······················1茶匙

用具、酒杯

调酒长匙、平底大玻璃杯、调酒棒

制作方法

1. 将除白糖浆以外的全部制作材料和冰加入到平底大玻璃杯，用调和法混合。

2. 将白糖浆慢慢倒入杯中，将调酒棒放入杯中。

苹果肉桂

黄金搭配的一款美妙绝伦的鸡尾酒

　　苹果和肉桂搭配调和出的这款甜中带酸的鸡尾酒口感独特，适合当做甜点鸡尾酒品尝。

7.2

制作材料

肉桂利口酒·····················45ml
苹果果汁······················倒满
苹果片装饰·····················1片

用具、酒杯

调酒长匙、细高脚杯、吸管两根

制作方法

1. 将除苹果片以外的全部制作材料和碎冰加入到细高脚杯，用调和法混合。

2. 将苹果片装饰置于杯边，将调酒棒放入杯中。

苏兹汤力水

甜中带苦让艺术感弥漫

　　据说这款鸡尾酒是毕加索最爱喝的，也因此而闻名。甜中略带苦的味道是苏兹酒带来的，再使用汤力水进行调和，口感清爽。

3.2

制作材料

苏兹酒·······················30ml
汤力水·······················倒满
青柠檬片·····················1/8片

用具、酒杯

调酒长匙、平底大玻璃杯、调酒棒

制作方法

1. 将冰加入到平底大玻璃杯，倒满汤力水，轻轻搅拌。

2. 在1的杯边用青柠檬片作装饰，放入调酒棒。

复古

苦味和酸味滋润您干渴的喉咙

　　鲜艳的黄色让心也为之一震，略带苦味与清爽的酸味让您的心情愉快。

16 🥃 🧊 🥃

制作材料
苏兹酒·················30ml
干味美思·················30ml
鲜柠檬果汁·············1茶匙

用具、酒杯
调酒长匙、古典杯

制作方法
按照从苏兹开始的顺序依次将材料倒入古典酒杯中，轻轻调和。

酸柑橘酒

酸柑橘的香味让人心驰神往

　　浓厚且水分充足的柑橘利口酒加入柠檬的酸味，让您感受到清爽的口感，非常好喝。

19 🥃 🍋 🥃

制作材料
柑橘利口酒··············20ml
鲜柠檬果汁··············20ml
白色柑桂酒·········1茶匙
香橙片···················1片
玛若丝卡酸味樱桃······1颗

用具、酒杯
调酒长匙、古典杯

制作方法
1. 将除香橙片和玛若丝卡酸味樱桃以外的全部制作材料和碎冰加入到古典酒杯，用调和法混合。

2. 将香橙片和玛若丝卡酸味樱桃装饰在杯边，将调酒棒放入杯中。

肉桂茶

香味十足的高贵红茶鸡尾酒

　　作为午后红茶让您能够尽情享受休息时刻。味道飘香深远，是一款让女性着迷的鸡尾酒。

7.2 🥃 🍋 🥃

制作材料
肉桂利口酒··············45ml
红茶···················倒满
肉桂棒···················1根

用具、酒杯
调酒长匙、柯林斯酒杯

制作方法
1. 将除肉桂棒以外的全部制作材料和碎冰加入到柯林斯酒杯，用调和法混合。

2. 将肉桂棒加入1中或放在杯上（如图）。

酷热意大利

适中的甜味温暖您的心灵

　　温热的鲜香橙果汁带给您醇香芬芳，意大利苦杏酒浓郁的味道和甜味让您的心灵也温暖起来。

7 🥃 🍋 🥃

制作材料
意大利苦杏酒··············60ml
鲜香橙果汁···················倒满
肉桂棒···················1根

用具、酒杯
电动搅拌机、平底大玻璃杯、杯托

制作方法
1. 将鲜香橙果汁加热，杯托放在平底大玻璃杯底下。

2. 在1中加入意大利苦杏酒，轻轻调和。

3. 将肉桂棒放入杯中。

皮康红石榴酒

简单但是深邃的成年鸡尾酒

阿梅皮康酒带来涩味和苦味，和红石榴糖浆一起使用苏打水进行调和，一款适合成年人饮用的鸡尾酒。

8 | | | |

制作材料
阿梅皮康酒·············45ml
红石榴糖浆·············10ml
苏打水················适量

用具、酒杯
平底大玻璃杯、调酒长匙

制作方法

1. 将阿梅皮康酒、红石榴糖浆和冰加入到平底大玻璃杯。

2. 将冷藏后的苏打水倒入杯中，用调和法混合。

樱桃黑醋栗

一款适合稳重成年女性品尝的鸡尾酒

在法国，有人气的水果系利口酒是黑醋栗甜酒，再使用苏打水进行调和，高贵飘香的味道非常适合成年女子品尝。

10 | | | |

制作材料
樱桃白兰地·············30ml
黑醋栗甜酒·············30ml
苏打水················适量

用具、酒杯
平底大玻璃杯、调酒长匙

制作方法

1. 在平底大玻璃杯中加入樱桃白兰地和黑醋栗甜酒。

2. 将冷藏后的苏打水倒入杯中。

法国皮康高飞球酒

适合餐后品尝的一款鸡尾酒

阿梅皮康酒的甘甜和清爽的味道带给您舒适的口感，琥珀色的酒液看上去很舒适，适合餐后品尝的一款鸡尾酒。

6 | | | |

制作材料
阿梅皮康酒·············45ml
白糖浆················20ml
苏打水················倒满

用具、酒杯
平底大玻璃杯、调酒长匙

制作方法

将全部材料放入平底大玻璃杯，用调和法混合。

黑醋栗菲兹酒

黑醋栗和樱桃奏响欢乐时光

樱桃和黑加仑酒的风味调和出高贵的味道，与苏打水酒相混合让您的心情爽快放松。

15 | | | |

制作材料
黑加仑酒·············40ml
樱桃白兰地·············30ml
苏打水················倒满

用具、酒杯
摇酒壶、平底大玻璃杯

制作方法

1. 将除苏打水以外的全部制作材料和冰加入到摇酒壶中，上下摇动。

2. 把冰倒入平底大玻璃杯中，倒入苏打水，轻轻调和。

红宝石黑醋栗酒

红宝石的光彩映照杯子，带给您魅力无限的鸡尾酒

　　黑加仑酒的风味和香甜带给您十足享受，清爽的味道刺激您的味蕾，是非常好的餐前开胃酒。

制作材料
黑加仑酒·······························30ml
干味美思·······························20ml
汤力水···································倒满

用具、酒杯
调酒长匙、平底大玻璃杯

制作方法
将冰加入杯中，再将全部材料放入平底大玻璃杯中，用调和法混合。

阿玛罗菲兹鸡尾酒

口味平衡，口感柔顺

　　在这款酒里酸味、甜味、苦味非常好地融合在一起，苏打水爽快的口感让您饮用的时候心情舒畅，非常适合作为餐前开胃酒来饮用。

制作材料
阿玛罗···································45ml
鲜柠檬果汁·······························20ml
糖浆·····································1茶匙
柠檬片···································1片
苏打水···································倒满
玛若丝卡酸味樱桃·························1颗

用具、酒杯
摇酒壶、调酒长匙、平底大玻璃杯、鸡尾酒签

制作方法
1. 将阿玛罗、鲜柠檬果汁、糖浆等全部制作材料和冰加入到摇酒壶中，上下摇动。

2. 在平底大玻璃杯中加入冰，将1倒满苏打水，轻轻调和。

3. 将玛若丝卡酸味樱桃和柠檬片插在鸡尾酒签上，放在杯边作点缀。

阿玛罗高飞球

因简洁而味美

　　使用意大利的代表性苦味酒阿玛罗，加入苏打水酒调和，其中的苦味和香味非常适合成年人饮用。

制作材料
阿玛罗···································45ml
苏打水···································倒满
柠檬片···································1/8片

用具、酒杯
调酒长匙、平底大玻璃杯、调酒棒

制作方法
1. 将除柠檬片以外的全部制作材料和冰加入到平底大玻璃杯中，轻轻搅拌。

2. 将柠檬片放在杯边作点缀，将调酒棒放入杯中。

幻影泳滩

水分充足、香味温柔，让您的心情平静

　　爽口的柠檬，飘香的柠檬香带给您温柔的甘甜果味鸡尾酒。柔和的酒液让您感觉沉静温和。

10

制作材料

柠檬利口酒	20ml
荔枝利口酒	10ml
菠萝果汁	20ml
鲜柠檬果汁	10ml
白糖浆	1茶匙

用具、酒杯

摇酒壶、鸡尾酒杯

制作方法

1. 将全部材料和冰放入摇酒壶中，上下摇动。

2. 将1倒入鸡尾酒杯中。

玛丽·罗斯

可爱的淡淡思绪和清爽温和的图景

　　柠檬的酸味和苏打水清爽的味道与玫瑰极富诱惑的香味混合，如同神秘花园出现在少女的梦中。

3.3

制作材料

玫瑰利口酒	30ml
鲜柠檬果汁	10ml
白糖浆	1/2茶匙
苏打水	适量
黑醋栗甜酒	1茶匙

用具、酒杯

调酒长匙、平底大玻璃杯、调酒棒

制作方法

1. 将黑醋栗甜酒以外的全部制作材料和冰加入到平底大玻璃杯中，轻轻搅拌。

2. 将黑醋栗甜酒轻轻滴入杯中，将调酒棒放入杯中。

神之子

工作或运动之余和朋友共享一杯美酒

　　水分充足的甜味和黑加仑酒的味道相混合，让柠檬的酸味也非常突出，加入苏打水调和之后，让您品尝到一款好喝的鸡尾酒。

4

制作材料

黑加仑酒	30ml
鲜柠檬果汁	10ml
苏打水	倒满
柠檬片	1片

用具、酒杯

调酒长匙、平底大玻璃杯

制作方法

1. 将柠檬片以外的全部制作材料和冰加入到平底大玻璃杯中，轻轻搅拌。

2. 将柠檬片装饰在杯边。

梅花

以梅酒作为基酒，调和出乡愁的滋味

　　梅酒可谓日本的利口酒，配以香橙片调和的金百利酒和葡萄果汁，是一款香气四溢的美味鸡尾酒。

16 🍸 🖼 🏺

制作材料
梅酒······30ml
金百利酒······10ml
鲜葡萄果汁······10ml
鲜葡萄利口酒······10ml

用具、酒杯
摇酒壶、鸡尾酒杯

制作方法
1. 将全部材料和冰放入摇酒壶中，上下摇动。
2. 将1倒入鸡尾酒杯中。

黄色小鸟

温柔的味道，一杯好喝的鸡尾酒

　　使用椰奶和彼诺酒混合，柠檬与菠萝果汁的酸味点缀，非常别致的一款鸡尾酒。

7.5 🍸 🖼 🏺

制作材料
彼诺酒······30ml
椰奶······30ml
苹果果汁······适量
鲜柠檬果汁······15ml

用具、酒杯
摇酒壶、鸡尾酒杯

制作方法
1. 在摇酒壶中放入椰奶和冰，上下摇动。
2. 在加冰的杯中倒入1，再倒满椰奶。
3. 在2的鸡尾酒杯中，加入鲜柠檬果汁。

※在高脚杯中加入冰是原来的调和方法。

香草蛋诺酒

一款被香甜味道包裹的放松鸡尾酒

　　香草和白兰地很好的融合，加入蛋清和牛奶更显醇香口味，让人不禁想到奶昔的香甜。

7 ▌ 🖼 🏺

制作材料
香草利口酒······30ml
白兰地······15ml
蛋清······1个
砂糖······2茶匙
牛奶······倒满
肉桂粉······适量

用具、酒杯
摇酒壶、平底大玻璃杯

制作方法
1. 将除肉桂粉和牛奶以外的全部制作材料和冰加入到摇酒壶中，上下摇动。
2. 将1注入平底大玻璃杯中。

法国骡子

无论什么时候都能轻松品尝的一款鸡尾酒

　　使用爱丽鲜红牌酒加入姜汁汽水，形成爽快的口感，是一款酒精浓度低的鸡尾酒。

4 ▌ 🖼 ▦

制作材料
爱丽鲜红牌酒······45ml
青柠檬片······1/2片
姜汁汽水······倒满

用具、酒杯
摇酒壶、平底大玻璃杯、调酒棒

制作方法
1. 将青柠檬片汁液滴入平底大玻璃杯中。
2. 在1中加入冰块，倒入爱丽鲜红牌酒。
3. 在2中倒满姜汁汽水，轻轻调和。
4. 在3中加入调酒棒。

非洲皇后

深邃的香橙味道被香蕉的香味所包围

使用白色柑桂酒和香橙果汁混合，再加入香蕉利口酒非常香甜的味道，是一款带给您好心情的鸡尾酒。

21

制作材料
香蕉利口酒……………………50ml
白色柑桂酒……………………50ml
鲜榨橙果汁……………………50ml
柠檬片……………………………1片
玛若丝卡酸味樱桃………………1颗

用具、酒杯
摇酒壶、平底大玻璃杯、调酒棒、鸡尾酒签

制作方法

1. 将除玛若丝卡酸味樱桃、柠檬片以外的全部制作材料和冰加入到摇酒壶中，上下摇动。

2. 将1注入加冰的平底大玻璃杯中。

3. 在2的杯子边缘用插在鸡尾酒签上的柠檬片和玛若丝卡酸味樱桃作装饰。

南风

酸奶清爽的香味就如同南风吹过一般

使用南国水果的味道和酸奶混合形成清爽的一款鸡尾酒。你还能感到水分充足且凉爽的口感。

15

制作材料
酸奶利口酒……………………15ml
芒果利口酒……………………40ml
马里宝酒………………………15ml
香橙果汁………………………10ml
牛奶……………………………10ml
芒果果子露……………………适量
兰花……………………………1朵

用具、酒杯
摇酒壶、细长酒杯、吸管两根

制作方法

1. 将酸奶利口酒、芒果利口酒、马里宝酒、香橙果汁、牛奶和冰加入到摇酒壶中，上下摇动。

2. 将1注入加入芒果果子露的细长酒杯中，将吸管放入杯中。

生死时速

如海市蜃楼一般玄幻的双层酒液

使用色彩丰富且味道浓郁的桂花陈酒装扮的双层酒液非常有魅力，是东京全日空大酒店（ANA Hotel Tokyo）独创的一款鸡尾酒。

19.6

制作材料
A
百香利口酒……………………15ml
桂花陈酒………………………20ml
可尔必思………………………10ml
菠萝果汁………………………15ml
B
野牛草伏特加……………………5ml
蓝色柑桂酒……………………10ml
白色葡萄酒……………………10ml
鲜柠檬果汁………………………5ml

用具、酒杯
摇酒壶、鸡尾酒杯

制作方法

1. 将A材料和冰放入摇酒壶中，上下摇动。

2. 将1注入鸡尾酒杯中。

3. 将B材料和冰放入摇酒壶中，上下摇动。

4. 将3倒在2上面使其分成两层。

香柚婚礼

一款将柠檬味道发挥到极致的柠檬鸡尾酒

　　清爽的口感，品尝一口让疲劳随着柠檬的酸味而消散。

6 ▮ ▨ ▯

制作材料
香柚利口酒·······························45ml
鲜柠檬果汁·······························10ml
苏打水···································倒满
玛若丝卡酸味樱桃·······················1颗
柠檬片·································1/2片

用具、酒杯
调酒长匙、平底大玻璃杯、鸡尾酒签

制作方法

1. 将除了苏打水、玛若丝卡酸味樱桃以及柠檬片以外的全部制作材料和冰加入到平底大玻璃杯中，用调和法混合。

2. 将1中倒满苏打水，用调和法混合。

3. 将玛若丝卡酸味樱桃和柠檬片插在鸡尾酒签上装饰在杯边。

蓝莓酷乐酒

蓝莓的味道浸透您的身体

　　蓝莓清爽甘甜的味道和柠檬的酸味完美融合，非常清爽的一款鸡尾酒，酒精浓度也比较低，适合女性饮用。

4 ▮ ▨ ▯

制作材料
蓝莓利口酒·······························40ml
鲜柠檬果汁·······························20ml
焦糖····································1茶匙
苏打水···································倒满
柠檬片·································1/2片
玛若丝卡酸味樱桃·······················1颗

用具、酒杯
调酒长匙、柯林斯酒杯、鸡尾酒签

制作方法

1. 将除柠檬片、樱桃以外的全部制作材料和冰加入到柯林斯酒杯中，用调和法混合。

2. 在1中倒满苏打水，将玛若丝卡酸味樱桃和柠檬片插在鸡尾酒签上装饰在杯边。

大吉岭酷乐酒

品尝红茶般的香槟酒

　　使用喜马拉雅山脉所产的大吉岭茶叶调和出天分茶利口酒，具有果香的酸甜口味鸡尾酒。

4.2 ▮ ▨ ▯

制作材料
天分茶利口酒···························15ml
覆盆子利口酒···························15ml
鲜柠檬果汁·····························1茶匙
姜汁汽水·······························倒满

用具、酒杯
摇酒壶、调酒长匙、柯林斯酒杯

制作方法

1. 将除了姜汁汽水以外的全部制作材料和冰加入到摇酒壶中，上下摇动。

2. 将1注入加冰的杯子中。

3. 在2中倒满姜汁汽水，轻轻调和。

蒂塔香橙酒

被荔枝独特的香甜味道所诱惑，一款爽口的鸡尾酒

　　荔枝独特高贵的味道和香橙的酸甜口味很好地结合在一起，是一款清爽的适合女性品尝的鸡尾酒。

5

制作材料
荔枝利口酒……………………30ml
鲜香橙果汁……………………倒满
香橙片……………………………1片
玛若丝卡酸味樱桃……………1颗

用具、酒杯
调酒长匙、平底大玻璃杯、调酒棒、鸡尾酒签

制作方法
1. 将除香橙片、樱桃以外的全部制作材料和冰加入到平底大玻璃杯中，用调和法混合。

2. 将玛若丝卡酸味樱桃和香橙片插在鸡尾酒签上装饰在杯边。

蒂塔斯普莫尼

享受荔枝清爽味道的一款鸡尾酒

　　荔枝利口酒果味丰富，与葡萄酸味混合形成略苦的口味，让您感到水分充足、非常好喝的一款鸡尾酒。

5

制作材料
荔枝利口酒（蒂塔）……………30ml
鲜葡萄果汁……………………60ml
汤力水……………………………60ml

用具、酒杯
调酒长匙、平底大玻璃杯

制作方法
将全部制作材料和冰加入到平底大玻璃杯中，用调和法混合。

毛脐

香气四溢的桃子是成年女性最爱的鸡尾酒

　　桃子邂逅香橙的酸甜口味调和出新鲜的轻淡口味鸡尾酒，是女士常饮的一款鸡尾酒。

5.4

制作材料
仙桃利口酒……………………45ml
鲜香橙果汁……………………倒满
柠檬片……………………………1片

用具、酒杯
调酒长匙、平底大玻璃杯、调酒棒、鸡尾酒签

制作方法
1. 将除柠檬片以外的全部制作材料和冰加入到平底大玻璃杯中，用调和法混合。

2. 将玛若丝卡酸味樱桃和柠檬片插在鸡尾酒签上装饰在杯边。

布希球

红豆的香味富有活力，带给您爽快之感

　　味道浓厚的意大利苦杏酒和鲜香橙果汁加入苏打水调和，带给您富有活力的一杯鸡尾酒，推荐女性饮用。

5.6

制作材料

意大利苦杏酒·······30ml
鲜香橙果汁·······30ml
苏打水·······倒满
香橙片·······1片
玛若丝卡酸味樱桃·······1颗

用具、酒杯

调酒长匙、平底大玻璃杯、鸡尾酒签

制作方法

1. 将除香橙片、樱桃以外的全部制作材料和冰加入到平底大玻璃杯中，用调和法混合。

2. 将玛若丝卡酸味樱桃和香橙片插在鸡尾酒签上装饰在杯边。

马龙菲兹

适中的板栗味道，想要品尝的一杯

　　使用苏打水调和，马龙利口酒的香味和柠檬的酸味味道凸显，是一杯水分充足的鸡尾酒，让您体会到秋天收获的喜悦。

8

制作材料

马龙利口酒·······45ml
鲜柠檬果汁·······20ml
白糖浆·······1茶匙
苏打水·······倒满
柠檬片·······1/2片
玛若丝卡酸味樱桃·······1颗

用具、酒杯

摇酒壶、调酒长匙、平底大玻璃杯、鸡尾酒签

制作方法

1. 将马龙利口酒、鲜柠檬果汁、白糖浆和冰加入到摇酒壶中，上下摇动。

2. 将苏打水注入加1的杯子中，轻轻调和。

3. 将玛若丝卡酸味樱桃和柠檬片插在鸡尾酒签上装饰在杯边。

可可菲兹酒

可可的香味让您摇出来

　　虽然用了可可利口酒，但是调和出来的鸡尾酒却很清爽，让您感受到可可顺滑且喷香清爽的味道。

8

制作材料

可可利口酒·······40ml
柠檬果汁·······15ml
砂糖·······1茶匙
苏打水·······适量
柠檬片·······1片
红樱桃·······1颗

用具、酒杯

摇酒壶、平底大玻璃杯、鸡尾酒签

制作方法

1. 将可可利口酒、柠檬果汁、砂糖和冰加入到摇酒壶中，上下摇动。

2. 将苏打水注入1的杯子中，轻轻调和。将玛若丝卡酸味樱桃和柠檬片插在鸡尾酒签上装饰在杯边。

蝴蝶

如同妖艳蝴蝶般诱惑的鸡尾酒

　　使用甜味适中的鸡蛋利口酒与草莓利口酒这种独特的组合，一款酸甜度适中的鸡尾酒。

9.3

制作材料

鸡蛋利口酒…………………45ml
草莓利口酒…………………20ml
苏打水………………………倒满

用具、酒杯

调酒长匙、平底大玻璃杯

制作方法

将鸡蛋利口酒和草莓利口酒倒入加冰的平底大玻璃杯中，倒满苏打水，轻轻搅拌。

香草菲丽波酒

一款甘甜在口中扩散的美味鸡尾酒

　　柔和的香草利口酒使得甘甜的味道更加突出，加上蛋黄浓郁的略带黏稠的口感，一款让人难以忘怀的鸡尾酒。

14

制作材料

香橙利口酒…………………45ml
砂糖……………………………1茶匙
蛋黄……………………………1个
肉桂粉…………………………适量

用具、酒杯

摇酒壶、浅碟形香槟酒杯

制作方法

1. 将除了肉桂粉以外的全部材料加冰倒入摇酒壶中，用力上下摇动。

2. 将1注入浅碟形香槟酒杯中，在酒液表面撒上肉桂粉。

八点之后

晚上八点之后品尝的一款餐后酒

　　香甜且味道浓郁的百利甜与略带苦味的香甜咖啡利口酒组合使用，调和出奶味浓郁且白薄荷味道突出的香味十足的一款鸡尾酒。

23

制作材料

百利甜…………………………20ml
香甜咖啡利口酒……………20ml
白薄荷酒……………………20ml

用具、酒杯

摇酒壶、鸡尾酒杯

制作方法

1. 将全部材料和冰放入摇酒壶中，上下摇动。

2. 将1倒入鸡尾酒杯中。

蜜蜂52

代替甜点且味道甘甜的一款鸡尾酒

　　使用爱尔兰威士忌和百利甜混合出甘甜适中的一款鸡尾酒，适合女性的口味，可代替甜点饮用。

28

制作材料

百利甜…………………………20ml
香甜咖啡利口酒……………20ml
金万利…………………………20ml

用具、酒杯

摇酒壶、古典酒杯

制作方法

1. 将全部材料和冰放入摇酒壶中，上下摇动。

2. 将1倒入古典酒杯中。

草莓柑橘

酸甜的味道和奶味突出的风味

　　使用草莓，再将奶油加入到杯中调和出味道芳醇的一款口感顺滑的鸡尾酒。

16 🍸 🧴 🫙

制作材料
草莓奶油·······················45ml
香柚利口酒·······················15ml

用具、酒杯
摇酒壶、鸡尾酒杯

制作方法

1. 将全部材料和冰放入摇酒壶中，上下摇动。

2. 将1倒入鸡尾酒杯中。

雪球

雀跃在口中的爽滑鸡蛋

　　淡淡的酒色里丰富的气泡如同雪景一样美丽，鸡蛋的香甜浓郁，清爽味道十足的一杯鸡尾酒。

6 ▯ ▦ ▯

制作材料
鸡蛋利口酒·······················45ml
姜汁汽水·······················倒满

用具、酒杯
调酒长匙、平底大玻璃杯

制作方法

将全部材料放入平底大玻璃杯，用调和法混合。

意大利螺丝刀

沐浴阳光的意大利螺丝刀

　　使用意大利原产的意大利苦杏酒，甜美顺滑的口味，让您能够非常轻松地享受这款美酒。

5.6 ▯ ▧ ▯

制作材料
意大利苦杏酒·······················30ml
鲜香橙果汁·······················倒满
香橙片·······················1片

用具、酒杯
调酒长匙、平底大玻璃杯

制作方法

1. 将除了香橙片以外的全部材料放入平底大玻璃杯，用调和法混合。

2. 将香橙片装饰在杯边。

大无限

水果的无限美味在口中回荡

　　取名为"大无限"形容酒中水分充足，果味无限多，让人应接不暇，是一款不胜酒力的朋友也能够轻易饮用的酒品。

19

制作材料
西番莲水果利口酒……………………20ml
伏特加……………………………………10ml
意大利苦杏酒……………………………10ml
鲜葡萄果汁………………………………20ml
白糖浆……………………………………1茶匙
带皮香橙…………………………………1块

用具、酒杯
摇酒壶、鸡尾酒杯

制作方法

1. 将全部材料和冰放入摇酒壶中，上下摇动。

2. 将1倒入鸡尾酒杯中。

治愈的乐园

爽快的口感带给您游园般的快乐

　　酸奶与碳酸饮料混合让口感浓郁，且果味丰富，一款口味平衡的鸡尾酒，让您忘却劳累投入到快乐的花园中。

6.5

制作材料
热带酸奶…………………………………30ml
爱丽鲜金牌酒……………………………10ml
黑加仑酒…………………………………10ml
菠萝果汁…………………………………15ml
七喜…………………………………………倒满
西番莲果汁………………………………适量

用具、酒杯
调酒器、笛形香槟酒杯、吸管1根、彩带

制作方法

1. 将除西番莲果汁以外的全部制作材料和冰加入到摇酒壶中，上下摇动。

2. 在笛形香槟酒杯中加入冰，将1倒入。

3. 在2中放入西番莲果汁，杯边点缀青柠檬（可选），加入系好彩带的吸管。

莫扎特牛奶

巧克力和牛奶的魅力邂逅

　　牛奶新鲜的味道与巧克力浓郁的口感相融合，口味适中的一款鸡尾酒。

5.6

制作材料
莫扎特巧克力利口酒……………………20ml
牛奶…………………………………………倒满

用具、酒杯
调酒长匙、平底大玻璃杯、调酒棒

制作方法

将加冰的平底大玻璃杯里按照顺序倒入莫扎特巧克力利口酒和牛奶，将调酒棒放入杯中。

牛奶托地

冬季不可或缺的绝佳热饮

　　酒中加入热牛奶利口酒，桂皮的喷香带给您的身体温暖，是一款好喝、温暖的鸡尾酒。

④

制作材料

牛奶利口酒··········· 45ml
砂糖················· 1茶匙
热水················· 倒满
肉桂棒··············· 1根

用具、酒杯

坦布勒酒杯、杯托

制作方法

1. 将杯子放在杯托内部，加入少量砂糖，倒入少量热水，将砂糖溶化。

2. 将牛奶利口酒倒入到1中，使用剩余热水注满杯子，加入肉桂棒。

牛奶冰沙

休息时候的一杯清凉饮料

　　清晰可见的白色冰块，让您感到清凉，加入牛奶利口酒让口味更加顺滑，简单且可口的一杯鸡尾酒。

⑰

制作材料

牛奶利口酒··········· 45ml

用具、酒杯

浅碟形香槟酒杯、吸管两根

制作方法

在加冰的浅碟形香槟酒杯内倒入牛奶利口酒，加入吸管。

先知

一款感受不到酒精浓度的饮品

　　使用水果系列的利口酒与鲜果汁相混合，让您忘却酒精浓度，可以畅饮的一款鸡尾酒。

⑪

制作材料

波鲁斯香橙酒··········· 20ml
大柑橘酒··············· 10ml
草莓利口酒············· 7.5ml
鲜香橙果汁············· 30ml
鲜柠檬果汁············· 7.5ml
白花················· 1朵

用具、酒杯

摇酒壶、笛形香槟酒杯

制作方法

1. 将除白花以外的全部制作材料加入到摇酒壶中，上下摇动。

2. 将杯中加入1/3碎冰，将1倒入到笛形香槟酒杯中，在表面用白花作点缀。

皇家之翼

展开翅膀飞向天空

　　淡淡的蓝色让您感到爽快之感，好像满载两人的希望展开翅膀飞向更高的天空，带给未来美好的祝福。

⑮

制作材料

蓝色查尔斯酒··········· 20ml
必富达干金酒··········· 15ml
鲜葡萄果汁············· 20ml
绿苹果糖浆············· 10ml
绿薄荷糖浆············· 10ml
食盐················· 适量

用具、酒杯

摇酒壶、鸡尾酒杯

制作方法

1. 使用绿薄荷糖浆和食盐将杯子边缘装饰成波浪状。

2. 将蓝色查尔斯酒、必富达干金酒、鲜葡萄果汁、绿苹果糖浆和冰加入到摇酒壶中，上下摇动，倒入1中。

拉费斯塔

演绎出新年其乐融融的幸福之感

　　这款鸡尾酒想象节日里的吹雪景象调和制作而成的，果味丰富、香醇可口。

14

制作材料
山竹利口酒……………………20ml
格拉巴酒………………………10ml
蓝莓利口酒……………………10ml
鲜葡萄果汁……………………20ml
红石榴糖浆………………………1茶匙
彩虹糖……………………………适量
旋转柠檬皮………………………1片
旋转青柠檬皮……………………1片
玛若丝卡酸味樱桃………………1颗
柠檬片……………………………1片

用具、酒杯
摇酒壶、鸡尾酒杯

制作方法

1. 在鸡尾酒杯的侧面涂抹柠檬片的汁液，撒上彩虹糖。

2. 将山竹利口酒、格拉巴酒、蓝莓利口酒、鲜葡萄果汁、红石榴糖浆和冰加入到摇酒壶中，上下摇动。

3. 在1的酒杯中倒入2，将旋转青柠檬皮和旋转柠檬皮插在鸡尾酒签上，放在杯边，使用玛若丝卡酸味樱桃点缀。

求婚

就像深深相爱的你我，甘甜且果味丰富的一款鸡尾酒

　　混合多种水果的甜味与酸味，让芳醇的味道凝结，香甜的味道祝福两位新人开始一段新的旅程。

16

制作材料
西番莲利口酒……………………20ml
意大利苦杏酒……………………15ml
荔枝利口酒………………………5ml
菠萝果汁…………………………20ml
红石榴糖浆………………………1茶匙
柠檬片……………………………1片
玫瑰………………………………1朵
玛若丝卡酸味樱桃………………1颗

用具、酒杯
摇酒壶、鸡尾酒杯、鸡尾酒签

制作方法

1. 将西番莲利口酒、意大利苦杏酒、荔枝利口酒、菠萝果汁、红石榴糖浆和冰加入摇酒壶中，上下摇动。

2. 将1倒入鸡尾酒杯中，将玫瑰和玛若丝卡酸味樱桃插在鸡尾酒签上，将柠檬片装饰成彩带样式放置在1的杯边。

号角

厚重深沉的味道让您感受到幸福

　　使用西番莲水果利口酒和干邑白兰地，品尝一口让您听到好似祝福一般的号角。

22

制作材料
西番莲利口酒……………………30ml
干邑白兰地………………………20ml
蛋清………………………………1/3个
鲜柠檬果汁………………………1茶匙
红石榴糖浆………………………1茶匙

用具、酒杯
摇酒壶、鸡尾酒杯

制作方法

1. 将全部材料和冰放入摇酒壶中，上下摇动。

2. 将1倒入鸡尾酒杯中。

芳婷

受到太阳恩惠的南国礼物

　　香蕉的美味与香橙清爽的味道相融合，调和出果味香浓的甘甜口味，不胜酒力的朋友也一样能够品尝。

21.4

制作材料
香橙柑桂酒·······················20m
香蕉利口酒·······················15ml
绿香蕉利口酒······················5ml
鲜奶油···························20ml

用具、酒杯
摇酒壶、鸡尾酒杯

制作方法
1. 将全部材料和冰放入摇酒壶中，上下摇动。
2. 将1倒入鸡尾酒杯中。

哈佛酷乐酒

演绎酷夏清爽的禁果风情

　　水果风味浓厚的苹果与柠檬果汁融合在一起，爽快且甘甜的口味，加上清凉的外表，看上去就感到清爽十分。

12

制作材料
甜杏白兰地······················45ml
柠檬果汁·························15ml
白糖浆····························1茶匙
苏打水····························适量

用具、酒杯
摇酒壶、平底大玻璃杯、调酒长匙

制作方法
1. 将除苏打水以外的全部制作材料和冰加入到摇酒壶中，上下摇动。
2. 将1和苏打水倒入平底大玻璃杯中，加冰块，最后调和均匀。

酸奶姜汁酒

清凉感十足的清爽鸡尾酒

　　酸奶新鲜的味道和姜汁汽水爽快的口感，是您茶余饭后最好的选择。

5

制作材料
酸奶利口酒······················45ml
姜汁汽水···························倒满
薄荷叶····························适量

用具、酒杯
调酒长匙、高脚杯、吸管两根

制作方法
1. 将除薄荷叶以外的全部制作材料和冰加入到高脚杯中，上下摇动。
2. 将薄荷叶装饰在杯边，加入吸管。

世界的酒吧调酒师

"调酒师（Bartender）"在英文中的拼写为"BAR（酒吧）"+"TENDER（服务生）"，而在很多语言中基本上都有相同的说法。

优雅的摇酒动作，轻俏的斟酒感觉，在酒吧吧台这一窄小的天地里，调酒师全身心地投入到为客人制作一杯美酒中，有多少人就是因为欣赏到这流畅帅气的过程，立志要成为一名优秀的调酒师。

我们似乎对调酒师的存在习以为常了，但是您可真知道"调酒师（Bartender）"的这一说法在很多语言中都有着惊人的相似。

在英文里"Bartender"这个单词是酒吧守护的意思，相传最早是在美国西部拓荒的时代，拴马绳子的那根木棒。所以很有可能在过去，调酒师不仅有调酒的工作，还要连带负责看守顾客的马匹。

1920年美国颁布了禁酒法令，很多调酒师为了寻找工作都东渡来到了欧洲大陆，他们的到来为当时欧洲鸡尾酒的普及做出了贡献，也正因为如此，调酒师这一说法也在全世界传播开来了。

一般来说，即便是第一次去酒吧的顾客，调酒师也能够根据其喜好，调和出符合顾客要求的酒品而受到顾客朋友的喜欢。有时因为和女性朋友一起品尝鸡尾酒，不懂装懂最后点错了鸡尾酒，搞得自己非常不好意思的朋友大有人在，这时候您千万不要随便逞强，建议您还是和调酒师讨论之后，选择合适的酒品，相信调酒师的指导一定没有错！

WHISKY

威士忌系列

威士忌 以威士忌为基酒制作酒品一览

※基酒以及利口酒和其他酒品的容量单位都为ml。

鸡尾酒名称	类别		调制手法	酒水度数	味道	基酒	利口酒、其他酒品
曼哈顿（日本皇家大酒店）				27	中口	四玫瑰威士忌（标准）45	仙山露白15
曼哈顿（东京全日空大酒店）				33.8	中口	加拿大俱乐部威士忌45	仙山露白15
曼哈顿（东京大仓饭店）				32	中口	加拿大俱乐部威士忌50	仙山露白10
曼哈顿（日本京王广场酒店）				30	中口	加拿大俱乐部威士忌40	马提尼红酒15
曼哈顿（日本新大谷酒店）				27	中口	时代波本威士忌40	仙山露白20
曼哈顿（日本帝国酒店）				28.7	中口	加拿大俱乐部威士忌45	仙山露白15
曼哈顿（日本宫殿酒店）				31	中口	加拿大俱乐部威士忌40	仙山露白15
曼哈顿（日本皇家花园大酒店）				32	中口	加拿大俱乐部威士忌40	仙山露白20
曼哈顿（东京世纪凯悦大酒店）				32	中口	加拿大俱乐部威士忌70	仙山露白20
曼哈顿（日本大都会大饭店）				34	中口	加拿大俱乐部威士忌45	仙山露白15
曼哈顿（东京太平洋大酒店）				35	中口	加拿大俱乐部威士忌60	仙山露白30
曼哈顿（东京王子大饭店）				32	中口	加拿大俱乐部威士忌70	仙山露白20
苦辛曼哈顿				33	辣口	加拿大俱乐部威士忌50	苦味味美思10
旧时髦				32	中口	黑麦威士忌45	
罗布·罗伊				32	辣口	苏格兰威士忌45	甜味味美思15
罗伯特·伯恩斯				32	辣口	苏格兰威士忌45	甜味味美思15
老保罗				25	辣口	黑麦威士忌20	苦味味美思20、金百利酒20
教父				34	甜口	威士忌45	意大利苦杏酒15
锈铁钉				37	甜口	苏格拉威士忌30	杜林标30
漂浮威士忌				13	中口	威士忌30~45	
泰勒妈咪				13	中口	苏格兰威士忌45	

果汁	甜味、香味材料	碳酸饮料	装饰和其他	页数
	A苦精酒1滴		M樱桃1颗	226
	A苦精酒1滴		M樱桃1颗	227
	A苦精酒1滴		M樱桃1颗	228
	A苦精酒1滴		朗姆酒浸渍过的樱桃1颗	229
	A苦精酒1滴		柠檬皮1片、M樱桃1颗	230
	A苦精酒1滴		柠檬皮1片、M樱桃1颗	231
	A苦精酒1滴		柠檬皮1片、M樱桃1颗	232
	A苦精酒2滴		M樱桃1颗	233
	A苦精酒1滴		M樱桃1颗	234
	A苦精酒2滴		柠檬皮1片、M樱桃1颗	235
	A苦精酒1滴		柠檬皮1片、M樱桃1颗	236
	A苦精酒2滴		M樱桃1颗	237
	A苦精酒1滴		橄榄1个	238
	A苦精酒2滴		方糖1块、柠檬皮1片、柑橘片1片、M樱桃1颗	238
	A苦精酒1滴		M樱桃1颗、柠檬皮适量	238
	A苦精酒1滴、潘诺茴香酒1滴			239
				239
				239
				239
			冰镇矿泉水适量	240
鲜柳橙汁15		姜汁适量		240

鸡尾酒名称	类别		调制手法	酒水度数	味道	基酒	利口酒、其他酒品
高地酷乐				13	中口	苏格兰高地威士忌45	
猎人				32	中口	黑麦威士忌40	樱桃白兰地20
爱尔兰玫瑰				29	中口	爱尔兰威士忌45	
丘吉尔				27	中口	苏格兰威士忌35	君度利口酒10、甜味味美思10
血与沙				18	中口	威士忌15	甜味味美思15、樱桃白兰地15
纽约				24	中口	黑麦威士忌45	
踩镲				23	中口	波本威士忌35	樱桃白兰地10
布鲁克林				30	辣口	黑麦威士忌45	苦味味美思15、马拉斯加利口酒1滴、阿梅皮康酒1滴
第八区				21	中口	黑麦威士忌30	
威士忌苏打水				13	中口	威士忌30~45	
威士忌酸酒				23	中口	加拿大威士忌40	
热威士忌托地				12	中口	威士忌45	
东方				25	中口	黑麦威士忌30	甜味味美思10、白柑桂酒10
迈阿密海滩				23	中口	威士忌35	苦味味美思10
一杆进洞				30	辣口	威士忌40	苦味味美思20
蒲公英				32.3	甜口	爱尔兰威士忌20	茴香酒20、荔枝利口酒10
威士忌雾酒				32	中口	威士忌60	
薄荷冰酒				27	中口	波本威士忌60	
柠檬摇摆				30	甜口	波本威士忌20	柠檬利口酒30、白柑桂酒10
加州柠檬水				11	中口	威士忌45	
加州女孩				12	甜口	加拿大俱乐部威士忌45	草莓利口酒10
田纳西酷乐酒				15	中口	田纳西威士忌45	迪凯堡绿薄荷利口酒20
帝王谷				35.5	中口	苏格兰威士忌40	白柑桂酒10、酸橙甘露酒10、蓝柑桂酒1茶匙
交响乐				9	中口	金馥力娇酒30	百香利口酒20、蓝柑桂酒1茶匙
鲍比·伯恩斯				31.6	中口	威士忌40	本尼迪克特甜酒DOM1茶匙、甜味味美思20
威士忌姜汁酒				21	中口	苏格兰威士忌40	姜汁酒20
苏格兰短裙				40	中口	苏格兰威士忌40	杜林标20
雾钉				38.2	甜口	爱尔兰威士忌40	爱密斯利口酒20
梅森·迪克森				11.1	甜口	波本威士忌30	白薄荷酒10、白酸橙酒30、白可可酒10

果汁	甜味、香味材料	碳酸饮料	装饰和其他	页数
柠檬果汁15	A苦精酒2滴、S糖浆1茶匙	姜汁适量		240
				240
柠檬果汁15	红石榴糖浆1茶匙			241
柠檬果汁5			M樱桃1颗	241
橘子汁15			M樱桃1颗	241
青柠檬果汁15	红石榴糖浆1/2茶匙、柑橘皮1茶匙、砂糖1茶匙			242
柠檬果汁15				242
				242
橙汁15、柠檬果汁15	红石榴糖浆1茶匙			242
		苏打水15		243
柠檬果汁20	糖浆10		柑橘片1/2片、M樱桃1颗	243
	方糖1块		柠檬皮适量、热水适量、S柠檬1片、丁香果3粒	243
青柠檬果汁10			M樱桃1颗	244
葡萄汁15			M樱桃1颗	244
柠檬果汁2滴、橘子汁1滴				244
鲜柠檬果汁10				244
	柠檬皮1片			245
	砂糖2茶匙		薄荷嫩叶3~4片	245
鲜柠檬果汁1茶匙			柠檬皮1整块	245
柠檬果汁20、青柠檬果汁10	红石榴糖浆1茶匙	苏打水适量	S柠檬1片	246
鲜柠檬果汁20	糖浆1茶匙	苏打水适量	S柠檬1片、M樱桃1颗	246
柠檬果汁20	糖浆1茶匙	姜汁啤酒适量	S柠檬1片、酸橙片1片、M樱桃1颗	246
				247
葡萄汁70、苹果汁20			菠萝块1块	247
			柠檬皮适量	247
				248
柑橘汁2茶匙			柠檬皮适量	248
				248
				248

鸡尾酒名称	类别		调制手法	酒水度数	味道	基酒	利口酒、其他酒品
危险瞬间				24	中口	I.W.哈伯威士忌30	雪利马尼尔10
不可接触的男人				12	中口	施格兰七皇冠威士忌20	白色朗姆酒10、黑醋栗酒10、蓝柑桂酒1茶匙
靓丽粉色				28.3	甜口	爱尔兰威士忌20	力娇酒20
香蕉海岸				15	甜口	加拿大威士忌40	香蕉利口酒30
香蕉鸟				25.3	甜口	波本威士忌30	香蕉利口酒2茶匙、白柑桂酒2茶匙
青鸟				32	甜口	波本威士忌25	绿香蕉利口酒20、白柑桂酒2茶匙
HBC鸡尾酒				33	甜口	苏格兰威士忌20	本尼迪克特甜酒DOM20、黑加仑酒20
边疆				30	中口	威士忌30	杏仁白兰地15、君度利口酒5
万岁雄狮				30	中口	加拿大威士忌37.5	加利安诺茴香酒15、君度利口酒7.5、白薄荷利口酒2茶匙
早春				28.6	中口	海洋白色威士忌30	甜瓜利口酒12、君度利口酒6
拉拉队女生				20	中口	波本威士忌20	查特勒甜酒(黄)10
黄金闪耀				25	中口	I.W.哈伯威士忌35	水蜜桃利口酒35、蓝莓利口酒10

果汁	甜味、香味材料	碳酸饮料	装饰和其他	页数
柠檬果汁10	红石榴糖浆10		蛋清1/2个	249
葡萄汁20			柠檬皮、酸橙皮各适量	249
	红石榴糖浆1茶匙		柑橘皮适量	249
			牛奶80、香蕉块1块	250
			现制奶油30、香蕉块1块	250
			现制奶油25	250
鲜柠檬果汁1茶匙			酸橙切块1/8块	251
橙汁5、柠檬果汁5			柠檬皮1片、M樱桃1颗	251
			酸橙片1片	251
鲜柠檬果汁12、青柠檬果汁1滴				252
柠檬果汁10	红石榴糖浆1茶匙		蛋清1/3个、M樱桃1颗	252
青柠檬果汁10	G糖浆1茶匙		柠檬片1片、菠萝叶1片、满天星适量	252

鸡尾酒的装饰技巧

杯沿处盐制雪花饰边或水果片，是优质鸡尾酒的魅力之一。这里介绍的技巧将会让你像专业调酒师一样，制作出美轮美奂的鸡尾酒装饰。

制作雪花边饰的技巧

1

准备好如下用品：平底盘子，上面薄薄地铺一层盐（也可使用砂糖，柠檬粉）；横切的柠檬半个（酸橙，果浆类）；干燥的杯子。

2

将杯沿与柠檬（酸橙）切口成45°契合。角度不变，拿柠檬绕杯子一周，以使杯壁能够均匀地沾上柠檬果汁。

3

倒扣杯子，将其轻轻地插入盐里，慢慢拔出。

4

轻叩杯底以震落多余的盐，将杯子轻轻立起。

水果的切削技巧和装饰方法

柠檬、柑橘、酸橙

●梳状果瓣的做法●

1 将水果纵向切成两半。

2 在步骤1的基础上再将水果细切成八等份。

3 接上步，去掉果瓣中间的部分。

●装饰方法●

在果肉与皮的分界处切开，将果瓣装饰在杯沿。

在果肉的中间部位斜开一个切口，将果瓣插入杯沿。

●半月状果片的做法●

1 将水果纵向切成两半。

2 在步骤1的基础上横切出一个薄片。

3 在皮和果肉之间开出切口。

●装饰方法●

将果片装饰在杯沿。

●马首状装饰的做法●

用小刀沿螺旋状将柠檬皮细长地剥开。

●装饰方法●

将柠檬的一头（有蒂的一头）挂在杯沿上，余下的皮整个垂在杯子里面。

柠檬瓣与玛若丝卡酸味樱桃

1 将柠檬切成两半，再切片。

●装饰方法●

将步骤2中做好的饰品放入杯中。

2 把一个玛若丝卡酸味樱桃串在鸡尾酒签上，再将细签插到柠檬片中。

柑橘片与玛若丝卡酸味樱桃

1 将柑橘切成圆形薄片。

●装饰方法●

将做好的鸡尾酒签横摆在杯子上，或者将它装饰在杯沿，或者放入杯中。

2 用鸡尾酒签串起一个玛若丝卡酸味樱桃。

3 将步骤1中切好的柑橘片弯折，用步骤2中的鸡尾酒签串起柑橘片两端。

曼哈顿（日本皇家大酒店）

勾和了波本威士忌的味道和芳香，精心调制

　　日本皇家大酒店的曼哈顿选取四玫瑰标准威士忌为基酒，分量稍多，口味也比较苦。这是出于想要调制出充分散发出波本威士忌味道和芳香的鸡尾酒的考量。此外，口味的关键是味美思，这里使用的是仙山露白。制作时，要一边考虑与甜味的搭配，一边又要力图调整全体的平衡，仔细搅拌。待各种制作材料在杯中融为一体时，就是一杯非常完美的曼哈顿了。

制作材料

四玫瑰威士忌（标准）⋯⋯⋯⋯⋯⋯⋯ 45ml
仙山露白⋯⋯⋯⋯⋯⋯⋯⋯⋯⋯⋯⋯ 15ml
安格斯图拉苦精酒⋯⋯⋯⋯⋯⋯⋯⋯ 1滴
玛若丝卡酸味樱桃⋯⋯⋯⋯⋯⋯⋯⋯ 1颗

用具、酒杯

混酒杯、调酒长匙、滤冰器、鸡尾酒杯、鸡尾酒签

制作方法 ⸺

1. 在混酒杯中依次加入四玫瑰威士忌、仙山露白、安格斯图拉苦精酒等酒料和冰块，用调酒长匙搅动。

2. 步骤1完成后，在混酒杯上套上滤冰器，将酒倒入鸡尾酒杯。将玛若丝卡酸味樱桃用鸡尾酒签串起，放入杯中。

曼哈顿（东京全日空大酒店）

品味威士忌的原香，略带甘甜的苦辣口感

　　曼哈顿的标准配方是威士忌与味美思的2:1配比。但东京全日空大酒店的"达·芬奇"主营酒吧里的曼哈顿却是3:1的配比，口感微辛。该酒选取的威士忌是平淡无甘味的加拿大俱乐部威士忌，味美思为仙山露白，在制作时很注重两者的比例与属性。此外，据说正因为酒店内还有一个名为"曼哈顿休息区"的酒吧，所以调酒师们对这种鸡尾酒有着特别强烈的念想。

制作材料

加拿大俱乐部威士忌	45ml
仙山露白	15ml
安格斯图拉苦精酒	1滴
玛若丝卡酸味樱桃	1颗

用具、酒杯

混酒杯、调酒长匙、滤冰器、鸡尾酒杯、鸡尾酒签

制作方法

1. 在混酒杯中依次加入加拿大俱乐部威士忌、仙山露白、安格斯图拉苦精酒等酒料和冰块，用调酒长匙搅动。

2. 步骤1完成后，在混酒杯上套上滤冰器，将酒倒入鸡尾酒杯。将玛若丝卡酸味樱桃用鸡尾酒签串起，放入杯中。

曼哈顿（日本东京大仓饭店）

清晰地体现出威士忌的风格和口味

　　在东京大仓饭店（Hotel Okura）的兰花酒吧里，你能品尝到以加拿大俱乐部威士忌为基酒，调和了仙山露白而制成的曼哈顿。这虽是正统的组合，但因为两种酒的比例是5∶1，所以会给人更加苦辛的印象。这种曼哈顿既鲜明地散发着加拿大俱乐部的柔和芳香与口味，又保证了持久甘甜的回味。即使不喜甜味而偏好苦辣口味的人，这种曼哈顿也能满足他的需求。

32

制作材料

加拿大俱乐部威士忌	50ml
仙山露白	10ml
安格斯图拉苦精酒	1滴
玛若丝卡酸味樱桃	1颗

用具、酒杯

混酒杯、调酒长匙、滤冰器、鸡尾酒杯、鸡尾酒签

制作方法

1. 在混酒杯中依次加入加拿大俱乐部威士忌、仙山露白、安格斯图拉苦精酒等酒料和冰块，用调酒长匙搅动。

2. 步骤1完成后，在混酒杯上套上滤冰器，将酒倒入鸡尾酒杯。将玛若丝卡酸味樱桃用鸡尾酒签串起，放入杯中。

曼哈顿（日本京王广场酒店）

轻轻调上一杯马提尼红酒的温润甘洌

　　日本京王广场酒店（Keio Plaza Hotel）的闪光主营酒吧里的曼哈顿，虽然也使用加拿大威士忌为基酒，但甜味美思采用的则是马提尼红酒。这是因为，比起仙山露白来，马提尼在甜味上更加温润而深邃，而马提尼又与口味温和的加拿大俱乐部有很好的相融性，在鸡尾酒中表现得柔和适口。虽然这种曼哈顿颇带甜味，但是为了不至于让酒变得过甜，也要适当注意安格斯图拉苦精酒的苦味。

制作材料

加拿大俱乐部威士忌……………………… 40ml
马提尼红酒………………………………… 15ml
安格斯图拉苦精酒………………………………1滴
朗姆酒浸渍过的樱桃………………………………1颗

用具、酒杯

混酒杯、调酒长匙、滤冰器、鸡尾酒杯、鸡尾酒签

制作方法

1. 在混酒杯中依次加入加拿大俱乐部威士忌、马提尼红酒、安格斯图拉苦精酒等酒料和冰块，用调酒长匙搅动。

2. 步骤1完成后，在混酒杯上套上滤冰器，将酒倒入鸡尾酒杯。将樱桃用鸡尾酒签串起，放入杯中。

曼哈顿（日本新大谷酒店）

带着威士忌的强劲力度，面向成人的威士忌

　　曼哈顿鸡尾酒以美国东部纽约州的同名城市命名。正如这种鸡尾酒的名字所示，新大谷酒店的主营酒吧卡普里酒吧里的曼哈顿采用的基酒是产自美国的时代波本威士忌。不光如此，这个品牌的鸡尾酒在柔和的曼哈顿风味中又添加了劲道的力度。这种口感深厚的鸡尾酒，适合在饭后品上一杯。

制作材料

时代波本威士忌	40ml
仙山露白	20ml
安格斯图拉苦精酒	1滴
玛若丝卡酸味樱桃	1颗
柠檬皮	1片

用具、酒杯

混酒杯、调酒长匙、滤冰器、鸡尾酒杯、鸡尾酒签

制作方法

1. 在混酒杯中依次加入时代波本威士忌、仙山露白、安格斯图拉苦精酒等酒料和冰块，用调酒长匙搅动。

2. 步骤1完成后，在混酒杯上套上滤冰器，将酒倒入鸡尾酒杯。将玛若丝卡酸味樱桃用鸡尾酒签串起，放入杯中。滴入柠檬皮汁。

曼哈顿（日本帝国酒店）

3：1的配比，非常完美的一杯鸡尾酒

　　与曼哈顿的标准配方不同，日本帝国酒店（IMPERIAL Hotel）主营酒吧"古老帝国"风格的曼哈顿以加拿大威士忌与味美思的3：1比例配比而成。这种曼哈顿的味道介于甜和苦的正中间，较为平淡的加拿大俱乐部威士忌原香，甜味美思的芳香和甘甜的味觉达到了完美的平衡，是曼哈顿世界中的绝佳作品。来一杯帝王风格的曼哈顿，品味完美的口感。

制作材料

加拿大俱乐部威士忌··············· 45ml
仙山露白···························· 15ml
安格斯图拉苦精酒····················1滴
玛若丝卡酸味樱桃····················1颗
柠檬皮······························1片

用具、酒杯

混酒杯、调酒长匙、滤冰器、鸡尾酒杯、鸡尾酒签

制作方法

1. 在混酒杯中依次加入加拿大俱乐部威士忌、仙山露白、安格斯图拉苦精酒等酒料和冰块，用调酒长匙搅动。

2. 步骤1完成后，在混酒杯上套上滤冰器，将酒倒入鸡尾酒杯。将玛若丝卡酸味樱桃用鸡尾酒签串起，放入杯中。滴入柠檬皮汁。

曼哈顿（日本宫殿酒店）

甜味美思的分量与不同的需求一一对应

在日本宫殿酒店（Palace Hotel）酒店的"皇家酒吧"里品尝到的曼哈顿，稍带一丝爽口的苦味。不仅使加拿大俱乐部威士忌的清香和仙山露白温润的甘甜风味完美地调和在了一起，而且出奇的清爽，回味无穷。在饭前品上一杯这种风格的鸡尾酒，可谓再适合不过了。此外，据说酒吧还能根据顾客的身体情况、表情和性别等，对仙山露白的分量进行微量的调整。

31

制作材料

加拿大俱乐部威士忌	40ml
仙山露白	15ml
安格斯图拉苦精酒	1滴
玛若丝卡酸味樱桃	1颗
柠檬皮	1片

用具、酒杯

混酒杯、调酒长匙、滤冰器、鸡尾酒杯、鸡尾酒签

制作方法

1. 在混酒杯中依次加入加拿大俱乐部威士忌、仙山露白、安格斯图拉苦精酒等酒料和冰块，用调酒长匙搅动。

2. 步骤1完成后，在混酒杯上套上滤冰器，将酒倒入鸡尾酒杯。将玛若丝卡酸味樱桃用鸡尾酒签串起，放入杯中。滴入柠檬皮汁。

曼哈顿（日本皇家花园大酒店）

适合女性的口味，甜味曼哈顿

　　曼哈顿原本是以黑麦威士忌为基酒的，为了使酒的口味更加洗练，皇家花园大酒店的主营酒吧"皇家苏格兰"采用了味道柔和的加拿大俱乐部威士忌。此外，特别引人注意的是，这种曼哈顿在制作时，与标准配方不同，用了2滴安格斯图拉苦精酒。其中原因就是调酒师在调制时注重了"鸡尾酒女王"这个称谓带来的女性感。只是为了不让味道变得过甜，调制时多加了一些苦精酒以调和口味。

制作材料

加拿大俱乐部威士忌	40ml
仙山露白	20ml
安格斯图拉苦精酒	2滴
玛若丝卡酸味樱桃	1颗

用具、酒杯

混酒杯、调酒长匙、滤冰器、鸡尾酒杯、鸡尾酒签

制作方法

1. 在混酒杯中依次加入加拿大俱乐部威士忌、仙山露白、安格斯图拉苦精酒等酒料和冰块，用调酒长匙搅动。

2. 步骤1完成后，在混酒杯上套上滤冰器，将酒倒入鸡尾酒杯。将玛若丝卡酸味樱桃用鸡尾酒签串起，放入杯中。

曼哈顿（东京世纪凯悦大酒店）

散发基酒的口味，口感尚佳的一杯

　　曼哈顿的主调可谓是甘甜味美思与威士忌基酒两种口味的均衡调和。东京世纪凯悦大酒店（Century Hyatt Tokyo）的主营酒吧"白兰地"里的曼哈顿，在调出适口的感觉时又不失基酒的风味是其鲜明特点。正因为如此，与标准配方相比，这种曼哈顿里基酒的分量似乎更多。此外，在使用制作材料的品牌上，采用了平淡风味的加拿大俱乐部威士忌和香味与甜味相调和的仙山露白，这也是出于口感需要的考虑。

制作材料

加拿大俱乐部威士忌··························	70ml
仙山露白··································	20ml
安格斯图拉苦精酒··························	1滴
玛若丝卡酸味樱桃··························	1颗

用具、酒杯

混酒杯、调酒长匙、滤冰器、鸡尾酒杯、鸡尾酒签

制作方法

1. 在混酒杯中依次加入加拿大俱乐部威士忌、仙山露白、安格斯图拉苦精酒等酒料和冰块，用调酒长匙搅动。

2. 步骤1完成后，在混酒杯上套上滤冰器，将酒倒入鸡尾酒杯。将玛若丝卡酸味樱桃用鸡尾酒签串起，放入杯中。

曼哈顿（日本大都会大饭店）

辣口感更加强劲，略带甘甜的曼哈顿

　　曼哈顿的标准配方里使用的是黑麦威士忌，但大都会大饭店的主营酒吧东方快车里使用的是与黑麦威士忌口味最相近的加拿大俱乐部威士忌。因为使用的分量比较多，表现出了与标准曼哈顿最相近的口味。而为了使调制过程更有整体感，原本只用1滴的安格斯图拉苦精酒也变成了2滴。此外，用柠檬皮点缀出的香味也是不可错过的亮点。

制作材料
加拿大俱乐部威士忌	45ml
仙山露白	15ml
安格斯图拉苦精酒	2滴
玛若丝卡酸味樱桃	1颗
柠檬皮	1片

用具、酒杯
混酒杯、调酒长匙、滤冰器、鸡尾酒杯、鸡尾酒签

制作方法
1. 在混酒杯中依次加入加拿大俱乐部威士忌、仙山露白、安格斯图拉苦精酒等酒料和冰块，用调酒长匙搅动。

2. 步骤1完成后，在混酒杯上套上滤冰器，将酒倒入鸡尾酒杯。将玛若丝卡酸味樱桃用鸡尾酒签串起，放入杯中。滴入柠檬皮汁。

曼哈顿（东京太平洋大酒店）

依标准配方而制，来一杯，口感神清气爽

　　东京太平洋大酒店（Hotel Pacific Tokyo）的主营酒吧内提供的曼哈顿不仅有60ml版，还有90ml版，以便让顾客充分享受到其中的乐趣。虽然分量更多，但制作材料间的比例和标准配方基本一致。不过安格斯图拉苦精酒的量减了几分，这样一来，甜味美思的甘甜就更加分明，所以这种曼哈顿既有温和的口感，也带有清爽的甘味。在饭后品上一杯，即便对女性也是最好的选择。

制作材料

加拿大俱乐部威士忌······	60ml
仙山露白······	30ml
安格斯图拉苦精酒······	1滴
玛若丝卡酸味樱桃······	1颗
柠檬皮······	1片

用具、酒杯

混酒杯、调酒长匙、滤冰器、鸡尾酒杯、鸡尾酒签

制作方法

1. 在混酒杯中依次加入加拿大俱乐部威士忌、仙山露白、安格斯图拉苦精酒等酒料和冰块，用调酒长匙搅动。

2. 步骤1完成后，在混酒杯上套上滤冰器，将酒倒入鸡尾酒杯。将玛若丝卡酸味樱桃用鸡尾酒签串起，放入杯中。滴入柠檬皮汁。

曼哈顿（东京王子大饭店）

关注清淡口味威士忌的爽口感觉

　　东京王子大饭店的主营酒吧星空酒廊里提供的曼哈顿，使用的是威士忌中轻口型的加拿大俱乐部威士忌，整体上基酒的分量更多。因为酒的颜色较浓，而且芳香馥郁，在品尝前总给人一种厚重的感觉，而待品了一口，却出奇的清爽。而且，因为甜味味美思的甘甜十分鲜明，喝起来很适口。这种与初见时的印象完全不同的感觉也是品尝此种曼哈顿的乐趣之一。即使对女性，也是很适合的。

制作材料

加拿大俱乐部威士忌·······················70ml
仙山露白····································20ml
安格斯图拉苦精酒··························2滴
玛若丝卡酸味樱桃··························1颗

用具、酒杯

混酒杯、调酒长匙、滤冰器、鸡尾酒杯、鸡尾酒签

制作方法

1. 在混酒杯中依次加入加拿大俱乐部威士忌、仙山露白、安格斯图拉苦精酒等酒料和冰块，用调酒长匙搅动。

2. 步骤1完成后，在混酒杯上套上滤冰器，将酒倒入鸡尾酒杯。将玛若丝卡酸味樱桃用鸡尾酒签串起，放入杯中。

苦辛曼哈顿

苦辣口味，专为男士调制的曼哈顿

　　这款辣口"男士版曼哈顿"，没有在配料中使用素有"鸡尾酒女王"之称的甘味味美思，而代之以苦味味美思。这是一杯让你想和情人共饮的美酒。不过因为酒精度数较高，所以不要贪杯，千万不要喝成酒名"曼哈顿"（烂醉）一样。

33

制作材料
加拿大俱乐部威士忌	50ml
苦味味美思	10ml
安格斯图拉苦精酒	1滴
橄榄	1颗

用具、酒杯
混酒杯、滤冰器、调酒长匙、鸡尾酒杯、鸡尾酒签

制作方法
1. 在混酒杯中依次加入除橄榄之外的制作材料以及冰块，用调酒长匙搅动。
2. 步骤1完成后，在混酒杯上套上滤冰器，将酒倒入鸡尾酒杯。
3. 将橄榄用鸡尾酒签串起，放入杯中。

旧时髦

不管运气好坏，赌一把运气喝上一杯

　　这种酒是美国肯塔基州的本迪尼斯赛马俱乐部的调酒师专为赛马迷们调制的。因举办肯塔基德比赛马节而闻名的丘吉尔园马场还售出装在纪念酒杯里的鸡尾酒。用调酒棒搅拌着方糖，很容易激起人品尝的欲望。

32

制作材料
黑麦威士忌	45ml
安格斯图拉苦精酒	2滴
方糖	1块
柠檬皮	1片
柑橘片	1片
玛若丝卡酸味樱桃	1颗

用具、酒杯
调酒棒、旧时髦纪念酒杯、鸡尾酒签

制作方法
1. 在旧时髦纪念酒杯里放入渗透了安格斯图拉苦精酒的方糖。
2. 在酒杯中放入冰块，再倒入黑麦威士忌。
3. 用酒签串起玛若丝卡酸味樱桃，然后装饰上柑橘片和柠檬皮，放入杯中，再往杯子里添一个调酒棒。

罗布·罗伊

老牌英国酒吧萨伏依的风味，英国版的曼哈顿

　　这是伦敦的萨伏依酒吧著名调酒师哈利·库拉朵库调制出的鸡尾酒。罗布·罗伊得名于苏格兰义侠罗伯特·马克雷加的名字，这款"英国版曼哈顿"用苏格兰威士忌替代了波本威士忌。

32

制作材料
苏格兰威士忌	45ml
甜味味美思	15ml
安格斯图拉苦精酒	1滴
玛若丝卡酸味樱桃	1颗
柠檬皮	适量

用具、酒杯
混酒杯、滤冰器、调酒长匙、鸡尾酒杯、鸡尾酒签

制作方法
1. 在混酒杯中加入玛若丝卡酸味樱桃和柠檬皮之外的制作材料以及冰块，用长匙搅拌。
2. 步骤1完成后，在杯子上套上滤冰器，将酒倒入鸡尾酒杯。此时滴入柠檬皮汁。
3. 用鸡尾酒签把玛若丝卡酸味樱桃串好，装饰在杯中。

罗伯特·伯恩斯

可以静静品味的成熟味道

这款鸡尾酒以18世纪天才诗人罗伯特·伯恩斯的名字命名，品上一杯，感受苏格兰威士忌的佳味。

32   制作材料

苏格兰威士忌·········45ml
甜味味美思·········15ml
安格斯图拉苦苦精酒····· 1滴
潘诺茴香酒········· 1滴

用具、酒杯

混酒杯、滤冰器、调酒长匙、鸡尾酒杯

制作方法

1. 在混酒杯中加入所有制作材料，再加入冰块，用长匙搅拌。
2. 步骤1完成后，在杯子上套上滤冰器，将酒倒入鸡尾酒杯。

老保罗

辛辣苦楚，回想起美好的旧时光

这种酒的历史可以追溯到美国禁酒时代以前，老保罗（Old Paul）在英语中是"往日的好伙伴"的意思。

25   制作材料

黑麦威士忌·········20ml
苦味味美思·········20ml
金百利酒·········20ml

用具、酒杯

混酒杯、滤冰器、调酒长匙、鸡尾酒杯

制作方法

1. 在混酒杯中加入所有制作材料，再加入冰块，用长匙搅拌。
2. 步骤1完成后，在杯子上套上滤冰器，将酒倒入鸡尾酒杯。

教父

活力四射，狂野的口感

这种鸡尾酒处处洋溢着轰动世界的电影《教父》的影子，男人味十足。品上一杯，让人充满男性魅力。

34   制作材料

威士忌·········45ml
意大利苦杏酒·········15ml

用具、酒杯

调酒长匙、古典杯

制作方法

1. 先在杯子里加入冰块，再往里面倒入其他制作材料。
2. 用长匙轻轻搅拌。

※如果用伏特加代替威士忌的话，就变成一杯"教母"了。

锈铁钉

登场于悠悠时间长河的鸡尾酒

杜林标在酿制时，使用了香草和蜂蜜，它厚重的甘甜与苏格兰威士忌的苦辣口感融合在一起，真是极品的享受。

37   制作材料

苏格拉威士忌·········30ml
杜林标·········30ml

用具、酒杯

调酒长匙、古典杯

制作方法

1. 先在杯子里加入冰块，再往里面倒入其他制作材料。
2. 用长匙轻轻搅拌。

漂浮威士忌

威士忌在飘摇，梦幻般漂浮的鸡尾酒

　　与矿泉水相比，威士忌的比重更轻，所以这种酒看上去就是威士忌在水中漂浮，勾起无限美感。

13

制作材料
威士忌·······················30~45ml
冰镇矿泉水······················适量

用具、酒杯
平底大杯

制作方法

1. 在放了冰块的平底大杯中倒入冰镇矿泉水。

2. 轻轻地往杯中倒入威士忌。

泰勒妈咪

清爽之中蕴含深意，清爽而适口的口味

　　这种鸡尾酒充分发挥了苏格兰威士忌与鲜柳橙汁各自的优点，创造出清爽的口感。

13

制作材料
苏格兰威士忌···················45ml
鲜柳橙汁·······················15ml
姜汁···························适量

用具、酒杯
调酒长匙、平底大杯

制作方法

1. 在放了冰块的平底大杯中倒入苏格兰威士忌和鲜柳橙汁。

2. 步骤1完成后，在杯中加入冰镇姜汁，用长匙搅拌。

高地酷乐

心驰神往于苏格兰故乡时你想要喝的鸡尾酒

　　这种鸡尾酒中带着苏格兰威士忌的故乡——苏格兰高地地区的影子，正是为喜欢威士忌的人而作。

13

制作材料
苏格兰高地威士忌···············45ml
柠檬果汁·······················15ml
安格斯图拉苦精酒···············2滴
白糖浆························1茶匙
姜汁···························适量

用具、酒杯
摇酒壶、平底大杯、调酒长匙

制作方法

1. 在摇酒壶里倒入除姜汁以外的所有材料，加入冰块，甩动摇酒壶。

2. 在加了冰块的平地大玻璃杯里倒入步骤1中混合的制作材料，用冰镇的姜汁注满杯子。

猎人

樱桃芳香，沁人心脾

黑麦威士忌幽深的口味与樱桃白兰地酸甜相间的味道结合在一起，创造出了更加深邃的口感。

32 🍸 🥄 ╱

制作材料

黑麦威士忌…………40ml
樱桃白兰地…………20ml

用具、酒杯

混酒杯、滤冰器、调酒长匙、鸡尾酒杯

制作方法

1. 在混酒杯里加入黑麦威士忌，樱桃白兰地和冰块，用长匙搅拌。

2. 步骤1完成后，在混酒杯上套上滤冰器，将酒倒入鸡尾酒杯中。

爱尔兰玫瑰

色如玫瑰，芬芳馥郁的鸡尾酒

爱尔兰玫瑰的称谓极具浪漫色彩，而它的颜色也像玫瑰那样十分鲜亮，是一杯回味悠长的美酒。

29 🍸 🥄 🥃

制作材料

爱尔兰威士忌…………45ml
红石榴糖浆…………1茶匙
柠檬果汁…………15ml

用具、酒杯

摇酒壶、鸡尾酒杯

制作方法

1. 在摇酒壶里加入所有制作材料，再加入冰块，甩动摇酒壶。

2. 步骤1完成后，将酒倒入鸡尾酒杯。

丘吉尔

献给著名首相，高品质的味道

这种酒是为称赞英国名首相温斯顿·丘吉尔的功绩而制作的，高品质的味道中透着清爽的甘甜。

27 🍸 🥄 🥃

制作材料

苏格兰威士忌…………35ml
君度利口酒…………10ml
甜味味美思…………10ml
柠檬果汁…………5ml
玛若丝卡酸味樱桃……1颗

用具、酒杯

摇酒壶、鸡尾酒杯、鸡尾酒签

制作方法

1. 在摇酒壶中加入除玛若丝卡酸味樱桃外的所有制作材料，加入冰块，甩动摇酒壶。

2. 步骤1完成后，将酒倒入鸡尾酒杯。将玛若丝卡酸味樱桃用鸡尾酒签串起，放入杯中。

血与沙

激情与危机，成人的鸡尾酒

这款鸡尾酒因樱桃白兰地与威士忌魅惑的色泽组合而营造出了既激情又惊险的气氛。微微甘甜的口味适合于女性。

18 🍸 🥄 🥃

制作材料

威士忌…………15ml
甜味味美思…………15ml
樱桃白兰地…………15ml
橘子汁…………15ml
玛若丝卡酸味樱桃……1颗

用具、酒杯

摇酒壶、鸡尾酒杯、鸡尾酒签

制作方法

1. 在摇酒壶中加入除玛若丝卡酸味樱桃外的所有制作材料，加入冰块，甩动摇酒壶。

2. 步骤1完成后，将酒倒入鸡尾酒杯。将玛若丝卡酸味樱桃用鸡尾酒签串起，放入杯中。

纽约

神游于摩天大楼的光辉之间，都市风情的鸡尾酒

　　酸橙的芳香与威士忌混合在一起，既有水果风味又爽口，令人想起各色人等错杂往来的纽约都市。

（24）

制作材料
黑麦威士忌……………45ml
青柠檬果汁……………15ml
红石榴糖浆………1/2茶匙
柑橘皮………………1片
砂糖…………………1茶匙

用具、酒杯
摇酒壶、鸡尾酒杯

制作方法
1. 在摇酒壶中加入除柑橘皮外的所有制作材料，加入冰块，甩动摇酒壶。

2. 步骤1完成后，将酒倒入鸡尾酒杯。将柑橘皮汁滴入杯中。

踩镲

滋味丰富，中辣口感的鸡尾酒

　　这是一款散发波本威士忌与樱桃白兰地风味，中辣口感的鸡尾酒。柑橘的淡蓝色拥有美艳的魅力。

（23）

制作材料
波本威士忌……………35ml
樱桃白兰地……………10ml
柠檬果汁………………15ml

用具、酒杯
摇酒壶、鸡尾酒杯

制作方法
1. 在摇酒壶中加入所有制作材料，加入冰块，甩动摇酒壶。

2. 步骤1完成后，将酒倒入鸡尾酒杯。

布鲁克林

品味一杯，重现美好昨日

　　这款酒里泛着美国纽约的闹市区布鲁克林的特色，它的历史可以追溯到20世纪初。

（30）

制作材料
黑麦威士忌……………45ml
苦味味美思……………15ml
马拉斯加利口酒………1滴
阿梅皮康酒……………1滴

用具、酒杯
摇酒壶，鸡尾酒杯

制作方法
1. 在摇酒壶中加入所有制作材料，加入冰块，甩动摇酒壶。

2. 步骤1完成后，将酒倒入鸡尾酒杯。

第八区

口感舒适，后劲清爽

　　这是为纪念英国的波士顿市被划分为8个区而调制的鸡尾酒，果味浓郁，口感舒适，适合女性。

（21）

制作材料
黑麦威士忌……………30ml
橙汁……………………15ml
柠檬果汁………………15ml
红石榴糖浆……………1茶匙

用具、酒杯
摇酒壶、鸡尾酒杯

制作方法
1. 在摇酒壶中加入所有制作材料，加入冰块，甩动摇酒壶。

2. 步骤1完成后，将酒倒入鸡尾酒杯。

威士忌苏打水

谁都可以兴奋起来，简单而爽口的鸡尾酒

　　这款鸡尾酒在1960年代日本十分流行，别名"高球"。制作简易，口感舒适而清爽，是以威士忌为基酒的鸡尾酒中的经典。

13 　　　　

制作材料

威士忌·····················30~45ml
苏打水·····················15ml

用具、酒杯

平底大杯、调酒长匙

制作方法

1. 在平底大杯中加入冰块，倒入威士忌。

2. 步骤1完成后，在杯中倒入苏打水，直到8分满，用长匙搅拌。

威士忌酸酒

广受欢迎，口感舒适的鸡尾酒

　　既有柠檬果汁的酸味和糖浆的甜味，又有加拿大俱乐部威士忌的苦辣口感。

23 　　　　

制作材料

加拿大威士忌·····················40ml
柠檬果汁·····················20ml
糖浆·····················10ml
柑橘片·····················1/2片
玛若丝卡酸味樱桃·····················1颗

用具、酒杯

摇酒壶、调酒长匙、酸酒杯、鸡尾酒签

制作方法

1. 将除糖浆、柑橘片、玛若丝卡酸味樱桃之外的所有原料放入摇酒壶，再加入冰块，甩动摇酒壶。

2. 步骤1完成后，将酒倒入酸酒杯中。

3. 用鸡尾酒签串好樱桃和柑橘片，将它装饰在杯中。

※如果将1/2的柑橘片放入摇酒壶中甩动，会产生更加温和的口味。

热威士忌托地

暖自人心，威士忌版的热汤

　　暖热的威士忌散发出丁香的芬芳，对刚染上风寒的人具有一定疗效，这是冬日里不可少的一杯美酒。

12 　　　

制作材料

威士忌·····················45ml
方糖·····················1块
热水·····················适量
柠檬片·····················1片
丁香果·····················3粒
柠檬皮·····················适量

用具、酒杯

带把手的平底大杯

制作方法

1. 在杯中加入威士忌。

2. 在杯中放入方糖，用热水加满。

3. 在柠檬皮上缀上丁香果。

4. 将缀好丁香果的柠檬皮放进杯中。

※还可以根据个人喜好添加桂皮枝。

东方

口味丰富，调和4种制作材料

　　4种制作材料完美调和，纯正东方风味，口感丰富，绝佳的鸡尾酒。

25 🍸 🖼️ 🥃

制作材料
黑麦威士忌…………30ml
甜味味美思…………10ml
白柑桂酒……………10ml
青柠檬果汁…………10ml
玛若丝卡酸味樱桃……1颗

用具、酒杯
摇酒壶、鸡尾酒杯、鸡尾酒签

制作方法
1. 在摇酒壶中加入除玛若丝卡酸味樱桃外的其他制作材料，加入冰块，甩动摇酒壶。
2. 步骤1完成后，将酒倒入鸡尾酒杯。将玛若丝卡酸味樱桃用鸡尾酒签串起，放入杯中。

迈阿密海滩

清冽爽口，口感极佳的鸡尾酒

　　苦味味美思的清爽味道与葡萄汁的酸味混合，令人想起吹在迈阿密海滩上的风。

23 🍸 🖼️ 🥃

制作材料
威士忌………………35ml
苦味味美思…………10ml
葡萄汁………………15ml
玛若丝卡酸味樱桃……1颗

用具、酒杯
摇酒壶、鸡尾酒杯、鸡尾酒签

制作方法
1. 在摇酒壶中加入除玛若丝卡酸味樱桃外的其他制作材料，加入冰块，甩动摇酒壶。
2. 步骤1完成后，将酒倒入鸡尾酒杯。将玛若丝卡酸味樱桃用鸡尾酒签串起，放入杯中。

一杆进洞

好彩头！如梦似幻的鸡尾酒

　　顶着这个好彩头名字的鸡尾酒，源自美国，是苦辛曼哈顿的复杂改造，味道极具个性。

30 🍸 🖼️ 🥃

制作材料
威士忌………………40ml
苦味味美思…………20ml
柠檬果汁……………2滴
橘子汁………………1滴

用具、酒杯
摇酒壶、鸡尾酒杯

制作方法
1. 在摇酒壶中加入所有制作材料，加入冰块，甩动摇酒壶。
2. 步骤1完成后，将酒倒入鸡尾酒杯。

蒲公英

像蒲公英一样的甜鸡尾酒

　　多汁的荔枝利口酒的味道与茴香酒的清爽口感相似性很高，这是一杯口感爽冽的甜鸡尾酒。

32.3 🍸 🖼️ 🥃

制作材料
爱尔兰威士忌………20ml
茴香酒………………20ml
荔枝利口酒…………10ml
鲜柠檬果汁…………10ml

用具、酒杯
摇酒壶、鸡尾酒杯

制作方法
1. 在摇酒壶中加入所有制作材料，加入冰块，甩动摇酒壶。
2. 步骤1完成后，将酒倒入鸡尾酒杯。

威士忌雾酒

回到大雾弥漫的乡愁时间

　　这款鸡尾酒十分简单，只是在威士忌中添加了柠檬皮，因而适合想要细细品味威士忌口味的人。因为杯子冷却的同时，上面会结出一层雾，这款酒因之而得名。

32

制作材料
威士忌·······················60ml
柠檬皮·························1片

用具、酒杯
古典杯、吸管两根

制作方法

1. 在完全冷却的古典杯里塞满碎冰末，将威士忌倒入杯子，猛烈搅拌。

2. 将柠檬皮扭曲，放入杯中，再插上吸管。

※杯子必须充分冷却。

薄荷冰酒

爽朗的薄荷香，一杯就能恢复精神

　　这是一款古典的鸡尾酒，诞生于美国南部，在南北战争的时候就广为人知了。细碎而散乱的薄荷叶在口中散发清爽的味道，使人神清气爽，而波本威士忌更是撩动人心，不愧是盛夏中的最佳选择。

27

制作材料
波本威士忌·················60ml
薄荷嫩叶·····················3~4片
砂糖·························2茶匙

用具、酒杯
平底大杯、调酒棒、吸管两根

制作方法

1. 先将薄荷嫩叶与砂糖放入杯中，倒入20ml水（分量外），使砂糖充分溶解，并将薄荷叶搅碎。
2. 待薄荷叶变成末状时，将冰末填进杯里，倒入波本威士忌。用调酒棒搅拌，直至杯子表面起一层霜。
3. 步骤2完成后，装饰上薄荷叶，插入吸管和调酒棒。

柠檬摇摆

鸡尾酒杯中满载的柠檬似乎就要落下来

　　酸甜而多汁的柠檬在口中游弋般的口感，精美的柠檬皮装饰使清爽的风味更加醒目。不过因为波本威士忌风味浓烈，酒精度数稍高，所以注意不要贪杯。

30

制作材料
波本威士忌·················20ml
柠檬利口酒·················30ml
白柑桂酒·····················10ml
鲜柠檬果汁···················1茶匙
柠檬皮·························1整块

用具、酒杯
鸡尾酒混摇器、鸡尾酒杯

制作方法

1. 在混摇器中加入柠檬皮以外的制作材料，加入冰块，甩动混摇器。
2. 步骤1完成后，将酒倒入鸡尾酒杯中，把柠檬皮做成螺旋的马头状，装饰在杯沿上。

加州柠檬水

洋溢爽朗的口感，入口舒适，酸甜可口

　　柠檬果汁和青柠檬果汁的酸味使得威士忌更加适口，这款鸡尾酒将碳酸的清爽发挥得淋漓尽致。

11

制作材料
威士忌	45ml
柠檬果汁	20ml
青柠檬果汁	10ml
红石榴糖浆	1茶匙
柠檬片	1片
苏打水	适量

用具、酒杯
摇酒壶、柯林斯酒杯（平底）

制作方法

1. 在摇酒壶中加入除苏打水以外的制作材料，加入冰块，甩动摇酒壶。

2. 步骤1完成后，将酒倒入加了冰块的杯子里，用冷却的苏打水注满杯子。

加州女孩

洋溢可爱的微笑，加州女孩的形象

　　草莓利口酒醇厚的芳香与甜味里，柠檬多汁的酸味尽显无余，这是一款适口爽朗的鸡尾酒。

12

制作材料
加拿大俱乐部威士忌	45ml
草莓利口酒	10ml
鲜柠檬果汁	20ml
糖浆	1茶匙
苏打水	适量
柠檬片	1片
玛若丝卡酸味樱桃	1颗

用具、酒杯
摇酒壶、平底大杯、鸡尾酒签

制作方法

1. 在摇酒壶中加入除苏打水、柠檬片和玛若丝卡酸味樱桃以外的制作材料，加入冰块，甩动摇酒壶。

2. 步骤1完成后，将酒倒入加了冰块的平底大杯里，用苏打水注满杯子，搅拌。

3. 用鸡尾酒签串好柠檬片和玛若丝卡酸味樱桃，装饰在酒杯里。

田纳西酷乐酒

田纳西河一样清冽绝美的酒色

　　透明的黄绿酒色，清凉的外观，使人浮想起田纳西河。田纳西威士忌是产自田纳西的美酒。

15

制作材料
田纳西威士忌	45ml
迪凯堡绿薄荷利口酒	20ml
柠檬果汁	20ml
糖浆	1茶匙
姜汁啤酒	适量
柠檬片	1片
酸橙片	1片
玛若丝卡酸味樱桃	1颗

用具、酒杯
摇酒壶、平底大杯、调酒长匙、鸡尾酒签

制作方法

1. 在摇酒壶里加入田纳西威士忌、迪凯堡绿薄荷利口酒、柠檬果汁和冰块，甩动摇酒壶。

2. 在平底大杯里加入冰块，将摇酒壶里的酒倒入杯中，用冰镇的姜汁啤酒注满。

3. 用鸡尾酒签串起柠檬片、酸橙片和玛若丝卡酸味樱桃，将它装饰在杯中。

※也可以插入吸管。

帝王谷

柔美的水绿色吹向草原，就像这风一样的美酒

　　白柑桂酒与芳香浓郁的苏格兰威士忌交相对比，这种鸡尾酒柔和的口感让人印象深刻，是上田和男的作品。

35.5 🍸 🎴 🫙

制作材料

苏格兰威士忌·············40ml
白柑桂酒···············10ml
酸橙甘露酒·············10ml
蓝柑桂酒················1茶匙

用具、酒杯

摇酒壶、鸡尾酒杯

制作方法

1. 在摇酒壶里加入所有制作材料和冰块，甩动摇酒壶。

2. 步骤1完成后，将酒倒入鸡尾酒杯。

交响乐

泛着果汁的味道，只想细细品尝

　　香味厚重而口感深邃的金馥力娇酒中再加入果味浓厚的制作材料，馥郁的香气溢满口中。

9 🥃 🎴 🫙

制作材料

金馥力娇酒··············30ml
百香利口酒·············20ml
葡萄汁·················70ml
苹果汁·················20ml
蓝柑桂酒················1茶匙
菠萝块··················1块

用具、酒杯

摇酒壶、柯林斯酒杯、吸管两根

制作方法

1. 在摇酒壶中加入除菠萝块之外的制作材料，加入冰块，甩动摇酒壶。

2. 将摇酒壶里的酒倒入已经放入冰末的柯林斯酒杯中。

3. 将菠萝块装饰在杯沿上，插入吸管。

鲍比·伯恩斯

美酒演绎浪漫的成人时光

　　这款鸡尾酒以一位苏格兰诗人的名字命名，融合了独特的风味。一杯酒享受深邃而芬芳的成人品味。

31.6 🍸 🎴 ⟋

制作材料

威士忌··················40ml
本尼迪克特甜酒 DOM ··········1茶匙
甜味味美思··············20ml
柠檬皮··················适量

用具、酒杯

混酒杯、滤冰器、调酒长匙、鸡尾酒杯

制作方法

1. 将柠檬皮以外的制作材料加入混酒杯中，加入冰块，用长匙搅拌。

2. 步骤1完成后，在混酒杯上套上滤冰器，将酒倒入鸡尾酒杯。滴入柠檬皮汁。

威士忌姜汁酒

冷寂的夜里，品一杯美酒，让心沉静下来

　　这款鸡尾酒以威士忌为基酒，又洋溢着姜汁酒的刺激性口味，馥郁芬芳和爽朗的口感，极易使人"上瘾"。

21

制作材料
苏格兰威士忌…………40ml
姜汁酒…………………20ml

用具、酒杯
调酒长匙、古典杯

制作方法

在加了冰块的古典杯里加入全部制作材料，用长匙搅拌。

苏格兰短裙

暮色时分欲饮的美酒

　　芬芳馥郁而味道深邃的苏格兰威士忌中加入杜林标的甜味，柑橘隐约的苦味，口感丰富，印象深刻。

40

制作材料
苏格兰威士忌…………40ml
杜林标…………………20ml
柑橘汁………………2茶匙
柠檬皮…………………适量

用具、酒杯
混酒杯、调酒长匙、鸡尾酒杯

制作方法

1. 在混酒杯中加入除柠檬皮以外的制作材料，加入冰块，用长匙搅拌。

2. 步骤1完成后，在混酒杯上套上滤冰器，将酒倒入鸡尾酒杯中。将柠檬皮汁滴入杯中。

雾钉

来自爱尔兰的丰富口感

　　爱密斯利口酒与爱尔兰威士忌的完美融合，隐约甘甜而丰富的风味，一杯入口便难以忘怀。

38.2

制作材料
爱尔兰威士忌…………40ml
爱密斯利口酒…………20ml

用具、酒杯
调酒长匙、古典杯

制作方法

在放入了冰块的古典杯里倒入全部制作材料，用长匙搅拌。

梅森·迪克森

波本威士忌与酸橙酒一同演绎厚重的口感

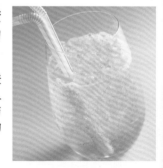

　　波本威士忌与酸橙极具个性的口味再加入白可可酒进行调和，与薄荷的清爽共演厚重的口感。

11.1

制作材料
波本威士忌…………30ml
白薄荷酒……………10ml
白酸橙酒……………30ml
白可可酒……………10ml

用具、酒杯
摇酒壶、古典杯、吸管两根

制作方法

1. 在摇酒壶中加入全部制作材料，加入冰块，甩动摇酒壶。

2. 用冰末填满古典杯，将摇酒壶中的酒倒入杯中，插上吸管。

危险瞬间

鼓动冒险之心，"危险瞬间"的鸡尾酒

　　这款中村圭三的鸡尾酒作品，在1996年怡和控股有限公司举办的鸡尾酒大赛中取得了季军的成绩。I.W.哈伯波本威士忌的男性风味穿喉而过，确如其名所示，是一杯"危险瞬间"的美酒。

制作材料

I.W.哈伯威士忌	30ml
雪利马尼尔	10ml
柠檬果汁	10ml
红石榴糖浆	10ml
蛋清	1/2个

用具、酒杯

摇酒壶、金属钵、浅碟形香槟酒杯

制作方法

1. 在摇酒壶中加入所有制作材料，放入冰块，猛烈甩动。

2. 步骤1完成后，将酒倒入浅碟形香槟酒杯。

不可接触的男人

过足威士忌的瘾，强劲口味的威士忌

　　在美国，自从禁酒法被解除的第二年以来，施格兰七皇冠威士忌就一直荣登威士忌销量的榜首。用这种威士忌再配上白色朗姆酒就变成了这款难得一见的鸡尾酒。这是小林清贵根据取缔了私酿酒的"不可接触的男人"形象制作的美酒。

制作材料

施格兰七皇冠威士忌	20ml
白色朗姆酒	10ml
黑醋栗酒	10ml
蓝柑桂酒	1茶匙
葡萄汁	20ml
柠檬皮、酸橙皮	各适量

用具、酒杯

摇酒壶、鸡尾酒杯

制作方法

1. 在摇酒壶中加入施格兰七皇冠、白色朗姆酒、黑醋栗酒和蓝柑桂酒，加入冰块，甩动摇酒壶。

2. 步骤1完成后，将酒倒入鸡尾酒杯，将柠檬皮和酸橙皮汁滴入杯中。

靓丽粉色

少女脸颊一般粉红的酒色

　　往爱尔兰威士忌的风味里加上力娇酒的清爽茴香味，红石榴糖浆的甜味，就造就了这款鸡尾酒的深邃口感。酒的颜色是靓丽的粉色，但酒精度数却不低，最适合在饭后来一杯。

制作材料

爱尔兰威士忌	20ml
力娇酒	20ml
红石榴糖浆	1茶匙
柑橘皮	适量

用具、酒杯

摇酒壶，鸡尾酒杯

制作方法

1. 在摇酒壶里加入1茶匙红石榴糖浆和除柑橘皮以外的制作材料，加入冰块，摇动摇酒壶。

2. 步骤1完成后，将酒倒入鸡尾酒杯。

3. 待红石榴糖浆慢慢沉淀后，将柑橘皮汁滴于杯中。

香蕉海岸

口感丰富的香蕉风味，演绎风景胜地的氛围

威士忌与香蕉的香甜搭配，再加上牛奶温润的口感，共同构成令人舒适的口味。这是一杯能让你感受到假日气氛的热带鸡尾酒。

15

制作材料

加拿大威士忌…………………… 40ml
香蕉利口酒………………………30ml
牛奶………………………………80ml
香蕉块………………………………1块

用具、酒杯

摇酒壶、平底杯、吸管两根

制作方法

1. 在摇酒壶中加入除香蕉块以外的制作材料，加入冰块，甩动摇酒壶。

2. 将摇酒壶中的酒倒入装满冰末的平底杯里。

3. 将香蕉块装饰在杯子上，插入吸管。

香蕉鸟

招来热带的风，令人神往南国的鸡尾酒

威士忌的清香中加入果味浓厚的香蕉的甜味，现做的奶油则增添了无限顺滑的口感，这是绝佳的甜点。

25.3

制作材料

波本威士忌………………………30ml
香蕉利口酒……………………… 2茶匙
白柑桂酒………………………… 2茶匙
现制奶油…………………………30ml
香蕉块………………………………1块

用具、酒杯

摇酒壶、鸡尾酒杯

制作方法

1. 在摇酒壶中加入除香蕉块以外的制作材料和冰块，充分甩动摇酒壶。

2. 将摇酒壶中的酒倒入鸡尾酒杯，将香蕉块装饰在杯子上。

青鸟

品一杯，拜倒于顺滑的香蕉口感

这款鸡尾酒在波本威士忌强劲的风味里加入绿香蕉利口酒的甜味，新鲜奶油的顺滑口感是女性的最爱。

32

制作材料

波本威士忌………………………25ml
绿香蕉利口酒……………………20ml
现制奶油…………………………25ml
白柑桂酒………………………… 2茶匙

用具、酒杯

摇酒壶、古典杯

制作方法

1. 在摇酒壶中加入所有制作材料，加入冰块，甩动摇酒壶。

2. 将摇酒壶中的酒倒入装有冰块的古典杯。

HBC鸡尾酒

交织复杂的口味，品味异国情调

　　这款鸡尾酒汇聚了各色风味独特的制作材料，调和充分，口感深邃。品尝时口中不同芳香相互交织，相互调和。

33 〡 🍸 🖼 🏺

制作材料
苏格兰威士忌	20ml
本尼迪克特甜酒 DOM	20ml
黑加仑酒	20ml
鲜柠檬果汁	1茶匙
酸橙切块	1/8块

用具、酒杯
摇酒壶、鸡尾酒杯

制作方法

1. 在摇酒壶中加入酸橙块之外的制作材料，加入冰块，甩动摇酒壶。

2. 将摇酒壶中的酒倒入装有冰块的鸡尾酒杯，将酸橙块装饰在杯沿。

边疆

感受开拓者的气魄，口味远比你所见的强劲

　　威士忌醇厚的风味里加入杏仁白兰地甘甜而浓厚的口味，入口舒适，喝上一杯几乎感觉不到酒精度。

30 〡 🍸 🖼 🏺

制作材料
威士忌	30ml
杏仁白兰地	15ml
君度利口酒	5ml
橙汁	5ml
柠檬果汁	5ml
柠檬皮	1片
玛若丝卡酸味樱桃	1颗

用具、酒杯
摇酒壶、鸡尾酒杯

制作方法

1. 在摇酒壶中加入柠檬果汁、玛若丝卡酸味樱桃之外的制作材料和冰块，甩动摇酒壶。

2. 将摇酒壶中的酒倒入装有冰块的鸡尾酒杯。把柠檬皮做成星形，插在玛若丝卡酸味樱桃上，最后将樱桃装饰在杯沿。

万岁雄狮

适合懂得酒中滋味的成熟男人的美酒

　　加拿大威士忌中加入3种利口酒，原酒香之中加入辛辣口感，适合成人品味。

30 〡 🍸 🖼 🏺

制作材料
加拿大威士忌	37.5ml
加利安诺茴香酒	15ml
君度利口酒	7.5ml
白薄荷利口酒	2茶匙
酸橙片	1片

用具、酒杯
摇酒壶、鸡尾酒杯

制作方法

1. 在摇酒壶中加入酸橙片之外的制作材料，加入冰块，甩动摇酒壶。

2. 将摇酒壶中的酒倒入装有冰块的鸡尾酒杯，将酸橙片扭曲，放入杯中。

早春

波本威士忌与甜瓜利口酒相融合，幽深的品位

　　波本威士忌力道强劲的口味，甜瓜利口酒香浓的果味与柠檬的酸味构成新鲜的组合，体验意料之外的舒适口感。

制作材料

海洋白色威士忌·············30ml
甜瓜利口酒···············12ml
君度利口酒················6ml
鲜柠檬果汁···············12ml
青柠檬果汁···············1滴

用具、酒杯

摇酒壶、鸡尾酒杯

制作方法

1. 在摇酒壶中加入所有制作材料和冰块，甩动摇酒壶。

2. 将摇酒壶中的酒倒入装有冰块的鸡尾酒杯。

拉拉队女生

像拉拉队女生的呐喊声一样充满活力的鸡尾酒

　　男性阳刚的波本威士忌风味与有"利口酒女王"之称的查特勒甜酒的组合，洋溢女性气质。

制作材料

波本威士忌···············20ml
查特勒甜酒（黄）···········10ml
柠檬果汁················10ml
红石榴糖浆···············1茶匙
蛋清··················1/3个
玛若丝卡酸味樱桃············1颗

用具、酒杯

摇酒壶、鸡尾酒杯

制作方法

1. 在摇酒壶中加入除玛若丝卡酸味樱桃外的制作材料，加入冰块，甩动摇酒壶。

2. 将摇酒壶中的酒倒入装有冰块的鸡尾酒杯，将玛若丝卡酸味樱桃装饰在酒杯上。

黄金闪耀

金色闪耀于杯中，奢华的鸡尾酒

　　波本威士忌的强劲口感与蓝莓和桃利口酒口味完美融合，甘甜可口，极尽奢华的口味，适合在特殊的日子里来一杯。

制作材料

I.W.哈伯威士忌············35ml
水蜜桃利口酒·············35ml
蓝莓利口酒···············10ml
青柠檬果汁···············10ml
糖浆···················1茶匙
柠檬片··················1片
菠萝叶··················1片
满天星·················适量

用具、酒杯

摇酒壶、鸡尾酒杯、鸡尾酒签

制作方法

1. 在摇酒壶中加入I.W.哈伯威士忌、水蜜桃利口酒、蓝莓利口酒、青柠檬果汁和糖浆，加入冰块，甩动摇酒壶。

2. 将摇酒壶中的酒倒入装有冰块的鸡尾酒杯，将菠萝叶、柠檬片用鸡尾酒签串起，和满天星草一起装饰在杯中。

BRANDY

白兰地系列

白兰地 以白兰地为基酒制作酒品一览

※基酒以及利口酒和其他酒品的容量单位都为ml。

鸡尾酒名称	类别		调制手法	酒水度数	味道	基酒	利口酒、其他酒品
边车（日本皇家大酒店）				20	中口	阿尔马涅克酒30	君度利口酒15
边车（东京全日空大酒店）				25.6	中口	V.S.O.P白兰地30	君度利口酒15
边车（日本东京大仓饭店）				26	中口	干邑白兰地40	君度利口酒10
边车（日本京王广场酒店）				30	中口	拿破仑干邑30	君度利口酒15
边车（日本新大谷酒店）				25	中口	人头马V.S.O.P30	金万利15
边车（日本帝国酒店）				25.7	中口	人头马V.S.O.P30	君度利口酒15
边车（日本宫殿酒店）				31	中口	法拉宾V.S.O.P40	君度利口酒25
边车（日本皇家花园大酒店）				33	中口	马爹利三星白兰地40	君度利口酒10
边车（东京世纪凯悦大酒店）				26	中口	人头马V.S.O.P70	君度利口酒10
边车（日本大都会大饭店）				30	中口	人头马V.S.O.P30	君度利口酒15
边车（东京太平洋大酒店）				26	中口	人头马V.S.O.P60	君度利口酒15
边车（东京王子大饭店）				26	中口	轩尼诗白兰地40	君度利口酒25
亚历山大				23	甜口	白兰地（干邑）30	可可甜露酒10
特朗坦				16	甜口	白兰地30	意大利苦杏酒30
多一条路				18	甜口	白兰地25	卡鲁瓦咖啡利口酒15
法国贩毒网				34	甜口	白兰地45	意大利苦杏酒15
尼古拉斯				40	中口	白兰地1杯	
睡帽				29	甜口	白兰地30	柑桂酒15、大茴香酒15
被单之间				32	中口	白兰地20	白色朗姆酒20、君度利口酒20
白兰地修复				18	中口	白兰地30	樱桃白兰地15
白兰地蛋诺				9	中口	白兰地30	黑朗姆酒15

鸡尾酒名称	类别		调制手法	酒水度数	味道	基酒	利口酒、其他酒品
马脖				10	中口	白兰地45	
女王伊丽莎白				25	中口	白兰地30	甜味味美思30、橙色柑桂酒1滴
香榭丽舍大街				26	中口	白兰地（干邑）40	黄色修道院酒10
刺				31	辣口	白兰地50	白薄荷甜酒10
蜜月				23	中口	甜杏白兰地30	本尼迪克特甜酒10、橙色柑桂酒5
奥林匹克				24	中口	白兰地25	橙色柑桂酒15
梦				35	中口	白兰地45	橙色柑桂酒15、潘诺茴香酒1滴
威尼托大街				26	甜口	白兰地45	森伯加利口酒15
巴尔的摩开拓者				21	中口	白兰地30	茴香酒30
白兰地酸酒				23	中口	白兰地45	
红磨坊				11	中口	白兰地30	香槟适量
克罗斯				13	中口	白兰地45	苦味味美思10、意大利苦杏酒10
夜宿早餐				20	甜口	白兰地15	本尼迪克特DOM15
寒冷甲板				30	甜口	白兰地30	白胡椒薄荷利口酒15、甜味味美思15
千娇百媚				32	中口	白兰地40	白胡椒薄荷利口酒10、甜味味美思10
哈姆莱特				27.3	中口	白兰地20	阿梅皮康酒20、香蕉利口酒20
法国核桃				32	甜口	白兰地30	核桃利口酒30
多洛雷斯				30	甜口	白兰地20	白可可利口酒20、樱桃利口酒20
梦幻天使				31	中口	白兰地10	马拉斯加利口酒10、紫罗兰利口酒10
恶魔				34.9	辣口	白兰地40	绿胡椒薄荷利口酒20
皇亲国戚				24	中口	白兰地30	雪利马尼尔10、香槟适量
美国佳人				19.3	甜口	白兰地15	白胡椒薄荷利口酒1滴、苦味味美思15、葡萄汁酒少量
美好爱情				26.6	中口	白兰地20	本尼迪克特甜酒DOM20
贵格会教徒				30	中口	白兰地20	覆盆子利口酒10、白色朗姆酒20
苹果玫瑰				22.3	甜口	白兰地苹果酒20	雪利马尼尔20
亲吻男孩说再见				31	中口	白兰地25	野莓金酒25
蒙大拿				24	中口	白兰地30	苦味味美思15、葡萄酒15
KK咖啡				8	甜口	白兰地15	咖啡利口酒30
经典				28	中口	白兰地30	马拉斯加利口酒10

果汁	甜味、香味材料	碳酸饮料	装饰和其他	页数
		姜汁淡色啤酒适量	柠檬皮1整个	276
				277
柠檬果汁10	A苦精酒1滴			277
				277
柠檬果汁15			M樱桃1颗	277
橙汁20				278
				278
鲜柠檬果汁10	糖浆1茶匙		蛋清1/2个	278
			蛋清1个	278
柠檬果汁20	砂糖1茶匙		S柠檬1片、红樱桃1颗	279
菠萝汁80			菠萝片1片、M樱桃1颗	279
柠檬果汁5	糖浆1茶匙	汤力水适量	S柠檬1片、M樱桃1颗	279
				280
				280
				280
	柑橘淡味啤酒1滴			280
				281
			M樱桃1颗	281
				281
			红椒粉适量	281
青柠檬果汁1茶匙			M樱桃1颗、百丽玫瑰（食用花）1朵、酸橙皮1片	282
鲜柠檬果汁15	G糖浆1茶匙			282
鲜葡萄汁10、鲜柠檬果汁10	G糖浆2茶匙			282
鲜柠檬果汁10				283
苹果汁15、鲜柠檬果汁5	G糖浆1茶匙			283
鲜柠檬果汁1			蛋清10	283
				284
			热咖啡适量、搅打奶油15	284
橙汁10、柠檬果汁10			砂糖适量	284

257

鸡尾酒名称	类别		调制手法	酒水度数	味道	基酒	利口酒、其他酒品
闪亮琥珀色				22	甜口	白兰地25	樱桃白兰地17
变焦				17	甜口	白兰地30	
摩卡亚历山大				27	甜口	白兰地30	咖啡利口酒15
日本赛马				23	甜口	白兰地30	茴香酒25、意大利苦杏酒10
摩天大楼				24	甜口	白兰地20	西番莲利口酒10、意大利苦杏酒15
盛世黄金				11	中口	白兰地15	蓝莓利口酒1滴、香槟注满
猫和老鼠				9	甜口	白兰地20	黑朗姆酒20

果汁	甜味、香味材料	碳酸饮料	装饰和其他	页数
鲜橙汁8.5、 鲜柠檬果汁8.5				284
蜂蜜15、鲜奶油15				285
鲜柠檬果汁15				285
	红石榴糖浆10		蛋清10	285
橙汁15、柑橘露60			玫瑰1枝	286
葡萄汁45	糖浆适量		葡萄(去皮)适量、金粉适量	286
	砂糖2茶匙		鸡蛋1个、热水适量、肉桂粉少许	286

电影、音乐、小说中的鸡尾酒

鸡尾酒里的诸多浪漫情愫和梦幻色彩，洋溢着改变人生的魅力。这样的鸡尾酒时常会在电影和小说里出场，漂亮地出演一个镜头。甚至一些名作和名曲都因鸡尾酒而诞生。

"环游世界"的鸡尾酒

1956年获得奥斯卡奖的著名电影《八十天环游世界》，舞台是1872年的伦敦，绅士俱乐部里的福克（大卫·尼温饰）与俱乐部成员在打牌时，向他们宣称能够在3个月内环游地球的成员立下豪言：自己能80天环游世界。对方立下条件，"如在规定时间内回来，赏金是2万英镑"，就这样，福克与管家一起，坐上热气球，开启了环游之旅。

在维克多·扬的名曲中，徜徉世界的这80天给人以无限的感动。

将银幕中的世界观搬到酒杯里，便是这款以金酒为基酒的"环游世界"鸡尾酒（P38）了。

这款酒就像绿色的大地与蓝色的海洋覆盖着的地球。澄澈的祖母绿酒色，爽朗的口味正如这部电影一样，使人能体验满载梦想与冒险的世界。

寄情于"金汤力"而诞生的名曲

法国流行音乐的代表歌手弗朗西丝·哈代，在自己作词的歌曲《金汤力》中唱道，"为一个女人点了两杯'金汤力'"（P59）：一杯是给自己的，另一杯留给羁旅于远方的男人。当两杯酒都被喝完时，这个女人轻轻地说了声"Je t'aime（我爱你）。"

从两个人共饮的这杯鸡尾酒的滋味中，一定能生出许多遐想吧。但是自己爱的人却渐行渐远，当喝一口"金汤力"时，思绪飘摇而至。这种虚幻的思绪恐怕也促成了这首歌的诞生吧。

联想绕地球一周旅行的鸡尾酒『环球世界』

而哈代极具魅力的歌声，使这种的浪漫思绪更加凸显。

喝着"冰沙代基里"，沉浸在海明威的世界里

提起大作家欧内斯特·海明威，总是有着这么一段轶事。他会在常去的酒吧里，点上加入双倍朗姆酒的"冰沙代基里"（P88），一天之内喝上12杯。而为了在回家的路上也能喝到同样的鸡尾酒，他总是带着一个水壶。而由这款鸡尾酒带来的思绪，从他的作品中也能略见一二。

《岛在湾流中》讲述的是主人公托马斯·哈德逊在佛罗里达海峡与古巴之间的各个岛屿不断接触、体验的故事。故事中的主人公一边喝着"冰沙代基里"，一边说过这样的话："也不知道是胃囊里的毛孔还是什么东西，有一种开放了的感觉。加入了金酒的所有酒中，就数这家伙最带

劲儿了，喝着就能心情舒畅。"

在喝"冰沙代基里"时，还有评价其"喝它的时候有一种像冲破细雪，在冰河中恣意滑冰的感觉"。进而又评价说"喝到第6、7、8杯的时候，就有像在冰河之上急速滑冰的感觉"。除这部作品外，另外还有许多作品中出现了形形色色的鸡尾酒，但无一不是传达了海明威对鸡尾酒的感觉。

而最重要的是，热爱古巴，热爱大海，心醉于钓鱼的这个主人公形象，这些纤细的描写，几乎都源自于海明威本人的实际体验。这部作品堪称是海明威的生活写照，时间慢慢流淌，一个人喝着鸡尾酒的时候，总是想细细品读这部作品。

文豪海明威忠爱之酒——冰沙代基里

边车（日本皇家大酒店）

使用了阿尔马涅克酒，口感酣畅

产自法国南部比利牛斯山脉附近地区的阿尔马涅克酒（白兰地），其特色是口感清新。日本皇家大酒店使用这种酒调制出了口味清新的边车酒。虽然不拘于阿尔马涅克酒的品牌，但酒店还是选择了味道比较纯正的品种，以免对基酒的味道产生影响。此外，因为使用了鲜柠檬果汁的酒中还透着一丝酸味，饮后让人感到酣畅淋漓。

制作材料

阿尔马涅克酒	30ml
君度利口酒	15ml
鲜柠檬果汁	15ml

用具、酒杯

摇酒壶、鸡尾酒杯

制作方法

1. 在摇酒壶中加入阿尔马涅克酒、君度利口酒，鲜柠檬果汁和冰块，甩动摇酒壶。

2. 将摇酒壶中的酒倒入装有冰块的鸡尾酒杯。

边车（日本东京全日空大酒店）

只钟情于法国大香槟区出产，芳香浓郁的干邑白兰地

　　东京全日空大酒店（ANA Hotel Tokyo）主营酒吧"达·芬奇"里的边车口味高贵。除基酒白兰地之外，又添入了口味细密，芳香浓厚的法国大香槟区产的V.S.O.P.白兰地，造就了这种口味。不过因为有鲜柠檬果汁的酸味，君度利口酒的纤细口感不能充分体现出来，但加入柑橘瓣仔细摇混的话，清新的口感就会体现得淋漓尽致。这也是这款鸡尾酒的卖点之一。

制作材料
V.S.O.P白兰地	30ml
君度利口酒	15ml
鲜柠檬果汁	15ml
柑橘瓣	1/8瓣

用具、酒杯
摇酒壶、鸡尾酒杯

制作方法

1. 在摇酒壶中加入V.S.O.P白兰地、君度利口酒、鲜柠檬果汁、1/8瓣柑橘瓣和冰块，甩动摇酒壶。

2. 将摇酒壶中的酒倒入鸡尾酒杯。

边车（东京大仓饭店）

散发干邑白兰地的风味，面向成熟人士的一杯厚重之酒

　　边车的标准配方是白兰地与白柑桂酒，柠檬果汁的2∶1∶1配比。在东京大仓饭店的主营酒吧"兰花"里，这个比例变成了4∶1∶1，白兰地基酒的分量是原来的两倍。这样一来，因为干邑白兰地的分量变多，就产生了高贵的口感。当然，调制出的口味略微厚重，受众便成为了成熟人士。有时还会根据场合，把柑橘瓣与酒一起摇合，这就调出了狂野的口味。

26

制作材料

干邑白兰地	40ml
君度利口酒	10ml
鲜柠檬果汁	10ml

用具、酒杯

摇酒壶、鸡尾酒杯

制作方法

1. 在摇酒壶中加入干邑白兰地、君度利口酒、鲜柠檬果汁和冰块，甩动摇酒壶。

2. 将摇酒壶中的酒倒入鸡尾酒杯。

边车（日本京王广场酒店）

清爽口感，彻头彻尾的美味享受

　　边车因为使用口感温润的白兰地为基酒，所以很难体现出个性来。在这个方面，日本京王广场酒店的主营酒吧"闪光"采用了味道清淡，同时又散发着紫花和玫瑰香味，独具个性的拿破仑干邑为基酒。同时，鲜柠檬果汁的酸味和君度利口酒的纤细甜味有很好的相融性，真是彻头彻尾的美味享受。

制作材料
拿破仑干邑	30ml
君度利口酒	15ml
鲜柠檬果汁	15ml

用具、酒杯
摇酒壶、鸡尾酒杯

制作方法

1. 在摇酒壶中加入拿破仑干邑、君度利口酒、鲜柠檬果汁和冰块，甩动摇酒壶。

2. 将摇酒壶中的酒倒入鸡尾酒杯。

边车（日本新大谷酒店）

干邑白兰地与金万利利口酒共同演绎温润口感

　　新大谷酒店的主营酒吧"卡普里"，在制作边车时，与标准配方不同，使用了柑橘利口酒——金万利。之所以如此，是因为以干邑白兰地为基酒的边车有着厚重的口味，而为了制造更加浓厚的味感，就要再加入金万利。此外，在白兰地的选择上，这款酒用的是花果芬芳的人头马，口感更加温润。

25

制作材料
人头马V.S.O.P ···························· 30ml
金万利····································· 15ml
鲜柠檬果汁································ 15ml

用具、酒杯
摇酒壶、鸡尾酒杯

制作方法

1. 在摇酒壶中加入人头马、金万利、鲜柠檬果汁和冰块，甩动摇酒壶。

2. 将摇酒壶中的酒倒入鸡尾酒杯。

边车（日本帝国酒店）

三位一体的平衡，随季节而调节柠檬的酸味

　　帝国酒店主营酒吧"古老帝国"调制的边车严格忠实于标准配方。略带辛味的白兰地基酒，甘甜的君度利口酒和酸味十足的鲜榨柠檬果汁调和得十分均匀。此外，酒吧还会根据顾客的喜好，在夏天酷热的日子里，调整配方，在酒中稍稍多放些柠檬果汁，使酒的酸味更加强劲，调制出最佳的平衡。

制作材料

人头马V.S.O.P ···················	30ml
君度利口酒 ························	15ml
鲜柠檬果汁 ························	15ml

用具、酒杯

摇酒壶、鸡尾酒杯

制作方法

1. 在摇酒壶中加入人头马V.S.O.P、君度利口酒，鲜柠檬果汁和冰块，甩动摇酒壶。

2. 将摇酒壶中的酒倒入鸡尾酒杯。

Palace Hotel

边车（日本宫殿酒店）

君度利口酒的分量更多，微甜而又清新的口味

　　边车的基酒白兰地有着高贵而厚重的风味。日本宫殿酒店（Palace Hotel）的"皇家"酒吧调制的边车就注重了白兰地的厚重。此外，标准配方中的白柑桂酒是与鲜柠檬果汁分量一样的，但这款酒因为添加了更多分量的君度利口酒，纯良口感就体现了出来。而为了调制出边车酒整体的平衡和芳香以及清新的口味，在摇混时还加入了柑橘片。

31 🍸 ▨ 🍶

制作材料

法拉宾V.S.O.P ············	40ml
君度利口酒 ················	25ml
鲜柠檬果汁 ················	15ml
柑橘片 ····················	1片

用具、酒杯
摇酒壶、鸡尾酒杯

制作方法 ················

1. 在摇酒壶中加入法拉宾V.S.O.P、君度利口酒、鲜柠檬果汁，柑橘片和冰块，甩动摇酒壶。

2. 将摇酒壶中的酒倒入鸡尾酒杯。

Royal Park Hotel

边车（日本皇家花园大酒店）

用白兰地基酒调和出优质均衡的口感

　　日本皇家花园大酒店的主营酒吧"皇家苏格兰"使用的白兰地是干邑白兰地中芳香成熟而典雅、口感华丽而沉稳的马爹利三星。在配方上，也与标准的2:1:1配比不同，是提高了干邑白兰地基酒的分量，变成了4:1:1。这样一来，爽洁的口感与适合的酸味相互作用，使酒不会变得过甜，有微辛的口味。

制作材料
马爹利三星白兰地……………………… 40ml
君度利口酒……………………………… 10ml
鲜柠檬果汁……………………………… 10ml

用具、酒杯
摇酒壶、鸡尾酒杯

制作方法

1. 在摇酒壶中加入马爹利三星白兰地、君度利口酒、鲜柠檬果汁和冰块，甩动摇酒壶。

2. 将摇酒壶中的酒倒入鸡尾酒杯。

边车（东京世纪凯悦大酒店）

人头马的风味，专为喜爱干邑口味的人而制

在干邑白兰地的品牌中，广为人知的人头马V.S.O.P窖藏5年以上，口味深邃，其沁香总是让人联想到鲜花和水果。东京世纪凯悦大酒店的主营酒吧"白兰地"充分利用这种干邑，调制出了口感温润而底蕴深厚的边车。与标准的2：1：1配方相比，这里采用的7：1：1的配方正是为喜欢干邑的人准备的一杯辣口酒。

26

制作材料
人头马V.S.O.P ·················	70ml
君度利口酒·················	10ml
鲜柠檬果汁·················	10ml

用具、酒杯
摇酒壶、鸡尾酒杯

制作方法

1. 在摇酒壶中加入人头马V.S.O.P、君度利口酒、鲜柠檬果汁和冰块，甩动摇酒壶。

2. 将摇酒壶中的酒倒入鸡尾酒杯。

边车（日本大都会大饭店）

忠实地再现原来的味道，标准配方调制

　　边车的魅力就在于它厚重的口味，柠檬的劲酸和君度利口酒的甜味之间的平衡感。大都会大饭店的主营酒吧"东方快车"注重的是如何忠实地再现边车的原汁原味。白兰地的口味自不必说，而特别需要注意的是，如何根据日子的不同正确地处理柠檬的不同酸味。这种边车的传统便是根据季节的变化会出现酸味，十分值得一尝。

制作材料

人头马V.S.O.P	30ml
君度利口酒	15ml
鲜柠檬果汁	15ml

用具、酒杯

摇酒壶、鸡尾酒杯

制作方法

1. 在摇酒壶中加入人头马V.S.O.P、君度利口酒、鲜柠檬果汁和冰块，甩动摇酒壶。

2. 将摇酒壶中的酒倒入鸡尾酒杯。

边车（东京太平洋大酒店）

略带甘甜的苦辛味，透着男人本色的边车

　　东京太平洋大酒店的主营酒吧里的边车，白兰地、君度利口酒和鲜柠檬果汁的比例是4：1：1，口味苦辛是它的特色。与标准的2：1：1配方相比，白兰地的分量多了一倍。此外，为了凸显鲜柠檬果汁的酸味，酒吧精选了白兰地基酒中甜味较少的人头马V.S.O.P，这也显出了苦辛风味的倾向。

制作材料

人头马V.S.O.P ·················	60ml
君度利口酒·················	15ml
鲜柠檬果汁·················	15ml

用具、酒杯

摇酒壶、鸡尾酒杯

制作方法

1. 在摇酒壶中加入人头马V.S.O.P、君度利口酒、鲜柠檬果汁和冰块，甩动摇酒壶。

2. 将摇酒壶中的酒倒入鸡尾酒杯。

边车（东京王子大饭店）

体验畅爽口感，回味厚重风格

　　说轩尼诗是干邑白兰地中的顶级品牌，绝不为过。东京王子大饭店的主营酒吧"星空酒廊"里的边车使用的正是这种白兰地。为了凸显轩尼诗的口味，酒吧在君度利口酒和鲜柠檬果汁的分量上比标准配方要多，同时又在摇混时添入了柑橘瓣。这样调制出来的味道，介于苦涩辛辣和厚重的甘甜之间，饮后不会有饱滞之感。

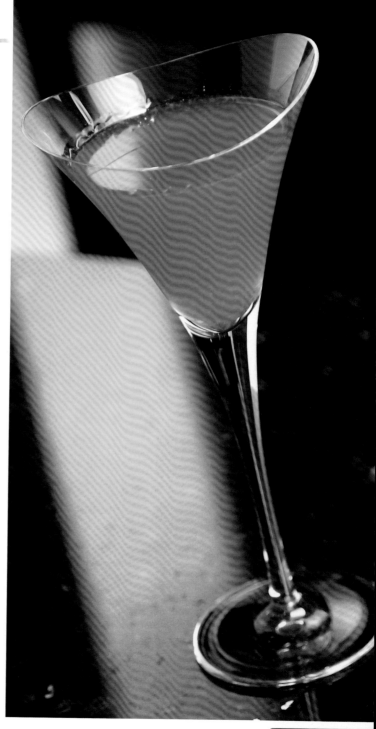

26

制作材料

轩尼诗白兰地	40ml
君度利口酒	25ml
鲜柠檬果汁	25ml
柑橘瓣	1/16瓣

用具、酒杯

摇酒壶、鸡尾酒杯

制作方法

1. 在摇酒壶中加入轩尼诗白兰地、君度利口酒、鲜柠檬果汁、柑橘瓣和冰块，甩动摇酒壶。

2. 将摇酒壶中的酒倒入鸡尾酒杯。

亚历山大

为伊人捧上一杯浓厚而成熟的鸡尾酒

这款鸡尾酒是英国国王爱德华7世作为结婚纪念品献给王妃亚历山大的。此外，这款酒还因电影《醉乡情断》而出名，主人公杰克·莱蒙向他不喝酒的妻子推荐的正是这款酒。滑腻而浓厚的口味正是女性的最爱。

23

制作材料
白兰地（干邑）	30ml
可可甜露酒	10ml
鲜奶油	20ml
肉桂粉	适量

用具、酒杯
摇酒壶、鸡尾酒杯

制作方法
1. 在摇酒壶中加入除肉桂粉之外的制作材料和冰块，强力甩动摇酒壶。
2. 将摇酒壶中的酒倒入鸡尾酒杯，轻轻抖落些肉桂粉到杯中。

特朗坦

与相爱的人同举杯，沉浸在至福的余韵中的美酒

这杯摇曳着秋色的高雅鸡尾酒，是1993年第18届鸡尾酒大赛中摘取甜味组亚军的长岛茂敏的作品。被做成雪花边饰的巧克力粉，沾唇即化，口中泛滥着温润的甘甜。

16

制作材料
白兰地	30ml
意大利苦杏酒	30ml
鲜奶油	15ml
蛋黄	1/2个
巧克力粉	适量

用具、酒杯
摇酒壶、圆钵、鸡尾酒杯

制作方法
1. 在鸡尾酒杯杯沿上，用巧克力粉做成雪花边饰。
2. 将鸡蛋打入圆钵，把蛋黄分割成两半。
3. 在摇酒壶中加入白兰地，意大利苦杏酒，鲜奶油和半个蛋黄，强力甩动。最后，将摇酒壶中的酒倒入鸡尾酒杯中。

多一条路

加入了咖啡的口味，感慨颇深的人生体会

在白兰地中加入咖啡利口酒，牛奶与蛋清合成苦中带甜的鸡尾酒。这是1979年第8届鸡尾酒大赛中荣获亚军的今村博明的作品。口味自不必说，从这个名字来看，也会让人心生感慨："或许还有一条人生之路"。

18

制作材料
白兰地	25ml
卡鲁瓦咖啡利口酒	15ml
牛奶	10ml
蛋清	1/2个

用具、酒杯
摇酒壶、圆钵、鸡尾酒杯

制作方法
1. 将鸡蛋打入圆钵，把蛋清分割成两半。
2. 在摇酒壶中加入白兰地，卡鲁瓦咖啡利口酒，鲜奶油和1/2的蛋清，强力甩动。
3. 将摇酒壶中的酒倒入鸡尾酒杯中。

法国贩毒网

执著于基酒白兰地，奢侈的品位

《法国贩毒网》是一部讲述执著于摧毁贩毒组织故事的刑侦电影，这款酒即源名于此。选取的基酒最好是产自法国的白兰地。

34 🥃 ▦ 🥃

制作材料
白兰地·················45ml
意大利苦杏酒·········15ml

用具、酒杯
岩石杯

制作方法

在岩石杯中加入冰块，倒入白兰地和意大利苦杏酒，搅拌。

尼古拉斯

口中初次品尝到的潇洒鸡尾酒

咀嚼被砂糖包裹的柠檬，待口中溢满酸酸甜甜的滋味时，白兰地的味道泛起。潇洒的喝法，成人的鸡尾酒。

40 🍸 ▦ 🥃

制作材料
白兰地·················1杯
砂糖·················1茶匙
柠檬片·················1片

用具、酒杯
利口酒杯

制作方法

1. 在利口酒杯里倒入白兰地。

2. 在柠檬片上堆起砂糖，将它放在杯口上。

睡帽

想要酣睡一场时，营养值极高的一杯美酒

睡帽鸡尾酒，在白兰地中加入了蛋黄，具有缓解疲劳的效果。这款酒也可以代替鸡蛋酒，是无法入眠时极好的选择。

29 🍸 ▦ 🧴

制作材料
白兰地·················30ml
柑桂酒·················15ml
大茴香酒·················15ml
蛋黄·················1个

用具、酒杯
摇酒壶、浅碟形香槟酒杯

制作方法

1. 在摇酒壶中加入所有的制作材料，强力甩动。

2. 将摇酒壶中的酒倒入香槟酒杯。

被单之间

糅合男女之情，浪漫的一杯美酒

这款鸡尾酒，名字上寓含着"到床上来"的意味，正是为男女之情调制的一杯美酒。白兰地与白色朗姆酒共同合成绝妙的浓厚之味。

32 🍸 ▦ 🧴

制作材料
白兰地·················20ml
白色朗姆酒·············20ml
君度利口酒·············20ml
柠檬果汁·················1茶匙

用具、酒杯
摇酒壶、鸡尾酒杯

制作方法

1. 在摇酒壶中加入所有的制作材料，加入冰块，甩动摇酒壶。

2. 将摇酒壶中的酒倒入鸡尾酒杯中。

白兰地修复

白兰地的香醇与爽口一起享受

在两种白兰地中添加柠檬果汁，富于清凉感的一杯美酒。味道正如酒的名字一样，十分"讨人喜欢"。

18

制作材料

白兰地·······················30ml
樱桃白兰地·················15ml
柠檬果汁·····················15ml
砂糖·························1茶匙
柠檬片·························1片

用具、酒杯

平底大杯、调酒长匙、吸管两根

制作方法

1. 在平底杯中加入柠檬果汁和砂糖，用长匙搅拌，再往杯里添加冰末。

2. 步骤1完成后，往平底杯中导入白兰地和樱桃白兰地，搅拌。

3. 往杯子上添加好柠檬片和吸管。

白兰地蛋诺

加热一下，就是寒冬里的最佳选择

美国南部在庆祝圣诞节时，十分喜欢喝这种加了牛奶和鸡蛋的鸡尾酒。这种酒夏天加冰，冬天加热，可以随季节变化而享受相应的口味。

9

制作材料

白兰地·······················30ml
黑朗姆酒·····················15ml
鸡蛋···························1个
砂糖·························2茶匙
牛奶·························适量
肉桂粉·························少许

用具、酒杯

摇酒壶、调酒长匙、平底杯

制作方法

1. 在摇酒壶中加入白兰地、黑朗姆酒、鸡蛋，砂糖和牛奶，加入冰块，充分甩动，最后将酒倒入平底杯中。

2. 在平底杯中加入3~4块冰块，用长匙搅动，再轻轻抖入一些肉桂粉。

马脖

赌马徒之间的最爱，名叫"马脖"的鸡尾酒

美国的罗斯福总统在一次骑马时，一边抚摸着爱马的脖子，一边为酒起了这个名字。装饰酒的柠檬皮被做成了马脖子的形状。

10

制作材料

白兰地·······················45ml
姜汁淡色啤酒·················适量
柠檬皮·························整片

用具、酒杯

平底杯

制作方法

1. 将1整个柠檬的皮削成螺旋状，一头挂在平底杯的杯沿，让剩下的部分垂在杯中。

2. 在平底杯中加入冰块，倒入白兰地，再用冰镇的姜汁淡色啤酒注到杯子八分满的位置。

女王伊丽莎白

来杯奢华的口味，
遥想起那些淑女们

　　酿出白兰地的芳香
与甜味美思酒的奢华口
感，洋溢着刚中带柔的
成人之味。

25

制作材料

白兰地·················30ml
甜味味美思酒···········30ml
橙色柑桂酒···············1滴

用具、酒杯

混酒杯、滤冰器、调酒长
匙、鸡尾酒杯

制作方法

1. 在混酒杯中加入所有制作材
   料，加入冰块，用长匙搅拌。

2. 步骤1完成后，在混酒杯上套上
   滤冰器，将酒倒入鸡尾酒杯。

香榭丽舍大街

摇映在杯中的华丽
巴黎街市

　　这款酒里透着巴黎
香榭丽舍大街的影子，
色彩华丽，芳香馥郁。
黄色修道院酒的香味和
柠檬的酸味相融性十分
出众。

26

制作材料

白兰地（干邑）·······40ml
黄色修道院酒···········10ml
柠檬果汁···············10ml
安格斯图拉苦精酒······1滴

用具、酒杯

摇酒壶、鸡尾酒杯

制作方法

1. 在摇酒壶中加入所有制作材
   料，加入冰块，甩动摇酒壶。

2. 将摇酒壶中的酒倒入鸡尾
   酒杯。

刺

饮酒时心情畅快，
餐后酒的代表作

　　这是一款纽约科勒
尼餐厅设计的餐后酒。
正如名字一样，薄荷甜
酒的爽快风味如针如
刺般。

31

制作材料

白兰地·················50ml
白薄荷甜酒·············10ml

用具、酒杯

摇酒壶、鸡尾酒杯

制作方法

1. 在摇酒壶中加入所有制作材
   料和冰块，甩动摇酒壶。

2. 将摇酒壶中的酒倒入鸡尾
   酒杯。

蜜月

欲饮于新婚的旅行
中，充满着幸福的
滋味

　　柠檬和柑橘相互交
融，酸甜的味道仿佛是
在祝福两位新人。新婚
旅行之际不可不饮的一
杯美酒。

23

制作材料

甜杏白兰地·············30ml
本尼迪克特甜酒·········10ml
柠檬果汁···············15ml
橙色柑桂酒···············5ml
玛若丝卡酸味樱桃······1颗

用具、酒杯

摇酒壶、鸡尾酒杯

制作方法

1. 在摇酒壶中加入除玛若丝卡酸
   味樱桃外的所有制作材料，加
   入冰块，甩动摇酒壶。

2. 将摇酒壶中的酒倒入鸡尾酒
   杯，将玛若丝卡酸味樱桃沉
   入酒杯。

奥林匹克

看亦爽快，饮也酣畅的维生素鸡尾酒

这是里兹饭店为纪念1900年举办的巴黎奥运会而调制的鸡尾酒。橙汁渗透酒体的一杯美酒。

24

制作材料

白兰地	25ml
橙色柑桂酒	15ml
橙汁	20ml

用具、酒杯

摇酒壶、鸡尾酒杯

制作方法

1. 在摇酒壶中加入所有制作材料，加入冰块，甩动摇酒壶。
2. 将摇酒壶中的酒倒入鸡尾酒杯。

梦

最适合于辗转反侧的夜

想与恋人在梦中私语时，这杯酒最合适不过了。因为酒精度高，所以这是难以入眠时最适合不过的鸡尾酒。

35

制作材料

白兰地	45ml
橙色柑桂酒	15ml
潘诺茴香酒	1滴

用具、酒杯

摇酒壶、鸡尾酒杯

制作方法

1. 在摇酒壶中加入所有制作材料，加入冰块，甩动摇酒壶。
2. 将摇酒壶中的酒倒入鸡尾酒杯。

威尼托大街

将深邃的味道进行复杂地调和

在白兰地与森伯加利口酒的深邃味道中，还可以体味到蛋清的润滑滋味，柠檬清爽的沁香则留在心间，一杯甜口鸡尾酒。

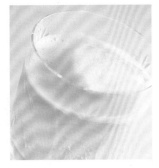

26

制作材料

白兰地	45ml
森伯加利口酒	15ml
鲜柠檬果汁	10ml
糖浆	1茶匙
蛋清	1/2

用具、酒杯

摇酒壶、调酒长匙、古典杯

制作方法

1. 在摇酒壶中加入所有制作材料，加入冰块，充分甩动。
2. 将摇酒壶中的酒倒入加了冰块的古典杯中。

巴尔的摩开拓者

让心归于宁静，温润的口感

茴香酒独特的味道与白兰地绝妙地配合，包围在蛋清的温润口感中，如天使般柔和的鸡尾酒。

21

制作材料

白兰地	30ml
茴香酒	30ml
蛋清	1个

用具、酒杯

摇酒壶、浅碟形香槟杯

制作方法

1. 在摇酒壶中加入所有制作材料，加入冰块，强力甩动。
2. 将摇酒壶中的酒倒入浅碟形香槟杯中。

白兰地酸酒

畅饮白兰地，促进食欲

　　这款鸡尾酒在白兰地中加入柠檬果汁和砂糖，真是畅爽的享受。许多人会在饭前喝一杯，入口舒适。

23

制作材料

白兰地	45ml
柠檬果汁	20ml
砂糖	1茶匙
柠檬片	1片
红樱桃	1颗

用具、酒杯

摇酒壶、酸酒杯、鸡尾酒签

制作方法

1. 在摇酒壶中加入白兰地、柠檬果汁和砂糖，加入冰块，强力甩动。

2. 将摇酒壶中的酒倒入酸酒杯中，用鸡尾酒签串好柠檬片和红樱桃，放入杯中。

红磨坊

浮想起巴黎的舞女，充满华丽的一杯美酒

　　这款酒得名于因画家罗特列克（Henri de Toulouse-Lautrec）画《舞女》而出名的巴黎红磨坊酒吧，充溢着异国情调。

11

制作材料

白兰地	30ml
菠萝汁	80ml
香槟	适量
菠萝片	1片
玛若丝卡酸味樱桃	1颗

用具、酒杯

调酒长匙、柯林斯酒杯、鸡尾酒签

制作方法

1. 在柯林斯酒杯中加入冰块，倒入白兰地和菠萝汁，用长匙搅拌。

2. 用冰镇的香槟注满杯子。

3. 用鸡尾酒签串好菠萝片和玛若丝卡酸味樱桃，把它装饰到杯中。

克罗斯

倾杯于圣诞节前夜的温暖小屋

　　克罗斯是"圣诞老人"（Santa Claus）的意思。这款长鸡尾酒中，白兰地与苦味味美思的温润口感里散发着意大利苦杏酒的清香。

13

制作材料

白兰地	45ml
苦味味美思	10ml
意大利苦杏酒	10ml
柠檬果汁	5ml
糖浆	1茶匙
汤力水	适量
柠檬片	1片
玛若丝卡酸味樱桃	1颗

用具、酒杯

调酒长匙、柯林斯酒杯、鸡尾酒签

制作方法

1. 在柯林斯酒杯中加入冰块，倒入白兰地、苦味味美思、意大利苦杏酒、柠檬果汁和糖浆。

2. 将冰镇的汤力水注满杯子，用长匙搅拌。

3. 用鸡尾酒签串好柠檬片和玛若丝卡酸味樱桃，把它装饰到杯中。

夜宿早餐

自古以来就广受欢迎的厚重口味

　　漂浮着本尼迪克特DOM的标准鸡尾酒，甘甜而浓厚的味道备受欢迎。

制作方法

慢慢顺着调酒长匙的背侧往利口酒杯中依次倒入本尼迪克特DOM和白兰地。

20

制作材料
白兰地……………………15ml
本尼迪克特DOM ……15ml

用具、酒杯
调酒长匙、利口酒杯

寒冷甲板

给成人时光上色，琥珀色的酒色

　　白兰地与甜味味美思的甘冽芬芳中再加入白胡椒薄荷利口酒，共同调制出洗练的滋味。琥珀色的酒色更是赏心悦目。

制作方法

1. 在混酒杯中加入所有的制作材料，加入冰块，用长匙搅拌。

2. 步骤1完成后，在混酒杯上套上滤冰器，将酒倒入鸡尾酒杯中。

30

制作材料
白兰地……………………30ml
白胡椒薄荷利口酒……15ml
甜味味美思………………15ml

用具、酒杯
混酒杯、滤酒器、调酒长匙、鸡尾酒杯

千娇百媚

幽深的滋味，为成人而准备

　　芳醇的白兰地中加入薄荷的清爽香味，再与甜味味美思相配比，专为成人调制的鸡尾酒。

制作方法

1. 在摇酒壶中加入所有的制作材料，加入冰块，甩动摇酒壶。

2. 将摇酒壶中的酒倒入鸡尾酒杯中。

32

制作材料
白兰地……………………40ml
白胡椒薄荷利口酒……10ml
甜味味美思………………10ml

用具、酒杯
摇酒壶、鸡尾酒杯

哈姆莱特

复杂的滋味，浪漫的一杯鸡尾酒

　　芳醇的白兰地中，香蕉利口酒的浓厚甘甜和阿梅皮康酒的苦味复杂交错，一边品尝，一边联想着哈姆莱特。

制作方法

1. 在摇酒壶中加入所有的制作材料，加入冰块，甩动摇酒壶。

2. 将摇酒壶中的酒倒入鸡尾酒杯中。

27.3

制作材料
白兰地……………………20ml
阿梅皮康酒………………20ml
香蕉利口酒………………20ml
柑橘淡味啤酒……………1滴

用具、酒杯
摇酒壶、鸡尾酒杯

法国核桃

散发浓浓奶香的鸡尾酒

核桃利口酒拥有核桃的温柔滋味，在酒中加入白兰地的芳醇香味，演绎出红叶飘零的秋之深意。

32 🍸 🖼️ 🥃

制作材料

白兰地……………………30ml
核桃利口酒………………30ml

用具、酒杯

调酒长匙、白兰地酒杯

制作方法

在放了两块冰块的白兰地酒杯中倒入所有制作材料，用长匙搅拌。

多洛雷斯

可可的馨香，高品质的一杯美酒

白兰地中仿佛包含着樱桃与巧克力，浓厚的甘甜美味让女士们情不自禁地醉心其中。

30 🍸 🖼️ 🏺

制作材料

白兰地……………………20ml
白可可利口酒……………20ml
樱桃利口酒………………20ml
玛若丝卡酸味樱桃……… 1颗

用具、酒杯

摇酒壶、鸡尾酒杯、鸡尾酒签

制作方法

1. 在摇酒壶中加入除玛若丝卡酸味樱桃外的所有制作材料，加入冰块，甩动摇酒壶。

2. 将摇酒壶中的酒倒入鸡尾酒杯中，用鸡尾酒签串好玛若丝卡酸味樱桃，放入杯中。

梦幻天使

天使的微笑掩映在三层交相辉映的酒色中

三层熠熠生辉的酒色就像天使的微笑一般，温润的口味与馥郁的芬芳连接起梦幻的世界。

31 🍸 🖼️ 🥃

制作材料

白兰地……………………10ml
马拉斯加利口酒…………10ml
紫罗兰利口酒……………10ml

用具、酒杯

调酒长匙、利口酒杯

制作方法

顺着调酒长匙的背侧，将紫罗兰利口酒、马拉斯加利口酒和白兰地依次倒入利口酒杯，让其自然沉淀分层。

恶魔

恶魔潜形于杯中，很刺激的一杯美酒

浓厚的白兰地芳香中弥漫着薄荷的清凉风味，饮后又有红椒的辛辣回味，如恶魔一般刺激的鸡尾酒。

34.9 🍸 🖼️ 🏺

制作材料

白兰地……………………40ml
绿胡椒薄荷利口酒………20ml
红椒粉………………………适量

用具、酒杯

摇酒壶、鸡尾酒杯

制作方法

1. 在摇酒壶中加入除红椒粉外的所有制作材料，加入冰块，甩动摇酒壶。

2. 将摇酒壶中的酒倒入鸡尾酒杯中，将少许红椒粉轻轻震落到酒杯里。

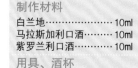

皇亲国戚

玫瑰飘彩，美丽可人的开胃酒

正如名字一样，这是一杯洋溢着高贵品位的开胃鸡尾酒。酒中散发着雪利马尼尔、白兰地的口味与香槟的清凉口感，十分爽口。

24

制作材料

白兰地······30ml
雪利马尼尔······10ml
青柠檬果汁······1茶匙
香槟······适量
玛若丝卡酸味樱桃······1颗
百丽玫瑰（食用花）······1朵
酸橙皮······1片

用具、酒杯

摇酒壶、香槟杯

制作方法

1. 在摇酒壶中加入白兰地、雪利马尼尔和青柠檬果汁，加入冰块，甩动摇酒壶。

2. 将摇酒壶中的酒倒入香槟杯，用冰镇香槟注满杯子。

3. 将百丽玫瑰插在樱桃上，装饰在杯沿，将酸橙皮放入杯中。

美国佳人

一杯美酒，让你迷醉于美艳的双层颜色

热情的红色上泛起波特葡萄酒，酿成一杯气氛妖艳的美酒。多汁的口味正如美国的佳人一般。

19.3

制作材料

白兰地······15ml
白胡椒薄荷利口酒······1滴
苦味味美思······15ml
鲜柠檬果汁······15ml
红石榴糖浆······1茶匙
波特葡萄酒······少量

用具、酒杯

摇酒壶、调酒长匙、鸡尾酒杯

制作方法

1. 在摇酒壶中加入除波特葡萄酒外的制作材料，加入冰块，甩动摇酒壶。

2. 将摇酒壶中的酒倒入鸡尾酒杯，倒入波特葡萄酒，使其漂在表面。

美好爱情

芳香白兰地，略微正统的饮法

这款鸡尾酒在本尼迪克特甜酒DOM厚重的味道与白兰地的风味之外，又添加了水果的酸味以创造深邃口感，同时也使甜味凸显了出来。

26.6

制作材料

白兰地······20ml
本尼迪克特甜酒DOM······20ml
鲜葡萄汁······10ml
鲜柠檬果汁······10ml
红石榴糖浆······2茶匙

用具、酒杯

摇酒壶、鸡尾酒杯

制作方法

1. 在摇酒壶中加入所有制作材料和冰块，甩动摇酒壶。

2. 将摇酒壶中的酒倒入鸡尾酒杯。

贵格会教徒

清爽口感，幽深芳香

在白兰地中加入白色朗姆酒的强劲味道，调成了这款辣口鸡尾酒。覆盆子利口酒的酸甜味与鲜柠檬果汁的酸味，共同演绎出热情的口感。品一杯，一边慢慢进入醉心的状态，一边享受秋之长夜。

30

制作材料

白兰地	20ml
覆盆子利口酒	10ml
白色朗姆酒	20ml
鲜柠檬果汁	10ml

用具、酒杯

摇酒壶、鸡尾酒杯

制作方法

1. 在摇酒壶中加入所有制作材料和冰块，甩动摇酒壶。

2. 将摇酒壶中的酒倒入鸡尾酒杯。

苹果玫瑰

白兰地与水果的完美组合

白兰地浓厚的味道，苹果汁和雪利马尼尔的酸甜味与柠檬的酸味，均衡配比，调制出这款果味香浓的美酒。芬芳馥郁是这款酒的特点，只喝上一口，便顿觉迷醉于花田，浪漫无比。

22.3

制作材料

白兰地苹果酒	20ml
雪利马尼尔	20ml
苹果汁	15ml
鲜柠檬果汁	5ml
红石榴糖浆	1茶匙

用具、酒杯

摇酒壶、鸡尾酒杯

制作方法

1. 在摇酒壶中加入所有制作材料和冰块，甩动摇酒壶。

2. 将摇酒壶中的酒倒入鸡尾酒杯。

亲吻男孩说再见

泛着复杂的滋味，专供成人的鸡尾酒

风味厚重的白兰地中加入酸甜可口的野莓金酒，制成一杯无可挑剔的深邃口感鸡尾酒。酒精的烈性，杯中洋溢的甜香，复杂的滋味，这正是专供成人的一杯美酒。

31

制作材料

白兰地	25ml
野莓金酒	25ml
蛋清	10ml
鲜柠檬果汁	1滴

用具、酒杯

摇酒壶、古典杯

制作方法

1. 在摇酒壶中加入所有制作材料和冰块，强力甩动摇酒壶。

2. 将摇酒壶中的酒倒入装有冰块的古典杯中。

蒙大拿

酒红色，只为热情的成人调制

白兰地中加入葡萄酒，演绎这款鸡尾酒深邃的味道。热情的酒红色与深邃的味道诱惑了不少人。

24

制作材料
白兰地·····················30ml
苦味味美思···············15ml
葡萄酒·····················15ml

用具、酒杯
混酒杯、滤冰器、调酒长匙、鸡尾酒杯

制作方法
1. 在混酒杯中加入所有制作材料和冰块，用长匙搅拌。
2. 步骤1完成后，在混酒杯上套上滤冰器，将酒倒入鸡尾酒杯中。

KK咖啡

精心打造咖啡芳香的鸡尾酒

这款鸡尾酒在咖啡新鲜的芳香与白兰地的芳醇中加入搅打奶油的甘甜，能消除身体的疲劳，是餐后的人气之选。

8

制作材料
白兰地·····················15ml
咖啡利口酒···············30ml
热咖啡·····················适量
搅打奶油···············15ml

用具、酒杯
调酒长匙、平底大杯、玻璃底座、搅拌匙

制作方法
1. 在附有玻璃底座的平底杯中加入除搅打奶油以外的所有制作材料，用长匙搅拌。
2. 步骤1完成后，往杯中添加搅打奶油，使其浮在表面，插入搅拌匙。

经典

水果的美味与砂糖共鸣

白兰地的风味与酸甜的口感，浓郁的芳香，就是这款古典的鸡尾酒了。适合在安谧的酒吧里，一边沉浸于钢琴音色中，一边细细品尝。

28

制作材料
白兰地·····················30ml
柠檬果汁···············10ml
橙汁·······················10ml
马拉斯加利口酒·······10ml
砂糖·······················适量

用具、酒杯
摇酒壶、鸡尾酒杯

制作方法
1. 在鸡尾酒杯的杯沿上，用砂糖做好雪花边饰。
2. 在摇酒壶中加入除砂糖外的所有制作材料，加入冰块，甩动摇酒壶。
3. 将摇酒壶中的酒倒入带有雪花边饰的杯中。

闪亮琥珀色

悦然于白兰地的风味与樱桃的芳香

酒杯中溢满白兰地风味与樱桃的芳香，口味厚重，是一款适合成人的鸡尾酒。

22

制作材料
白兰地·····················25ml
樱桃白兰地···············17ml
鲜橙汁···················8.5ml
鲜柠檬果汁···············8.5ml

用具、酒杯
摇酒壶、鸡尾酒杯

制作方法
1. 在摇酒壶中加入所有制作材料和冰块，甩动摇酒壶。
2. 将摇酒壶中的酒倒入鸡尾酒杯中。

变焦

既美容又瘦身，最适合女性的蜂蜜鸡尾酒

　　口味丰富的白兰地、蜂蜜与鲜奶油共同调制成这杯鸡尾酒，既能消除疲劳又有极佳的美容效果，最适合于女性。

17 🍸 🖼 🍶

制作材料

白兰地	30ml
蜂蜜	15ml
鲜奶油	15ml

用具、酒杯

摇酒壶、鸡尾酒杯

制作方法

1. 在摇酒壶中加入所有制作材料和冰块，甩动摇酒壶。

2. 将摇酒壶中的酒倒入鸡尾酒杯中。

摩卡亚历山大

尽情享受咖啡的上品风味

　　咖啡利口酒的苦味和白兰地温润的口感包围了鲜奶油的味道，既温柔又优雅的一款鸡尾酒。

27 🍸 🖼 🍶

制作材料

白兰地	30ml
咖啡利口酒	15ml
鲜柠檬果汁	15ml

用具、酒杯

摇酒壶、鸡尾酒杯

制作方法

1. 在摇酒壶中加入所有制作材料和冰块，充分甩动。

2. 将摇酒壶中的酒倒入鸡尾酒杯中。

日本赛马

在热情洋溢的舞台上演出复杂的芬芳

　　风味芳醇的白兰地，百香果制成的茴香酒，芬芳甘甜的意大利苦杏酒，在最热情的舞台上同台献艺。

23 🍸 🖼 🍶

制作材料

白兰地	30ml
茴香酒	25ml
意大利苦杏酒	10ml
红石榴糖浆	10ml
蛋清	10ml

用具、酒杯

摇酒壶、鸡尾酒杯

制作方法

1. 在摇酒壶中加入所有制作材料和冰块，甩动摇酒壶

2. 将摇酒壶中的酒倒入鸡尾酒杯中。

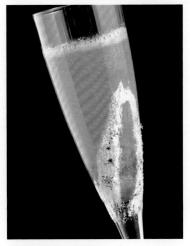

摩天大楼

献给伊人，美妙的双层鸡尾酒

　　橙汁、柑橘露的黄色，西番莲利口酒的红色交织成这款鸡尾酒美妙的酒色，只愿为心上人献上一杯。

24 Y

制作材料

白兰地	20ml
西番莲利口酒	10ml
意大利苦杏酒	15ml
橙汁	15ml
柑橘露	60ml
玫瑰	1枝

用具、酒杯
摇酒壶、酸酒杯、吸管两根

制作方法

1. 在摇酒壶中加入除柑橘露和玫瑰外的所有制作材料，加入冰块，甩动摇酒壶。

2. 将摇酒壶中的酒倒入事先添加了柑橘露的酒杯中。把玫瑰放在一旁作点缀。

盛世黄金

灵感源于金牌，浪形优美

　　金粉与糖浆制成浪形优美的"金牌"，香槟清爽的口味与水果的清香都融于这款美味的鸡尾酒中。

11 Y

制作材料

白兰地	15ml
蓝莓利口酒	1滴
葡萄汁	45ml
香槟	注满
葡萄（去皮）	适量
糖浆	适量
金粉	适量

用具、酒杯
摇酒壶，长笛形香槟杯

制作方法

1. 用糖浆润湿长笛形香槟杯的外壁。用金粉与砂糖混合成的粉末在杯子上涂出按照片所示的波形。

2. 在摇酒壶中加入白兰地、蓝莓利口酒和葡萄汁，甩动摇酒壶。

3. 将摇酒壶中的酒倒入香槟杯，用香槟注满，最后把去皮的葡萄放入杯中。

猫和老鼠

暖自心间，润在舌尖

　　这是著名的调酒师杰利·汤玛斯的处女作。鸡蛋的泡沫升起在这款热鸡尾酒中，推荐在感冒时饮用。

9 Y

制作材料

白兰地	20ml
黑朗姆酒	20ml
砂糖	2茶匙
鸡蛋	1个
热水	适量
肉桂粉	少许

用具、酒杯
调酒长匙、圆钵、平底高脚杯

制作方法

1. 在圆钵中，将蛋清与蛋黄分别打出泡沫。在蛋黄中加入砂糖，待起泡后将之与蛋清混合。

2. 将白兰地与黑朗姆酒倒入混了蛋清与蛋黄的圆钵中，搅拌，倒入温热的平底高脚杯中。

3. 往平底高脚杯中加入热水，再次搅拌，轻轻抖落一些肉桂粉到杯中。

TEQUILA

龙舌兰系列

龙舌兰 以龙舌兰酒为基酒制作酒品一览

※基酒以及利口酒和其他酒品的容量单位都为ml。

鸡尾酒名称	类别		调制手法	酒水度数	味道	基酒	利口酒、其他酒品
玛格丽特（日本皇家花园大酒店）	⏶	🪨	🍶	20	中口	欧雷龙舌兰酒30	君度利口酒15
玛格丽特（东京全日空大酒店）	⏶	🪨	🍶	25.6	中口	希玛窦银龙舌兰酒30	君度利口酒15
玛格丽特（东京大仓饭店）	⏶	🪨	🍶	26	中口	白龙舌兰酒40	君度利口酒5
玛格丽特（日本京王广场酒店）	⏶	🪨	🍶	30	中口	索查银龙舌兰酒30	君度利口酒15
玛格丽特（日本新大谷酒店）	⏶	🪨	🍶	28	中口	赫拉多拉银龙舌兰酒45	君度利口酒1茶匙
玛格丽特（日本帝国酒店）	⏶	🪨	🍶	27.3	中口	欧连坦龙舌兰酒45	君度利口酒9
玛格丽特（日本宫殿酒店）	⏶	🪨	🍶	30	中口	欧连坦龙舌兰酒45	君度利口酒20
玛格丽特（日本皇家花园大酒店）	⏶	🪨	🍶	26	中口	欧雷龙舌兰酒30	君度利口酒10
玛格丽特（东京世纪凯悦大酒店）	⏶	🪨	🍶	26	中口	欧雷龙舌兰酒70	君度利口酒10
玛格丽特（日本大都会大饭店）	⏶	🪨	🍶	30	中口	欧雷龙舌兰酒30	君度利口酒15
玛格丽特（东京太平洋大酒店）	⏶	🪨	🍶	21	中口	索查银龙舌兰酒60	君度利口酒15
玛格丽特（东京王子大饭店）	⏶	🪨	🍶	26	中口	欧雷龙舌兰酒50	君度利口酒20
蓝色玛格丽特	⏶	🪨	🍶	12	中口	龙舌兰酒30	蓝色柑桂酒15
冰冻玛格丽特	⏶	🪨	🥤	12	中口	龙舌兰酒30	君度利口酒15
金万利玛格丽特	⏶	🪨	🍶	18	中口	龙舌兰酒25	金万利20
绿色玛格丽特	⏶	🪨	🍶	26	中口	龙舌兰酒30	哈密瓜利口酒15
仿声鸟	⏶	🥄	🍶	26.3	中口	龙舌兰酒30	绿胡椒薄荷酒15
斗牛士	🥃	🪨	🍶	12	中口	龙舌兰酒30	
肯奇塔	⏶	🥄	🍶	16	中口	龙舌兰酒30	
日出龙舌兰	⏶	🪨	🥃	12	中口	龙舌兰酒45	
日落龙舌兰	⏶	🪨	🍶	5	中口	龙舌兰酒30	

果汁	甜味、香味材料	碳酸饮料	装饰和其他	页数
鲜柠檬果汁15			玛格丽特盐适量、S柠檬2片	292
鲜柠檬果汁15			柠檬块1块、玛格丽特盐适量	293
鲜青柠檬果汁15			柠檬块1块、食盐适量	294
鲜柠檬果汁15			柠檬块1块、岩盐（粉碎）适量	295
鲜柠檬果汁15			柠檬块1块、玛格丽特盐适量	296
鲜柠檬果汁15			柠檬1片、天然盐适量	297
鲜柠檬果汁15			柠檬块1块、食盐适量	298
鲜柠檬果汁20			柠檬块1块、食盐适量	299
鲜柠檬果汁10			柠檬块1块、玛格丽特盐适量	300
鲜柠檬果汁15			柠檬块1块、食盐适量	301
鲜柠檬果汁15			柠檬块1块、食盐适量	302
鲜柠檬果汁20			柠檬块1块、玛格丽特盐适量	303
青柠檬果汁（或者柠檬果汁）15			食盐适量	304
青柠檬果汁（或柠檬果汁）15	砂糖1茶匙		食盐适量、M樱桃1颗、S柠檬1片	304
青柠檬果汁15			食盐适量	304
鲜柠檬果汁15			食盐适量	305
鲜柠檬果汁15				305
菠萝汁45、鲜柠檬果汁15				305
葡萄汁20、柠檬果汁2茶匙				305
橙汁90	G糖浆2茶匙			306
柠檬果汁30	G糖浆1茶匙		S柠檬1片	306

鸡尾酒名称	类别		调制手法	酒水度数	味道	基酒	利口酒、其他酒品
墨西哥				17	甜口	龙舌兰酒40	
流言蜚语				10	中口	龙舌兰酒25	柠檬利口酒15、百香果利口酒10、紫罗兰利口酒10
旭日				31	中口	龙舌兰酒30	黄色修道院酒20、野莓金酒1茶匙
赫尔墨斯				21	中口	龙舌兰酒（赫拉多拉）20	黄香李酒20、茴香酒1茶匙
仙客来				22	中口	龙舌兰酒30	君度利口酒30
快点快点				6.9	甜口	龙舌兰酒30	金百利酒10、香蕉利口酒30
野莓龙舌兰				28.3	辣口	龙舌兰酒30	野莓金金酒15
恶魔				14	甜口	龙舌兰酒45	黑加仑酒15、姜汁淡色啤酒适量
大使				11	中口	龙舌兰酒45	
思念百老汇				16	中口	龙舌兰酒30	
仙人掌				7.2	甜口	龙舌兰酒45	加里安奴利口酒15
莎罗娜香柠				27	甜口	龙舌兰酒15	意大利苦杏酒30
天狼星				26	中口	龙舌兰酒30	干金酒10、蓝色柑桂酒10、马拉斯加利口酒2滴
热唇				15	甜口	龙舌兰酒15	西番莲利口酒15
野莓车夫				21	中口	龙舌兰酒30	野莓金酒15
骑马斗牛士				35.2	甜口	龙舌兰酒20	咖啡利口酒40

果汁	甜味、香味材料	碳酸饮料	装饰和其他	页数
菠萝汁20	红石榴糖浆1滴			306
			绿橄榄1颗、黑橄榄1颗	307
青柠檬果汁（甘露酒）10			M樱桃1颗、盐适量	307
青柠檬果汁10				307
橙10、柠檬果汁10	红石榴糖浆1茶匙		柠檬皮适量	308
番石榴汁80、鲜柠檬果汁10			菠萝片1片、柑橘块1/2块、M樱桃1颗	308
鲜柠檬果汁15			长条黄瓜1根	308
鲜柠檬果汁10			S柠檬1片	309
橙汁适量、糖浆1茶匙	柑橘片1片		M樱桃1颗	309
橙汁20、柠檬果汁10	糖浆1茶匙			309
鲜橙汁适量				310
酸橙甘露汁15				310
酸橙甘露汁10			柠檬块1块、柠檬粉适量	310
鲜橙汁15、越橘汁15				311
鲜柠檬果汁15				311
	柠檬皮适量			311

DAIWA ROYAL HOTELS

玛格丽特（日本皇家大酒店）

严守最基本的制作菜单，使用传统的白色柑桂酒

　　玛格丽特仅仅使用龙舌兰和白色柑桂酒以及青柠檬（柠檬）果汁就可以调和出相对比较简单的鸡尾酒，在日本皇家大酒店（DAIWA ROYAL HOTELS）的调和中特别重视白色柑桂酒的用量不超过柠檬果汁的用量。这样，提出来的酒味道平衡，清凉感十足，让人能够充分地感受到玛格丽特的味道，另外在摇酒方面需要仔细摇和，让所有材料能够很好地混合在一起。

制作材料

欧雷龙舌兰酒……………………… 30ml
君度利口酒………………………… 15ml（－）
鲜柠檬果汁………………………… 15ml（＋）
玛格丽特盐………………………… 适量
柠檬片………………………………2片
※君度酒用量不能超过15ml，鲜榨柠檬果汁的
　用量不能少于15ml

用具、酒杯

摇酒器、鸡尾酒杯

制作方法

1. 用柠檬片把鸡尾酒杯的杯沿润湿，再用玛格丽特盐在杯沿上做出雪花边饰。

2. 在摇酒壶中加入欧雷龙舌兰酒、君度利口酒和鲜柠檬果汁，加入冰块，甩动摇酒壶。

3. 将摇酒壶中的酒倒入鸡尾酒杯，在杯边用柠檬片作装饰。

玛格丽特（东京全日空大酒店）

严守标准的配方，调出正统的口味

　　东京全日空大酒店主营酒吧"达·芬奇"的这款玛格丽特使用了口感清爽而温和的希玛窦银龙舌兰酒，按照标准的配方进行配比。甜味，酸味与龙舌兰酒的风味均衡调和，是标准配方的正统风味。此外，杯沿的雪花边饰使用的是富含矿物质，有着盐分中天然甜味的玛格丽特盐。这样一来，玛格丽特的苦辣口感便完美地展现了出来。

制作材料

希玛窦银龙舌兰酒	30ml
君度利口酒	15ml
鲜柠檬果汁	15ml
柠檬块	1块
玛格丽特盐	适量

用具、酒杯

摇酒壶、鸡尾酒杯

制作方法

1. 在摇酒壶中加入希玛窦银龙舌兰酒、君度利口酒、鲜柠檬果汁，柠檬块和冰块，甩动摇酒壶。

2. 将摇酒壶中的酒倒入鸡尾酒杯。

玛格丽特（东京大仓饭店）

激活龙舌兰酒的强劲口味，完成度高的一杯辣口鸡尾酒

　　玛格丽特的标准配方是龙舌兰酒、白柑桂酒与青柠檬果汁的2∶1∶1配比，而日本东京大仓饭店（Hotel Okura）的主营酒吧"兰花"的配方却与之不同，基酒龙舌兰酒的分量更多而柑桂酒的分量更少，口味极辛，龙舌兰酒自身的滋味也因此而凸显了出来。此外，酒吧没有采用柠檬果汁，而是用了与龙舌兰酒相融性极好的鲜青柠檬果汁，这进一步提高了鸡尾酒的品质。

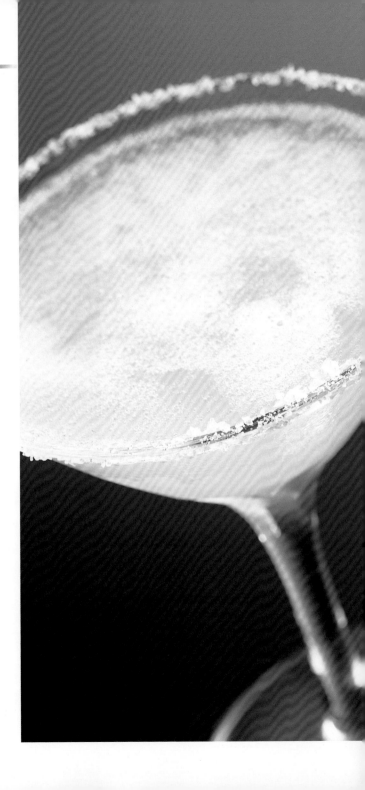

制作材料

白龙舌兰酒	40ml
君度利口酒	5ml
鲜青柠檬果汁	15ml
柠檬块	1块
食盐	适量

用具、酒杯

摇酒壶、鸡尾酒杯

制作方法

1. 用柠檬块把鸡尾酒杯的杯沿润湿，再用盐在杯沿上做出雪花边饰。

2. 在摇酒壶中加入白龙舌兰酒、君度利口酒和鲜青柠檬果汁，加入冰块，甩动摇酒壶。

3. 将摇酒壶中的酒倒入鸡尾酒杯。

玛格丽特（日本京王广场酒店）

注重酸味与甜味的平衡，调出龙舌兰酒的风味

　　日本京王广场酒店（Keio Plaza Hotel Tokyo）的主营酒吧"闪光"虽然使用风味强劲的龙舌兰酒，但选择的是香味沁人、口感舒适的索查银龙舌兰酒。在配方上，严守着标准配方，君度利口酒细微的甜味与鲜柠檬果汁劲爽的酸味均衡调和，龙舌兰酒本身的香味又十分袭人。此外，雪花边饰使用的盐也是口感极好的岩盐，为了与鸡尾酒充分配合，岩盐通过碾机进行了粉碎加工。

制作材料

索查银龙舌兰酒	30ml
君度利口酒	15ml
鲜柠檬果汁	15ml
柠檬块	1块
岩盐（粉碎）	适量

用具、酒杯

摇酒壶、鸡尾酒杯

制作方法

1. 用柠檬块把鸡尾酒杯的杯沿润湿，再用岩盐在杯沿上做出雪花边饰。

2. 在摇酒壶中加入索查银龙舌兰酒、君度利口酒和鲜柠檬果汁，加入冰块，甩动摇酒壶。

3. 将摇酒壶中的酒倒入鸡尾酒杯。

Hotel New Otani

玛格丽特（日本新大谷酒店）

柠檬的劲酸之中略带甜味，辣口的玛格丽特

　　日本新大谷酒店（Hotel New Otani）的主营酒吧"卡普里"为了激活基酒赫拉多拉银龙舌兰酒的美味口感，在鸡尾酒里加足了基酒的分量。在配方的调整上，君度利口酒分量的减少降低了甜度，另一方面，鲜柠檬果汁的酸味却持续发挥，又使人能够耐受得住龙舌兰酒的强劲风味。雪花边饰使用的玛格丽特盐，如果不经加工就使用的话，会使酒显得很强劲，所以在这里进行了细碎处理。

28

制作材料

赫拉多拉银龙舌兰酒	45ml
君度利口酒	1茶匙
鲜柠檬果汁	15ml
柠檬块	1块
玛格丽特盐	适量

用具、酒杯
摇酒壶、鸡尾酒杯

制作方法

1. 用柠檬块把鸡尾酒杯的杯沿润湿，再用玛格丽特盐在杯沿上做出雪花边饰。

2. 在摇酒壶中加入赫拉多拉银龙舌兰酒、君度利口酒和鲜柠檬果汁，加入冰块，甩动摇酒壶。

3. 将摇酒壶中的酒倒入鸡尾酒杯。

玛格丽特（日本帝国酒店）

略带甜味，百喝不厌

　　日本帝国酒店（IMPERIAL Hotel）主营酒吧"古老帝国"使用的是龙舌兰酒中香味特别清冽而口味苦辛的欧连坦龙舌兰酒。与龙舌兰酒的45ml相比，将君度利口酒限定在9ml，量就极少了。再加入15ml鲜柠檬果汁，这款玛格丽特的甜味就更加降低，而龙舌兰的男性风味即凸显出来。这是一杯调和了柠檬果汁酸味的美酒，适合喜欢喝辣口酒的人。

制作材料

欧连坦龙舌兰酒	45ml
君度利口酒	9ml
鲜柠檬果汁	15ml
柠檬块	1片
天然盐	适量

用具、酒杯

摇酒壶、鸡尾酒杯

制作方法

1. 用柠檬块把鸡尾酒杯的杯沿润湿，再用天然盐在杯沿上做出雪花边饰。

2. 在摇酒壶中加入欧连坦龙舌兰酒、君度利口酒和鲜柠檬果汁，加入冰块，甩动摇酒壶。

3. 将摇酒壶中的酒倒入鸡尾酒杯。

玛格丽特（日本宫殿酒店）

温润的口感与爽冽的滋味

　　根据玛格丽特的标注配方，在龙舌兰酒之外加入的白柑桂酒与鲜柠檬（酸橙）汁的量是一样的。但在日本宫殿酒店（Palace Hotel）酒店的"皇家"酒吧里，君度利口酒（白柑桂酒）的分量却更多，因此口味较甜，口感更舒适。近年来，鸡尾酒有着越来越偏辣口的趋势，但这个向来宾客盈门的酒吧却并不随大流，而是恪守着传统的玛格丽特口味。

制作材料

欧连坦龙舌兰酒	45ml
君度利口酒	20ml
鲜柠檬果汁	15ml
柠檬块	1块
食盐	适量

用具、酒杯

摇酒壶、鸡尾酒杯

制作方法

1. 用柠檬块把鸡尾酒杯的杯沿润湿，再用盐在杯沿上做出雪花边饰。

2. 在摇酒壶中加入欧连坦龙舌兰酒、君度利口酒和鲜柠檬果汁，加入冰块，甩动摇酒壶。

3. 将摇酒壶中的酒倒入鸡尾酒杯。

玛格丽特（日本皇家花园大酒店）

龙舌兰酒基酒的均衡口感

　　皇家花园大酒店的主营酒吧"皇家苏格兰"里的玛格丽特，与标准的2∶1∶1配比不同，采用了3∶1∶2的比例，酸味略强。在基酒的选择上，采用了较为平淡的欧雷龙舌兰酒，清冽的口感，温润的甜味与清新的酸味在杯中浑然一体。而雪花边饰用的盐是滋味多样的食盐，极富透明感。

26 🍸 🧊 🏺

制作材料

欧雷龙舌兰酒	30ml
君度利口酒	10ml
鲜柠檬果汁	20ml
柠檬块	1块
食盐	适量

用具、酒杯

摇酒壶、鸡尾酒杯

制作方法

1. 用柠檬块把鸡尾酒杯的杯沿润湿，再用食盐在杯沿上做出雪花边饰。

2. 在摇酒壶中加入欧雷龙舌兰酒、君度利口酒和鲜柠檬果汁，加入冰块，甩动摇酒壶。

3. 将摇酒壶中的酒倒入鸡尾酒杯。

玛格丽特（东京世纪凯悦大酒店）

尽情体验龙舌兰酒的风味，辣口玛格丽特

　　东京世纪凯悦大酒店（Century Hyatt Tokyo）的主营酒吧"白兰地"以龙舌兰酒中风味优雅、不刺激的欧雷龙舌兰酒为基酒，入口舒适，让你能尽情地享受其中滋味。这里的配方是7∶1∶1，龙舌兰酒的分量远远超过了其他酒，所以比标准配方更加辣口，而龙舌兰酒清冽的味觉与玛格丽特盐的相融性使它成为了一杯无可挑剔的上乘鸡尾酒。

制作材料
欧雷龙舌兰酒····························	70ml
君度利口酒····························	10ml
鲜柠檬果汁····························	10ml
柠檬块····························	1块
玛格丽特盐····························	适量

用具、酒杯
摇酒壶、鸡尾酒杯

制作方法

1. 用柠檬块把鸡尾酒杯的杯沿润湿，再用玛格丽特盐在杯沿上做出雪花边饰。

2. 在摇酒壶中加入欧雷龙舌兰酒、君度利口酒和鲜柠檬果汁，加入冰块，甩动摇酒壶。

3. 将摇酒壶中的酒倒入鸡尾酒杯。

玛格丽特（日本大都会大饭店）

标准风味，酸甜而清爽的口感

　　大都会大饭店的主营酒吧"东方快车"重视玛格丽特的原汁原味，严守了它的标准配方，即龙舌兰酒，君度利口酒与鲜柠檬果汁的2:1:1比例。特别是，鲜柠檬果汁的酸味与君度利口酒甜味的平衡是调制的关键。酒吧十分注意不让酒变得过甜或者过酸，调制出的酒风味独特，清爽可口。

制作材料

欧雷龙舌兰酒	30ml
君度利口酒	15ml
鲜柠檬果汁	15ml
柠檬块	1块
食盐	适量

用具、酒杯

摇酒壶、鸡尾酒杯

制作方法

1. 用柠檬块把鸡尾酒杯的杯沿润湿，再用盐在杯沿上做出雪花边饰。

2. 在摇酒壶中加入欧雷龙舌兰酒、君度利口酒和鲜柠檬果汁，加入冰块，甩动摇酒壶。

3. 将摇酒壶中的酒倒入鸡尾酒杯。

Hotel Pacific Tokyo

玛格丽特（东京太平洋大酒店）

龙舌兰酒的味道与酸甜口味的均衡调和

　　东京太平洋大酒店的主营酒吧迎合了近年的辣口趋势，用4∶1∶1的比例调制出了这款辣口的玛格丽特。因为龙舌兰酒的比例是标准配方的2倍，这样一来，龙舌兰酒原本的风味与鲜柠檬果汁的酸味，君度利口酒甘甜细微的口感相混合，就完美地调制出了清新的芳香与爽冽的口感。苦辛的口味也与盐分有着极好的平衡。

制作材料

索查银龙舌兰酒	60ml
君度利口酒	15ml
鲜柠檬果汁	15ml
柠檬块	1块
食盐	适量

用具、酒杯

摇酒壶、鸡尾酒杯

制作方法

1. 用柠檬块把鸡尾酒杯的杯沿润湿，再用盐在杯沿上做出雪花边饰。

2. 在摇酒壶中加入索查银龙舌兰酒、君度利口酒和鲜柠檬果汁，加入冰块，甩动摇酒壶。

3. 将摇酒壶中的酒倒入鸡尾酒杯。

玛格丽特（东京王子大饭店）

清爽口味与盐的调和，美妙绝伦的一杯美酒

　　东京皇家王子大饭店的主营酒吧"星空酒廊"制作的玛格丽特，与标准配方相比，龙舌兰酒的量略微多了一些。这是考虑到龙舌兰酒的味道既要与君度利口酒的甜味和鲜柠檬果汁的酸味相调和，又要强调龙舌兰酒的爽冽味道，使酒苦辛而清爽。而为了与鸡尾酒的味道相配合，酒吧使用了天然盐中比较可口的玛格丽特盐。在盐的味觉中感受隐约的甘甜，真是一杯绝妙的美酒。

26 🍸 🎴 🍶

制作材料

欧雷龙舌兰酒	50ml
君度利口酒	20ml
鲜柠檬果汁	20ml
柠檬块	1块
玛格丽特盐	适量

用具、酒杯

摇酒壶、鸡尾酒杯

制作方法

1. 用柠檬块把鸡尾酒杯的杯沿润湿，再用玛格丽特盐在杯沿上做出雪花边饰。

2. 在摇酒壶中加入欧雷龙舌兰酒、君度利口酒和鲜柠檬果汁，加入冰块，甩动摇酒壶。

3. 将摇酒壶中的酒倒入鸡尾酒杯。

蓝色玛格丽特

专为碧海之中坠入情海的恋人调制的鸡尾酒

　　玛格丽特原本就是为恋人调制的鸡尾酒。这杯蓝色玛格丽特被蓝色柑桂酒所浸染，极具魅惑力，让你联想起夏日海滨里一对对坠入情网的男女们。柑桂酒还有绿色、紫色和红色的品种，也可以选择自己喜欢的颜色调出美丽的色彩。

12

制作材料

龙舌兰酒··················30ml
蓝色柑桂酒··················15ml
青柠檬果汁（或者柠檬果汁）···15ml
食盐··················适量

用具、酒杯

摇酒壶、鸡尾酒杯

制作方法

1. 用盐在鸡尾酒杯的杯沿上做出雪花边饰。
2. 在摇酒壶中加入除盐以外的所有制作材料，加入冰块，甩动摇酒壶。
3. 将摇酒壶中的酒倒入鸡尾酒杯。

※也可以加入砂糖，制成冰冻风格。

冰冻玛格丽特

最适合在炎炎夏日饮用，刨冰般的鸡尾酒

　　沙沙的咀嚼感和龙舌兰酒的香味溶于口中，这便是炎夏里极具人气的冰冻玛格丽特。制作方法很简单，只需在玛格丽特里加入砂糖和冰末，混合在一起就行了。如果用蓝色柑桂酒取代君度利口酒的话，就成了一杯冰冻蓝色玛格丽特了。

12

制作材料

龙舌兰酒··················30ml
君度利口酒··················15ml
青柠檬果汁（或柠檬果汁）···15ml
砂糖··················1茶匙
食盐··················适量
玛若丝卡酸味樱桃··············1颗
柠檬片··················1片

用具、酒杯

混酒杯、吸管两根、香槟杯

制作方法

1. 用盐在香槟杯的杯沿上做出雪花边饰。
2. 在混酒杯中加入龙舌兰酒、君度利口酒、青柠檬果汁和砂糖，加入冰末，充分混合。
3. 将混酒杯中的酒倒入香槟杯，装饰上柠檬片，插上吸管。

金万利玛格丽特

同甘共苦的生活，成熟恋爱的滋味

　　金万利玛格丽特使用的是最好的橙色柑桂酒——金万利。与无色的玛格丽特相比，色泽橙黄，香味深厚是这款酒的特点。酒的口味可以根据果汁的种类而变，何不尝试着调制一杯自己喜欢的口味呢！

18

制作材料

龙舌兰酒··················25ml
金万利··················20ml
青柠檬果汁··················15ml
食盐··················适量

用具、酒杯

摇酒壶、鸡尾酒杯

制作方法

1. 用盐在鸡尾酒杯的杯沿上做出雪花边饰。
2. 在摇酒壶中加入除盐以外的所有制作材料，加入冰块，甩动摇酒壶。
3. 将摇酒壶中的酒倒入鸡尾酒杯。

绿色玛格丽特

感悟春意，一杯清淡的美酒

　　淡绿而清爽的酒色中泛起的雪花边饰，宛如初春时候落下的雪。清新淡雅，哈密瓜利口酒沁香袭人。

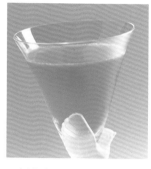

26

制作材料

龙舌兰酒⋯⋯⋯⋯⋯30ml
哈密瓜利口酒⋯⋯⋯15ml
鲜柠檬果汁⋯⋯⋯⋯15ml
食盐⋯⋯⋯⋯⋯⋯⋯适量

用具、酒杯

摇酒壶、鸡尾酒杯

制作方法

1. 用盐在鸡尾酒杯的杯沿上做出雪花边饰。

2. 在摇酒壶中加入除盐以外的所有制作材料，加入冰块，甩动摇酒壶。

3. 将摇酒壶中的酒倒入鸡尾酒杯。

仿声鸟

在清凉的口味中遐想无边的天际

　　这杯美酒在龙舌兰酒的劲爽口味外，又能领略薄荷的清爽和柠檬果汁的酸味。优雅的感觉，就像在天空中展翅的鸟一样。

26.3

制作材料

龙舌兰酒⋯⋯⋯⋯⋯30ml
绿胡椒薄荷酒⋯⋯⋯15ml
鲜柠檬果汁⋯⋯⋯⋯15ml

用具、酒杯

摇酒壶、鸡尾酒杯

制作方法

1. 在摇酒壶中加入所有制作材料和冰块，甩动摇酒壶。

2. 将摇酒壶中的酒倒入鸡尾酒杯。

斗牛士

一见倾心，难以忘怀的滋味

　　这款以"斗牛士"命名的鸡尾酒是以龙舌兰酒为基酒的鸡尾酒中的代表作，水果的酸味极具刺激性，才饮一口便"不能自拔"。

12

制作材料

龙舌兰酒⋯⋯⋯⋯⋯30ml
菠萝汁⋯⋯⋯⋯⋯⋯45ml
鲜柠檬果汁⋯⋯⋯⋯15ml

用具、酒杯

摇酒壶、鸡尾酒杯

制作方法

1. 在摇酒壶中加入所有制作材料和冰块，甩动摇酒壶。

2. 将摇酒壶中的酒倒入鸡尾酒杯。

肯奇塔

龙舌兰酒的刺激感被果汁中和，入口舒适

　　葡萄汁与柠檬果汁的使用，使得这款鸡尾酒触动内心，使人无比爽快。这款酒果味香浓，入口舒适，极具人气。

16

制作材料

龙舌兰酒⋯⋯⋯⋯⋯30ml
葡萄汁⋯⋯⋯⋯⋯⋯20ml
柠檬果汁⋯⋯⋯⋯⋯2茶匙

用具、酒杯

摇酒壶、鸡尾酒杯

制作方法

1. 在摇酒壶中加入所有制作材料和冰块，甩动摇酒壶。

2. 将摇酒壶中的酒倒入鸡尾酒杯。

日出龙舌兰

墨西哥太阳的味道，让滚石乐队也赞不绝口

滚石乐队曾在一次旅行时喝过这款酒，赞不绝口。这是一款透着墨西哥太阳火热阳光的鸡尾酒。

12 🍸 🍋 🥃

制作材料

龙舌兰酒	45ml
橙汁	90ml
红石榴糖浆	2茶匙

用具、酒杯

调酒长匙、高脚酒杯

制作方法

1. 在高脚杯中加入龙舌兰酒、橙汁和冰块，用长匙搅拌。

2. 倒入红石榴糖浆，让其静静地沉淀其中。

日落龙舌兰

与旅游胜地绝配，热情的热带鸡尾酒

在龙舌兰酒中加入红石榴糖浆，看上去仿佛日暮时分的太阳一般。热情的色彩正适合在泳池边来上一杯。

5 🍸 🍋 🍸

制作材料

龙舌兰酒	30ml
柠檬果汁	30ml
红石榴糖浆	1茶匙
柠檬片	1片

用具、酒杯

摇酒壶、高脚酒杯、吸管两根

制作方法

1. 在摇酒壶中加入龙舌兰酒、柠檬果汁、红石榴糖浆和冰块，甩动摇酒壶。

2. 在加入了冰末的高脚杯中倒入摇酒壶里的酒，将青柠檬片装饰其中，插好吸管。

墨西哥

龙舌兰酒的故乡，一杯表现墨西哥风情的美酒

淡雅的色彩仿佛仙人掌的花一般，菠萝的酸甜味在口中泛滥，而红石榴糖浆的甘甜却是关键。

17 🍸 🍋 🍸

制作材料

龙舌兰酒	40ml
菠萝汁	20ml
红石榴糖浆	1滴

用具、酒杯

摇酒壶、鸡尾酒杯

制作方法

1. 在摇酒壶中加入所有制作材料和冰块，甩动摇酒壶。

2. 将摇酒壶中的酒倒入鸡尾酒杯。

流言蜚语

据说饮一口就会被它的魅力所征服

以法语“流言蜚语”命名的这款鸡尾酒，是大槻健二的作品。他以这款酒在第23届日本全国调酒师技能竞技大赛中折桂。色彩与口味是这款鸡尾酒的魅力。

10

制作材料

龙舌兰酒……25ml
柠檬利口酒……15ml
百香果利口酒……10ml
紫罗兰利口酒……10ml
绿橄榄……1颗
黑橄榄……1颗

用具、酒杯

摇酒壶、鸡尾酒杯、鸡尾酒签

制作方法

1. 在摇酒壶中加入除绿橄榄和黑橄榄以外的制作材料，加入冰块，甩动摇酒壶。
2. 将摇酒壶中的酒倒入鸡尾酒杯。
3. 用鸡尾酒签串起绿橄榄和黑橄榄，将其放入杯中。

旭日

令人想起初升的旭日，具有神秘感的鸡尾酒

这款鸡尾酒以旭日为灵感，是今井清在1963年调理师法实施10周内纪念鸡尾酒大赛中的知名作品。

31

制作材料

龙舌兰酒……30ml
黄色修道院酒……20ml
青柠檬果汁（甘露酒）……10ml
野莓金酒……1茶匙
玛若丝卡酸味樱桃……1颗
盐……适量

用具、酒杯

摇酒壶、香槟杯

制作方法

1. 用盐在香槟杯的杯沿做出雪花边饰。
2. 在摇酒壶中加入除野莓金金酒、玛若丝卡酸味樱桃和盐以外的制作材料，加入冰块，甩动摇酒壶。
3. 把摇酒壶中的酒倒入香槟杯，放入玛若丝卡酸味樱桃，在酒的表面慢慢倒入野莓金金酒。

赫尔墨斯

精选制作材料，调制上等美味

这款酒的名字来源于科学之神赫尔墨斯，口味上乘。这是1971年国际鸡尾酒大赛上，今井清的作品。

21

制作材料

龙舌兰酒（赫拉多拉）……20ml
黄香李酒……20ml
青柠檬果汁……10ml
茴香酒……1茶匙

用具、酒杯

摇酒壶、鸡尾酒杯

制作方法

1. 在摇酒壶中加入所有制作材料和冰块，甩动摇酒壶。
2. 将摇酒壶中的酒倒入鸡尾酒杯。

仙客来

色彩绚丽、口感柔和的圣诞节鸡尾酒

  君度利口酒的芳香、橙子和柠檬的果汁，再加上沉淀在杯底的红石榴糖浆，使人不由想起仙客来的花。

22 🍸 🧊 🫙

制作材料

龙舌兰酒	30ml
君度利口酒	30ml
橙汁	10ml
柠檬果汁	10ml
红石榴糖浆	1茶匙
柠檬皮	适量

用具、酒杯

摇酒壶、鸡尾酒杯

制作方法

1. 在摇酒壶中加入龙舌兰酒、君度利口酒、橙汁和柠檬果汁，加入冰块甩动摇酒壶。

2. 将摇酒壶中的酒倒入鸡尾酒杯，倒入红石榴糖浆，让其慢慢沉淀，再将柠檬皮扭曲滴入汁液。

快点快点

奢侈的热带口味，一杯让人怦然心动的鸡尾酒

  口感清冽的龙舌兰酒中，得太阳之精华的水果味道得到了最大限度的发挥，真是奢侈多彩的热带鸡尾酒。

6.9 🍸 🫙 🫙

制作材料

龙舌兰酒	30ml
金百利酒	10ml
香蕉利口酒	30ml
番石榴汁	80ml
鲜柠檬果汁	10ml
菠萝片	1片
柑橘块	1/2块
玛若丝卡酸味樱桃	1颗

用具、酒杯

摇酒壶、大酒杯、鸡尾酒签、吸管两根

制作方法

1. 在摇酒壶中加入龙舌兰酒、金百利酒、香蕉利口酒、番石榴汁和鲜柠檬果汁，加入冰块，甩动摇酒壶。

2. 将摇酒壶中的酒倒入塞满冰末的大酒杯中。

3. 将玛若丝卡酸味樱桃、菠萝片用鸡尾酒签串起，将它与柑橘块一同装饰在杯沿上，插好吸管。

野莓龙舌兰

火辣的味觉中，新鲜的口感芬芳袭人

  野莓金金酒的酸甜与龙舌兰酒的深邃风味完美均衡，黄瓜的清香又与酒味媲美。

28.3 🥃 🧊 🫙

制作材料

龙舌兰酒	30ml
野莓金金酒	15ml
鲜柠檬果汁	15ml
长条黄瓜	1根

用具、酒杯

摇酒壶、古典杯、吸管

制作方法

1. 在摇酒壶中加入除黄瓜外的所有制作材料，加入冰块，甩动摇酒壶。

2. 将摇酒壶中的酒倒入塞满冰末的古典杯中。

3. 将黄瓜装饰在杯中，插好吸管。

恶魔

甘美的清香，连恶魔都能俘虏

　　这款鸡尾酒有着红宝石般熠熠生辉的酒色，芳香甘美。龙舌兰酒的深邃口味，黑加仑酒的甜味与鲜柠檬果汁的酸味，构成充满魅惑力的味道。

14

制作材料
龙舌兰酒	45ml
黑加仑酒	15ml
鲜柠檬果汁	10ml
姜汁淡色啤酒	适量
柠檬片	1片

用具、酒杯
调酒长匙、平底杯

制作方法

1. 在放入冰块的平底杯中加入除姜汁淡色啤酒和柠檬片以外的制作材料，用冰镇的姜汁淡啤注满，轻轻搅拌。
2. 在平底杯的杯沿上装饰上柠檬片。

大使

加足鲜橙果汁，芳香馥郁的鸡尾酒

　　橙汁与任何一种烈酒都有超强的相适性，所以，称之为"世界的大使"是不为过的。这款鸡尾酒一般都是用橙汁，而龙舌兰基酒更是极具冲击力，使人一经品尝便难以忘怀。

11

制作材料
龙舌兰酒	45ml
橙汁	适量
糖浆	1茶匙
柑橘片	1片
玛若丝卡酸味樱桃	1颗

用具、酒杯
调酒长匙、平底大杯、鸡尾酒签

制作方法

1. 在平底杯中加入除柑橘片和玛若丝卡酸味樱桃以外的全部制作材料，加入冰块，用长匙搅拌。
2. 用鸡尾酒签串起柑橘片和玛若丝卡酸味樱桃，放入杯中。

思念百老汇

霓虹闪烁的夜晚，片刻间忘记了时间的存在

　　无比热情的橙色让人心驰于纽约的大道、百老汇的霓虹之间。在龙舌兰酒的清冽口味中，柠檬和橙汁的酸甜感不减，如梦的一杯美酒。

16

制作材料
龙舌兰酒	30ml
橙汁	20ml
柠檬果汁	10ml
糖浆	1茶匙

用具、酒杯
摇酒壶、鸡尾酒杯

制作方法

1. 在摇酒壶中加入所有制作材料和冰块，甩动摇酒壶。
2. 将摇酒壶中的酒倒入鸡尾酒杯。

仙人掌

甘甜清爽的滋味，让你举杯不停的口感

在龙舌兰酒的婉约风味中加入加里安奴利口酒的香甜口感和鲜榨橙汁的酸甜口感，入口舒适。

7.2

制作材料
龙舌兰酒·················45ml
加里安奴利口酒···········15ml
鲜橙汁···················适量

用具、酒杯
调酒长匙、柯林斯酒杯、鸡尾酒搅棒

制作方法

1. 在柯林斯酒杯中放入冰块，倒入龙舌兰酒。

2. 用鲜橙汁注满酒杯，轻轻搅拌。

3. 往酒杯中倒入加里安奴利口酒使其浮在面上，放入鸡尾酒搅棒。

莎罗娜香柠

调整身心，口味深邃的一杯美酒

因清爽的甜味和淡淡的口味使人情不自禁忘怀其中，饮上一杯，一定能舒缓疲劳的身心。

27

制作材料
龙舌兰酒·················15ml
意大利苦杏酒·············30ml
酸橙甘露汁···············15ml

用具、酒杯
摇酒壶、鸡尾酒杯

制作方法

1. 在摇酒壶中加入所有制作材料和冰块，甩动摇酒壶。

2. 将摇酒壶中的酒倒入鸡尾酒杯。

天狼星

充满新鲜的蓝色酒色与柠檬的爽快感的鸡尾酒

新鲜的蓝色酒色与清冽的口味，演绎出爽快的氛围。这是一杯适合夏天饮用的鸡尾酒。

26

制作方法
龙舌兰酒·················30ml
干金酒···················10ml
蓝色柑桂酒···············10ml
酸橙甘露汁···············10ml
马拉斯加利口酒············2滴
柠檬块···················1块
柠檬粉···················适量

用具、酒杯
摇酒壶、鸡尾酒杯

制作方法

1. 用柠檬块将鸡尾酒杯的杯沿润湿，再用柠檬粉在杯沿上做出雪花边饰。

2. 在摇酒壶中加入龙舌兰酒、干金酒、蓝色柑桂酒、酸橙甘露汁和马拉斯加利口酒，加入冰块，甩动摇酒壶。

3. 将摇酒壶中的酒倒入鸡尾酒杯。

热唇

热情的口味，在如梦般的甜美夜色下

西番莲利口酒的热情口感，橙子与越橘的酸甜滋味在口中泛滥，心情则因龙舌兰酒强力而激昂。令人神往于暮色浸染的南国海滨的酒色从杯中倾倒下来时，只想与恋人共享激情时光。

⑮

制作材料

龙舌兰酒·······15ml
西番莲利口酒·······15ml
鲜橙汁·······15ml
越橘汁·······15ml

用具、酒杯

摇酒壶、鸡尾酒杯

制作方法

1. 在摇酒壶中加入所有制作材料和冰块，甩动摇酒壶。
2. 将摇酒壶中的酒倒入鸡尾酒杯。

野莓车夫

沁人心脾的滋味，一杯飘溢清凉感的美酒

龙舌兰酒苦辛的口味通过清爽酸甜的野莓金酒凸显出来，而鲜柠檬果汁飘香的酸味同样不减，饮上一杯，激活状态，清爽无比。

㉑

制作材料

龙舌兰酒·······30ml
野莓金酒·······15ml
鲜柠檬果汁·······15ml

用具、酒杯

摇酒壶、鸡尾酒杯

制作方法

1. 在摇酒壶中加入所有制作材料和冰块，甩动摇酒壶。
2. 将摇酒壶中的酒倒入鸡尾酒杯。

骑马斗牛士

温润深邃的口味，畅享成人时光

带着清爽辣味的龙舌兰酒被苦中带甜的咖啡利口酒所包围，调制出深邃的滋味。此外，清香的柠檬畅爽无比，凛然的深棕色融入夜色，共同演绎出属于成人的时光。

35.2

制作材料

龙舌兰酒·······20ml
咖啡利口酒·······40ml
柠檬皮·······适量

用具、酒杯

混酒杯、滤冰器、调酒长匙、鸡尾酒杯

制作方法

1. 在混酒杯中加入除柠檬皮以外的所有制作材料，加入冰块，用长匙搅拌。
2. 步骤1完成后，将酒倒入鸡尾酒杯。将柠檬皮扭曲滴入汁液。

鸡尾酒时髦的形象很容易使人感觉这是一种新兴的饮品，而事实上，史传早在2000年前，我们的先祖就开始饮用鸡尾酒了。先人们究竟喝的是什么样的鸡尾酒呢？

基酒与副酒形形色色的组合，组成了多如繁星的鸡尾酒品种。在新型酒精饮料不断增多的今天，许多带着原创色彩的鸡尾酒次第诞生。说起鸡尾酒，人们总是觉得它是洋溢着都市色彩的新型饮料，而事实上，早在公元前就有人饮用鸡尾酒了。从那样的时代遥想鸡尾酒这时髦的形象，实在是有些困难。

在公元前的古埃及，就有人在啤酒里加入蜂蜜，椰枣汁等材料一起饮用；在古罗马，据说有人在葡萄酒中混入海水或淡水一起饮用。将这些材料混合在一起，享受其中口味的变化，正是鸡尾酒的雏形。

像现在这样，使用各种不同制作材料制成的鸡尾酒，诞生于蒸馏酒被广泛饮用的中世纪之后。居住在印度的英国人于1658年所创制的"宾治"酒据说是其中之一。这款酒便是在印度的蒸馏酒（尚不清楚是何种

酒）中加入砂糖、酸橙汁、小豆蔻和丁香等香料，再加上水调制而成。因为这款酒由五种制作材料制成，而在印度的语言中"宾治"正是"五个"的意思，酒也因此得名。

此后，这款"宾治"变得越来越受欢迎，最终广泛地活跃在各种聚会的场合里。特别是加入了各种水果的"水果宾治"更是广为人知。

像今天这样的鸡尾酒调制方法则确立在19世纪后半期，制冰器发明之后。从这点来看，现代鸡尾酒的款式也仅有100余年的历史。

但是，在这100多年间，鸡尾酒变得越来越可口，越来越多姿多彩的那份执著使得鸡尾酒发生了巨变。而这也正是鸡尾酒即便在今天也是层出不穷的原因之一。

砂糖　柠檬汁　香料　水

潘趣酒　蒸馏酒

W*INE*

葡萄酒系列

以葡萄酒为基酒制作酒品一览

※基酒以及利口酒和其他酒品的
容量单位都为ml。

鸡尾酒名称	类别		调制手法	酒水度数	味道	基酒	利口酒、其他酒品
基尔				11	中口	辛辣白葡萄酒60	黑醋栗甜酒10
皇家基尔				12	中口	香槟60	黑醋栗甜酒10
帝王基尔				12	甜口	香槟倒满	覆盆子利口酒5
香槟鸡尾酒				12	中口	香槟适量	A苦精酒少许
贝利尼				9	中口	起泡葡萄酒2/3	仙桃甘露1/3
灵魂之吻				12	甜口	干味美思20、香甜味美思20	杜本内酒10
竹				16	辣口	干雪利酒45、干味美思15	
气泡鸡尾酒				5	辣口	辛辣白葡萄酒90	
交响乐				12	中口	白葡萄酒80	仙桃酒15
加冕				16	甜口	干雪利酒30、干味美思30	M樱桃酒少许
阿多尼斯				16	辣口	干雪利酒45、香甜味美思15	
玫瑰				22	中口	干味美思40	樱桃白兰地20
天堂里的盖亚				4	中口	红宝石波特酒60	
美国佬				9	中口	香甜味美思30	金百利酒30
倒叙				12	中口	波特红酒15	伏特加20、樱桃金万利15
香吻				6	中口	白葡萄酒30	黑加仑酒10、仙桃利口酒10、百香利口酒1茶匙
维多利亚公园夜景				14.5	甜口	香槟120	玫瑰利口酒20
罗莎罗萨				13	中口	红葡萄酒60	帝萨诺意大利苦杏酒30
子鹫				13.7	中口	香槟140	柑橘利口酒10
仙桃美人				8	中口	白葡萄酒90	香甜酒30
马尾辫				8	甜口	红葡萄酒20	黑加仑酒10、加利福尼亚草莓30
波特菲丽波				8	甜口	波特红酒45	白兰地10
那威盖尔				8	中口	红宝石波特酒60ml	
味美思和黑醋栗				8	中口	干味美思45	黑醋栗甜酒30
茶色				9	中口	汤力波特90	
阿丁顿				12	中口	香甜味美思30、干味美思30	
丝绒唇彩				15.2	甜口	红葡萄酒20	黑加仑酒20、荔枝利口酒10

果汁	甜味、香味材料	碳酸饮料	装饰和其他	页数
				318
				318
				318
	方糖1块		S柠檬1片	319
	G糖浆少许			319
香橙果汁10				319
	香橙苦精酒少许			320
		苏打水适量		320
	G糖浆1茶匙 S糖浆2茶匙			320
	香橙苦精酒少许			320
	香橙苦精酒少许			321
	G糖浆少许			321
仙桃甘露90		苏打水适量		321
	柠檬果肉适量			321
香橙果汁10 柠檬果汁1茶匙			M樱桃1颗	322
葡萄果汁20			M樱桃1颗、薄荷叶适量	322
柠檬果汁5	G糖浆5		金箔1/8片	322
		姜汁汽水60		323
			带枝樱桃1颗	323
草莓果汁30			牛奶30	323
	G糖浆1茶匙		草莓片1/4片	324
	S糖浆2茶匙		蛋黄1个、肉桂粉适量	324
		蔓越莓苏打水适量	青柠檬1/4片、薄荷叶1片	324
		苏打水适量		325
			冰红茶适量、S柠檬1片、柠檬叶1片	325
	香橙果肉适量	苏打水15		325
红葡萄果汁10				325

315

鸡尾酒名称	类别		调制手法	酒水度数	味道	基酒	利口酒、其他酒品
香槟密语				18	中口	香槟倒满	草莓利口酒2、樱桃利口酒2
复原				12	甜口	红葡萄酒60	草莓利口酒15、白兰地15
勃艮第的礼物				8	甜口	白葡萄酒20	黑醋栗甜酒30、覆盆子利口酒5
葡萄酷乐酒				11	中口	葡萄酒(白葡萄或红葡萄)90	香橙果汁30、香橙柑桂酒10
葡萄牙奏鸣曲				9	中口	白色波特酒30	香橙利口酒20、红宝石波特酒10
红衣主教				15	中口	红葡萄酒120	黑加仑酒30
含羞草				7	中口	香槟1/2杯	
波特斯普拉秀				8	中口	白色波特酒90	
拉贝罗波特				6	甜口	白色波特酒60	
练习曲				14.1	中口	香槟倒满	苏兹酒20
狄达帝国				14	中口	香槟倒满	荔枝利口酒30
皇家粉蜜桃				12.6	甜口	香槟适量	香甜利口酒30
庆典				13	辣口	香槟30	覆盆子利口酒20、干邑白兰地10
卢米埃尔				16	中口	香槟30	紫葡萄酒20、白兰地5、柠檬柚子酒5
教堂				16	中口	白葡萄酒30	柠檬利口酒15、水蜜桃利口酒10、M樱桃酒10

果汁	甜味、香味材料	碳酸饮料	装饰和其他	页数
			草莓1颗	326
鲜柠檬果汁1/2茶匙		苏打水倒满	草莓1颗	326
鲜葡萄果汁40		威尔金森碳酸水30	带枝葡萄适量	326
香橙果汁30	G糖浆15		S香橙1/8个	327
菠萝果汁10			食用兰花1朵	327
				327
鲜橙果汁1/2杯				328
		汤力水90	柠檬1个、薄荷叶1片	328
菠萝果汁90			S柠檬1片	328
				329
				329
				329
柠檬果汁1茶匙				330
	莫尼糖浆1茶匙		酸S青柠檬1片、玫瑰花1朵、金箔适量	330
	香橙果肉1块		食用花朵1朵	330

基尔

市长亲自检验的红酒和黑醋栗的黄金组合

　　法国某市市长基尔在1945年亲自检验的著名鸡尾酒，使用的制作材料都是当地产原料，是一杯很好的开胃酒。

制作材料
辛辣白葡萄酒·····················60ml
黑醋栗酒························10ml

用具、酒杯
调酒长匙、笛形香槟酒杯

制作方法

1. 在笛形香槟酒杯倒入冷藏过的黑醋栗甜酒。

2. 在1中加入冷藏的辛辣白葡萄酒，用调和法混合。

皇家基尔

头牌奢侈的鸡尾酒，香槟口味

　　想要品尝更加柔和的基尔酒，就请您选择皇家基尔，漂浮在杯中的香槟气泡非常富有美感。

制作材料
香槟·····························60ml
黑醋栗酒························10ml

用具、酒杯
调酒长匙、笛形香槟酒杯

制作方法

1. 在笛形香槟酒杯中倒入冷藏过的黑醋栗甜酒。

2. 在1中加入冷藏的香槟酒，用调和法混合。

帝王基尔

香槟酒酿造出的绝佳奢华极品味道

　　香醇的味道和甘甜是这款鸡尾酒的特点，使用覆盆子利口酒再加入香槟的味道调和出时尚可口的一款鸡尾酒。

制作材料
香槟····························倒满
覆盆子利口酒·················5ml

用具、酒杯
调酒长匙、笛形香槟酒杯

制作方法

在笛形香槟酒杯中倒入冷藏过的覆盆子利口酒，再加入冷藏过的香槟酒，用调和法混合。

香槟鸡尾酒

美丽迷人的黄金恋情

这款酒因电影《卡萨布兰卡》主人公饮酒时候说的"为了你的眼睛而干杯"而出名，方糖沉在杯底不断向上冒出的气泡好似表现了悲剧般的恋情，然后感到唯美，是在重要的日子里和重要的朋友一起品尝的一杯美酒。

12

制作材料

香槟	适量
安格斯图拉苦精酒	少许
方糖	1块
柠檬片	1片

用具、酒杯

浅碟形香槟酒杯

制作方法

1. 将使用安格斯图拉苦精酒浸泡过的方糖加入到浅碟形香槟酒杯。

2. 香槟酒倒入1中，放入柠檬片。

贝利尼

甘甜出众的一款美酒

仙桃甘露的甘甜和起泡葡萄酒混合出的一款可口鸡尾酒。为了纪念画家贝利尼的画展而创作，相传是意大利水乡威尼斯有名的一处餐馆的调酒师创作的。

9

制作材料

起泡葡萄酒	2/3酒杯
仙桃甘露	1/3酒杯
红石榴糖浆	少许

用具、酒杯

调酒长匙、香槟酒杯

制作方法

1. 在香槟酒杯中放入仙桃甘露和红石榴糖浆。

2. 将冷藏过的起泡葡萄酒放入1中，用调和法混合。

灵魂之吻

使用两种味美思传达恋人的思念

对于恋人的思念凝结在这一杯酒中，使用干味美思和香甜味美思以及杜本内酒调制出复杂的香味，再加入香橙果汁让酒整体变得香甜起来，香橙颜色的酒液就好似美女一般。

12

制作材料

干味美思	20ml
香甜味美思	20ml
杜本内酒	10ml
香橙果汁	10ml

用具、酒杯

摇酒壶、鸡尾酒杯

制作方法

1. 将全部材料和冰放入摇酒壶中，上下摇动。

2. 将1倒入鸡尾酒杯中。

竹

清爽的口感，甘洌的刺激

想要最直接的刺激莫过于这款竹酒了，这款酒是由明治时期横滨大酒店的主人埃平格调和出来的，他的名声也从日本传播到了世界。

16 🍸 ▨ ╱

制作材料
干雪利酒·················45ml
干味美思·················15ml
香橙苦精酒·················少许

用具、酒杯
混酒杯、调酒长匙、滤冰器、鸡尾酒杯

制作方法

1. 将全部材料放入混酒杯中，用调和法混合。

2. 放置滤冰器将混合好的酒液滤入鸡尾酒杯中。

气泡鸡尾酒

绝佳的味道非常适合女性品尝

白葡萄酒与苏打水调和出来的简单鸡尾酒，白葡萄酒的味道在口中扩散，非常适合不胜酒力的朋友。

5 🍸 ▨ ▭

制作材料
辛辣白葡萄酒·················90ml
苏打水·················适量

用具、酒杯
大型红酒杯

制作方法

1. 将冷藏过的辛辣白葡萄酒倒入到大型红酒杯中。

2. 在1中加入冷藏过的苏打水，用调和法混合。

交响乐

富有特点的鸡尾酒

使用白葡萄酒的酸味混合仙桃酒与糖浆的甘甜，口感非常好的一款鸡尾酒，是日本中村圭二的作品。

12 🍸 ▨ ╱

制作材料
白葡萄酒·················80ml
仙桃酒·················15ml
红石榴糖浆·················1茶匙
白糖浆·················2茶匙

用具、酒杯
混酒杯、调酒长匙、滤冰器、鸡尾酒杯

制作方法

1. 将全部材料放入混酒杯中，用调和法混合。

2. 放置滤冰器将混合好的酒液滤入鸡尾酒杯中。

加冕

甘洌的口感延续着王室的传统

好似加冕仪式上品尝的一款鸡尾酒，使用干雪利酒和味美思酿造出的一款皇室极品味道的鸡尾酒。

16 🍸 ▨ ╱

制作材料
干雪利酒·················30ml
干味美思·················30ml
香橙苦精酒·················少许
玛若丝卡酸味樱桃酒·················少许

用具、酒杯
混酒杯、鸡尾酒杯

制作方法

1. 将全部材料放入混酒杯中，用调和法混合。

2. 将1注入鸡尾酒杯中。

阿多尼斯

味美思的味道让您食欲大振

　　这款鸡尾酒在餐前餐后饮用都非常适合，由干雪利酒和味美思酒调和而成，是世界闻名的餐前开胃酒。

16

制作材料
干雪利酒·············45ml
香甜味美思·············15ml
香橙苦精酒·············少许

用具、酒杯
混酒杯、调酒长匙、滤冰器、鸡尾酒杯

制作方法
1. 将全部材料放入混酒杯中，用调和法混合。
2. 放置滤冰器将混合好的酒液滤入鸡尾酒杯中。

玫瑰

如同玫瑰一般高贵艳丽的鸡尾酒

　　略带苦味的味美思与樱桃白兰地的酸甜口味混合，酿造出口感舒适的如玫瑰般色彩艳丽的鸡尾酒。

22

制作材料
干味美思·············40ml
樱桃白兰地·············20ml
红石榴糖浆·············少许

用具、酒杯
混酒杯、调酒长匙、滤冰器、鸡尾酒杯

制作方法
1. 将全部材料放入混酒杯中，用调和法混合。
2. 放置滤冰器将混合好的酒液滤入鸡尾酒杯中。

天堂里的盖亚

轻轻地尝上一口就如同身在天堂

　　使用红宝石波特酒混合仙桃甘露再加入苏打水调和出一款爽快感十足的鸡尾酒，奏响绝美乐章。

4

制作材料
红宝石波特酒·············60ml
仙桃甘露·············90ml
苏打水·············适量

用具、酒杯
调酒长匙、红酒杯

制作方法
1. 将冷藏过一段时间的苏打水和仙桃甘露倒入红酒杯中，用调和法混合。
2. 在2中加入红宝石波特酒。

美国佬

味道略苦和清凉感十足的一款开胃酒

　　可乐颜色的酒液，带给您一款美国佬鸡尾酒，非常适合餐前饮用，酷暑中品尝也别有风味。

9

制作材料
香甜味美思·············30ml
金百利酒·············30ml
柠檬果肉·············适量

用具、酒杯
调酒长匙、古典杯

制作方法
1. 在古典杯中加入冰，再放入甜味味美思和金百利酒。
2. 将柠檬果肉加入1中。

倒叙

飘香十足的醇厚鸡尾酒

　　使用波特葡萄酒、伏特加以及口味复杂的樱桃金万利酒，再加入柠檬和香橙果汁，调和出复杂浓郁的味道。这款酒是由1999年鸡尾酒大赛上获奖的吉川幸一调和制作出来的。

12

制作材料

波特红酒	15ml
伏特加	20ml
樱桃金万利	15ml
香橙果汁	10ml
柠檬果汁	1茶匙
玛若丝卡酸味樱桃	1颗

用具、酒杯

摇酒壶、鸡尾酒杯

制作方法

1. 将除玛若丝卡酸味樱桃以外的全部制作材料和碎冰加入到摇酒壶，上下摇动。
2. 将1倒入鸡尾酒杯中，将玛若丝卡酸味樱桃装饰在杯边。

香吻

水果香甜味道十足的一款甜点鸡尾酒

　　使用白葡萄酒、黑加仑酒、仙桃利口酒、葡萄果汁、玛若丝卡酸味樱桃和薄荷叶制作的这款鸡尾酒最后加入百香利口酒，宛若味美的餐后甜点一样，非常诱人。

6

制作材料

白葡萄酒	30ml
黑加仑酒	10ml
仙桃利口酒	10ml
葡萄果汁	20ml
百香利口酒	1茶匙
玛若丝卡酸味樱桃	1颗
薄荷叶	适量

用具、酒杯

摇酒壶、鸡尾酒杯

制作方法

1. 将从白葡萄酒到百香利口酒的全部制作材料和碎冰加入到摇酒壶，上下摇动。
2. 将1倒入鸡尾酒杯中，将插在鸡尾酒签上的玛若丝卡酸味樱桃装饰在杯边。

维多利亚公园夜景

如同华丽夜景一般闪闪放光

　　爽口的口感与香甜的味道混合，加入玫瑰利口酒形成梦幻般的一款鸡尾酒。漂浮的金箔如同灯光闪烁，酒精浓度比较低，非常适合不胜酒力的女性。

14.5

制作材料

香槟	120ml
玫瑰利口酒	20ml
红石榴糖浆	5ml
柠檬果汁	5ml
金箔	1/8片

用具、酒杯

摇酒杯、高脚杯

制作方法

1. 将除了香槟酒和金箔以外的全部制作材料和碎冰加入到摇酒壶，上下摇动。
2. 将1倒入高脚杯中，将香槟酒静静地倒入杯中，在酒液表面放置金箔。

罗莎罗萨

葡萄酒味道十足的一款易饮酒品

　　香甜且味道浓郁的意大利苦杏酒配上红葡萄酒的酸味与涩味，最后使用姜汁汽水调和，形成清爽高贵的味道。

子鹭

重要的日子里盛装打扮时品尝的一杯鸡尾酒

　　使用柑橘利口酒的浓郁香味和略带苦味的感觉，配合香槟酒清爽且略带辛辣的口感，融合完美的一款鸡尾酒。

仙桃美人

淡淡的粉色，香甜的口味

　　白葡萄酒清爽的酸味与桃子、草莓、牛奶混合，是一款女性朋友非常喜欢的鸡尾酒。

13

制作材料
帝萨诺意大利苦杏酒…………………30ml
姜汁汽水…………………………………60ml
红葡萄酒…………………………………60ml

用具、酒杯
调酒长匙、平底大玻璃杯、调酒棒

制作方法
按照菜单顺序将材料依次放入平底大玻璃杯中，再将调酒棒放入杯中。

13.7

制作材料
香槟……………………………………… 140ml
柑橘利口酒……………………………… 10ml
带枝樱桃……………………………………… 1颗

用具、酒杯
调酒长匙、笛形香槟酒杯

制作方法
1. 将除带枝樱桃以外的全部制作材料和碎冰加入到笛形香槟酒杯中，用调和法混合。

2. 将带枝樱桃沉入杯中。

8

制作材料
白葡萄酒…………………………………90ml
香甜酒……………………………………30ml
草莓果汁…………………………………30ml
牛奶………………………………………30ml

用具、酒杯
摇酒壶、红酒酒杯

制作方法
1. 将全部材料和冰放入红酒酒杯中，上下摇动。

2. 将1倒入红酒酒杯中。

马尾辫

如同马尾辫一般，描绘少女初恋情怀

　　使用甘甜的黑加仑酒混合加利福尼亚蓝莓，再与红酒香甜丰润的口感相混合，调和出味道绝妙的一款鸡尾酒，是女性朋友非常欢迎的一款酒品。东京全日空大酒店（ANA Hotel Tokyo）独创之作。

制作材料
红葡萄酒··············20ml
黑加仑酒··············10ml
加利福尼亚草莓··············30ml
红石榴糖浆··············1茶匙
草莓片··············1/4个

用具、酒杯
摇酒壶、鸡尾酒杯

制作方法
1. 将除草莓片以外的全部制作材料和碎冰加入到摇酒壶中，上下摇动。
2. 将1倒入鸡尾酒杯中，将草莓片装饰在杯边。

波特菲丽波

味道柔和、口感丰润的一款鸡尾酒

　　这款酒的名字来源于调酒的制作材料，使用了来自葡萄牙的波特红酒，再加入蛋黄和砂糖混合（菲丽波）口感丰润，味道柔和适中，适合深夜品味。

制作材料
波特红酒··············45ml
白兰地··············10ml
白糖浆··············2茶匙
蛋黄··············1个
肉桂粉··············适量

用具、酒杯
摇酒壶、红酒酒杯

制作方法
1. 将除肉桂粉片以外的全部制作材料和碎冰加入到摇酒壶中，用力上下摇动。
2. 将1倒入红酒酒杯中，将肉桂粉撒到酒液表面。

那威盖尔

制作简单，味道清凉

　　使用波特红酒加入蔓越莓苏打水调和而成的简单鸡尾酒，蔓越莓苏打水适中的口味与青柠檬片适中的酸味很好地融合在一起，非常好喝，是盛夏清凉必备饮品。

制作材料
红宝石波特酒··············60ml
蔓越莓苏打水··············适量
青柠檬··············1/4个
薄荷叶··············1片

用具、酒杯
调酒长匙、古典杯

制作方法
1. 将青柠檬放入古典杯中，加入红宝石波特酒和冰。
2. 在1中倒入蔓越莓苏打水轻轻搅拌，在杯边用薄荷叶作装饰。

味美思和黑醋栗

苦味、甜味、酸味刺激食欲的一款鸡尾酒

　　干味美思略苦的味道和复杂的香味，加入黑醋栗甜酒略酸的口味，是很好的激发食欲的开胃酒。

制作方法

1. 在平底大玻璃杯里面加入冰，再加入干味美思和黑醋栗甜酒。
2. 将冷藏的苏打水倒入1，轻轻调和。

⑧

制作材料

干味美思·············45ml
黑醋栗甜酒···········30ml
苏打水···············适量

用具、酒杯

调酒长匙、平底大玻璃杯

茶色

香味丰富的美酒

　　香味丰富的冰红茶与汤力波特酒相混合形成口感舒适的一款鸡尾酒，非常适合家庭聚餐。

制作方法

1. 将古典杯里面加入冰，再加入汤力波特和冰红茶。
2. 在1的杯边用柠檬片和柠檬叶作装饰。

⑨

制作材料

汤力波特·············90ml
冰红茶···············适量
柠檬片···············1片
柠檬叶···············1片

用具、酒杯

古典杯

阿丁顿

复杂的香味和独特的味道能够使人放松身心

　　将香草和树皮与白葡萄酒搅合再加入味美思制作而成的这款酒，味道复杂，非常好喝。

制作方法

1. 将古典杯里面加入冰，再加入香甜味美思和干味美思。
2. 将冷藏的苏打水倒入1，再滴入鲜橙果肉。

⑫

制作材料

香甜味美思············30ml
干味美思·············30ml
苏打水···············15ml
香橙果肉·············适量

用具、酒杯

调酒长匙、古典杯

丝绒唇彩

如同性感的嘴唇一般惹人喜爱

　　水分丰富的黑加仑与荔枝的香味混合，加入红酒、红葡萄果汁调制出富有特点的味道。

制作方法

1. 将全部材料和冰放入摇酒壶中，上下摇动。
2. 将1倒入鸡尾酒杯中。

15.2

制作材料

红酒·················20ml
黑加仑酒·············20ml
荔枝利口酒···········10ml
红葡萄果汁···········10ml

用具、酒杯

摇酒壶、鸡尾酒杯

香槟密语

草莓与樱桃的香味完美地融合

　　使用草莓和樱桃利口酒使酒味香甜，口感柔和，是一款深受大家喜爱的香槟酒。

复原

草莓的香甜最后享用

　　草莓利口酒的甘甜与红酒适中的苦味与涩味相结合，加入白兰地的喷香，使用苏打水调和。

勃艮第的礼物

和着小曲品尝的一杯口味顺滑丰润的鸡尾酒

　　黑醋栗成熟的香甜味道与白葡萄酒混合，口中环绕的碳酸带给您无尽的爽快之感。

18

制作材料
香槟	倒满
草莓利口酒	2ml
樱桃利口酒	2ml
草莓	1颗

用具、酒杯
笛形香槟酒杯

制作方法
1. 在笛形香槟酒杯中加入草莓利口酒和樱桃利口酒，用酒液浸透杯壁。
2. 将香槟酒倒满酒杯，在杯边用草莓作装饰。

12

制作材料
红葡萄酒	60ml
草莓利口酒	15ml
白兰地	15ml
鲜柠檬果汁	1/2茶匙
苏打水	倒满
草莓	1颗

用具、酒杯
调酒长匙、平底大玻璃杯

制作方法
1. 将除了草莓以外的全部材料加入加冰的平底大玻璃杯中。
2. 在1中加满苏打水进行调和，最后在杯边用草莓作装饰。

8

制作材料
白葡萄酒	20ml
黑醋栗甜酒	30ml
鲜葡萄果汁	40ml
覆盆子利口酒	5ml
威尔金森碳酸水	30ml
带枝葡萄	适量

用具、酒杯
调酒器、高脚杯

制作方法
1. 将白葡萄酒以外的全部制作材料和冰加入到摇酒壶中，上下摇动。
2. 将1注入加冰的高脚杯中，在杯中倒满威尔金森碳酸水，最后将带枝葡萄装饰在杯边。

葡萄酷乐酒

盛夏里最适合的一款清爽鸡尾酒

　　调和出的鸡尾酒略显香甜，加入碎冰和香橙片让人感到夏季的凉爽，非常适合夏天饮用。

制作材料

葡萄酒（白葡萄或红葡萄）········90ml
香橙果汁······························30ml
红石榴糖浆···························15ml
香橙柑桂酒···························10ml
香橙片······························1/8个

用具、酒杯

调酒长匙、柯林斯酒杯、吸管两根

制作方法

1. 在柯林斯酒杯中加满冰块，按照上述菜单顺序依次加入，用调和法混合。

2. 将香橙片装饰在杯边，放入吸管。

葡萄牙奏鸣曲

杯中交相呼应的两款波特红酒

　　菠萝果汁的黄色和红宝石波特酒的红色相得益彰，分开的两层非常漂亮，是日本增渕直美的作品。

制作材料

白色波特酒···························30ml
香橙利口酒···························20ml
菠萝果汁······························10ml
红宝石波特酒························10ml
食用兰花······························1朵

用具、酒杯

摇酒壶、柯林斯酒杯、吸管两根

制作方法

1. 将除红宝石波特酒以外的全部制作材料和冰块加入到摇酒壶中，上下摇动。

2. 将1注入柯林斯酒杯中，加入冰块，将红宝石波特酒倒在上层。

3. 在杯中放入吸管和兰花。

红衣主教

在寂寞的夜里独自享用一杯美酒

　　黑加仑酒芳醇的甘甜与红酒略带苦涩的味道很好地得到了平衡，口味适中的一款鸡尾酒。

制作材料

红酒··································120ml
黑加仑酒······························30ml

用具、酒杯

调酒长匙、笛形香槟酒杯

制作方法

将全部材料放入笛形香槟酒杯，轻轻调和。

含羞草

花香与快乐的味道在口中扩散

　　鸡尾酒的颜色宛若含羞草，并以此命名这款鸡尾酒，品尝这款酒能够感受到香槟爽快独特的高贵之感。

⑦ 🍸 🍶 🥃

制作材料
香槟…………………………… 1/2杯
鲜香橙果汁…………………… 1/2杯

用具、酒杯
香槟酒杯

制作方法

1. 将冷藏的鲜香橙果汁倒入到香槟酒杯中。

2. 加入冷藏的香槟酒。

波特斯普拉秀

清爽的柠檬演绎出安静一刻

　　白波特酒与汤力水混合，加入清爽的柠檬，调和出口感丰润非常清爽的一款鸡尾酒。

⑧ 🍸 🍶 🥃

制作材料
白色波特酒…………………… 90ml
汤力水………………………… 90ml
柠檬皮………………………… 1片
薄荷叶………………………… 1片

用具、酒杯
笛形香槟酒杯

制作方法

1. 将切割柠檬的皮剥下，旋转成螺旋状，将最底部放入笛形香槟酒杯底部。

2. 将1中加入冰块，再加入白色波特酒和汤力水，最后用薄荷叶作装饰。

拉贝罗波特

水分充足，非常好喝的一款鸡尾酒适合女性朋友

　　菠萝果汁的酸味和略甜的波特红酒奏响完美协调的乐章，调和出一款非常好喝的鸡尾酒。

⑥ 🍸 🍶 🥃

制作材料
白色波特酒…………………… 60ml
菠萝果汁……………………… 90ml
柠檬片………………………… 1片

用具、酒杯
摇酒壶、笛形香槟酒杯

制作方法

1. 将除柠檬片以外的全部制作材料和冰加入到摇酒壶中，上下摇动。

2. 将1注入笛形香槟酒杯中，用柠檬片作装饰。

练习曲

漂亮的黄色酒液演绎出优雅动人的时刻

清爽的苦味和略甜的味道是苏兹酒和香槟酒调和出来的味道，非常清爽的一款鸡尾酒。

制作材料

苏兹酒·····················20ml
香槟·······················倒满

用具、酒杯

调酒长匙、笛形香槟酒杯

制作方法

将苏兹酒和香槟按照顺序加入笛形香槟酒杯，轻轻搅拌。

狄达帝国

与高贵妇人共享优雅时刻

在高贵的香槟酒里加入荔枝果味浓郁的利口酒，想象高贵美女动人时刻。

制作材料

荔枝利口酒·················30ml
香槟·······················倒满

用具、酒杯

调酒长匙、笛形香槟酒杯

制作方法

1. 将荔枝利口酒放入到笛形香槟酒杯中。
2. 在1中加入香槟，调和。

皇家粉蜜桃

桃子温柔地包裹着杯子顺滑的口感

淡雅的味道与香槟酒混合，加入适中的香桃调出清新的味道，非常适合大人品尝。

制作材料

香甜利口酒·················30ml
香槟·······················适量

用具、酒杯

调酒长匙、笛形香槟酒杯

制作方法

将香甜利口酒注入笛形香槟酒杯中，将冷却的香槟酒加入，用调和法混合。

庆典

非常适合庆祝时饮用的一杯鸡尾酒

酒名意味庆祝，就好似点燃的火焰那般红色的酒液，加入覆盆子利口酒的酸味和甜味，使香槟酒的味道更加柔和。

13

制作材料
香槟·····················30ml
覆盆子利口酒·············20ml
干邑白兰地···············10ml
柠檬果汁·················1茶匙

用具、酒杯
摇酒壶、香槟杯

制作方法

1. 将除香槟以外的全部制作材料和冰加入到摇酒壶中，上下摇动。

2. 将1注入鸡尾酒杯中。

卢米埃尔

**可爱的装饰点缀一款美酒
推荐给女性朋友**

玫瑰平和的味道、柠檬的酸味和糖浆的甜味加上白兰地的味道，一款如同香槟酒一般的鸡尾酒诞生了，非常可口。

16

制作材料
香槟·····················30ml
紫葡萄酒·················20ml
白兰地···················5ml
柠檬柚子酒···············5ml
莫尼糖浆·················1茶匙
酸青柠檬片···············1片
玫瑰花···················1朵
金箔·····················适量

用具、酒杯
调酒器、鸡尾酒杯、鸡尾酒签

制作方法

1. 将除香槟、柠檬片和玫瑰花以外的全部制作材料和冰加入到摇酒壶中，上下摇动。

2. 将香槟加入到鸡尾酒杯中，将1注入。

3. 将金箔洒在玫瑰上，再和酸青柠檬片插在鸡尾酒签上，装饰在杯子边缘。

教堂

想要献给美丽的新娘的一款鸡尾酒

淡淡的粉红色如同婚礼上的新娘一般，西瓜平和的味道和柠檬酸酸的味道，混合白色白兰地，非常清爽的一款鸡尾酒。

16

制作材料
白葡萄酒·················30ml
柠檬利口酒···············15ml
水蜜桃利口酒·············10ml
玛若丝卡酸味樱桃酒·······10ml
香橙果肉·················1块
食用花朵·················1朵

用具、酒杯
调酒器、鸡尾酒杯

制作方法

1. 将白葡萄酒、柠檬利口酒、水蜜桃利口酒、玛若丝卡酸味樱桃和冰加入到摇酒壶中，上下摇动。

2. 将1注入鸡尾酒杯中，加入鲜橙果肉，放置食用花朵。

BEER

啤酒系列

*NIHON-SHU & SHOCH***U**

烧酒系列

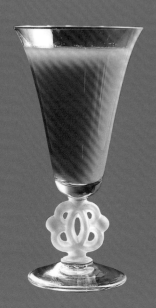

BEER 啤酒
以啤酒为基酒制作酒品一览

※基酒以及利口酒和其他酒品的容量单位都为ml。

鸡尾酒名称	类别	调制手法	酒水度数	味道	基酒	利口酒、其他酒品
红色眼睛			2	中口	啤酒1/2杯	
红鸟			13	中口	啤酒适量	伏特加45
黑色天鹅绒			9	中口	黑啤1/2杯	香槟1/2杯
混合			2	中口	啤酒1/2杯	
榆木疙瘩			11	中口	黑啤适量	姜汁酒45
香蒂格夫			2	中口	黑啤1/2杯	
鸡蛋啤酒			2	甜口	啤酒1杯	

NIHON-SHU·SHOCHU 日本酒、烧酒
以日本酒、烧酒为基酒制作酒品一览

鸡尾酒名称	类别	调制手法	酒水度数	味道	基酒	利口酒、其他酒品
瞿麦			14	甜口	日本酒45	
出羽菊水			8	甜口	日本酒25	水蜜桃利口酒15
日本马提尼			23	辣口	日本酒15	干金酒45
白山			14	中口	日本酒30	水蜜桃利口酒20
武士			10	中口	日本酒45	
摇滚武士			22	辣口	日本酒45	
日本酸酒			9	中口	日本酒45	
启示			15.3	甜口	日本酒30	樱花利口酒20
新娘			12	中口	御神酒（日本酒）40	玫瑰利口酒20、M樱桃酒1茶匙
厄尔尼诺			10	中口	泡盛酒20、甜瓜利口酒15	荔枝利口酒15
春雪			12	中口	烧酒（白干）10	绿茶利口酒10
烧酒菲兹			7	中口	烧酒（白干）45	
舞女			12	中口	烧酒（红乙女）20	覆盆子利口酒15、君度利口酒10
烧酒马提尼			23	辣口	烧酒（白干）50	干味美思10
大和女人			15	甜口	烧酒（日本）20	青苹果利口酒20、酸奶利口酒1茶匙
美丽樱花			15	甜口	泡盛酒20	黑加仑酒20、樱花酒10

分类		调和方法		甜味材料、增加香味	其他
短饮鸡尾酒	餐前饮用	摇和法	兑和法	G糖浆=红石榴糖浆	M樱桃=玛若丝卡酸味樱桃
长饮鸡尾酒	餐后饮用	调和法	搅和法	S糖浆=白糖浆	S青柠檬=青柠檬片
	随时饮用			A苦精酒=安格斯图拉苦精酒	S柠檬=柠檬片
				O苦精酒=香橙苦精酒	S香橙=香橙片

果汁	甜味、香味材料	碳酸饮料	装饰和其他	页数
番茄汁1/2杯				334
番茄汁60				334
				334
		透明碳酸饮料1/2杯		335
				335
		干姜汁1/2杯		335
			蛋黄1个	335

果汁	甜味、香味材料	碳酸饮料	装饰和其他	页数
柠檬果汁3茶匙	G糖浆2、焦糖1茶匙		蛋清1/3个	336
紫苏汁15、鲜柠檬果汁5			干菊花适量	336
			橄榄1颗	336
新鲜青柠檬果汁10	细砂糖适量		带枝树叶适量	337
青柠檬果汁15、柠檬果汁1茶匙				337
			青柠檬1/4个	337
柠檬果汁15	砂糖1茶匙	苏打水适量	S柠檬1片、M樱桃1颗	338
菠萝汁10				338
新鲜柠檬果汁				338
柠檬果汁15	甜瓜糖浆5		荔枝片1片	339
卡尔必思10				339
柠檬果汁20	砂糖2茶匙	苏打水适量	S柠檬1片、M樱桃1颗、牛奶1茶匙	339
柠檬果汁1茶匙	G糖浆10			340
	香橙苦精酒少许		橄榄1颗	340
蔓越莓果汁20			M樱桃1颗、柠檬皮1片、青柠檬皮1片、香橙皮1片	340
柠檬果汁5			M樱桃1颗、樱花枝叶1根	340

红色眼睛

最适宜在宿醉之时饮用的番茄汁

正如"红色眼睛"其名所示，这款酒使用了充足的番茄汁，是宿醉的人们钟爱的一款鸡尾杯。

② 🍸 🔲 ▦

制作材料

啤酒······1/2杯
番茄汁·····1/2杯

用具、酒杯

酒杯长匙、平底酒杯

制作方法

1. 将番茄汁倒进平底酒杯。

2. 将啤酒倒进1的杯子里调和。

红鸟

这款鸡尾酒口感清爽，任何时候都可以饮用

伏特加的风味，啤酒的快感与番茄汁的畅爽口感很好的融合，制成了这杯健康的鸡尾酒。适于宿醉及餐前饮用。

⑬ ▯ 🔲 ▦

制作材料

啤酒······适量
伏特加·····45ml
番茄汁·····60ml

用具、酒杯

调酒长匙、平底酒杯

制作方法

1. 将冰镇后的伏特加和番茄汁倒进平底酒杯里。

2. 将冰镇啤酒缓慢倒入1的杯子里调和。

黑色天鹅绒

这杯酒以浓厚的甜味和黑啤的苦味而著称

香槟将黑啤的苦味温柔地包裹在其中，口感如天鹅绒般丝滑，是一杯具有古典风格的鸡尾酒。

⑨ 🍸 🔲 ▦

制作材料

黑啤······1/2杯
香槟······1/2杯

用具、酒杯

啤酒杯

制作方法

1. 充分冰镇黑啤和香槟。

2. 将1的黑啤和香槟同时从两侧慢慢倒入啤酒杯中。

混合

这款酒味道浓郁香甜，十分高贵

酒名"混合"，虽然只是将啤酒和透明碳酸饮料混合在一起，但其味道却是浓厚香甜，高贵感十足。

② Y ▨ ▥

制作材料

啤酒·················· 1/2杯
透明碳酸饮料········· 1/2杯

用具、酒杯

笛形香槟杯

制作方法

1. 将啤酒和透明碳酸饮料充分冰镇。

2. 将1的啤酒倒入杯子中，然后倒满透明碳酸饮料。

榆木疙瘩

让寻常的啤酒变得华丽漂亮

味道香醇的啤酒里加入清爽的姜汁酒，给口中以恰到好处的刺激，而且后味也很美味。

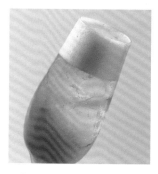

⑪ Y ▨ ▥

制作材料

姜汁酒·················· 45ml
黑啤·················· 适量

用具、酒杯

调酒长匙、比尔森高脚杯

制作方法

在杯子里放入冰块后，再把制作材料倒进去，轻轻调和。

香蒂格夫

让人想要一饮而尽，品尝其美味

姜汁酒很爽口，让味道稍苦的黑啤变得易于饮用。这款酒非常适合中意苦味的男士。

② ▥ ▨ ▥

制作材料

黑啤·················· 1/2杯
干姜汁·················· 1/2杯

用具、酒杯

平底酒杯

制作方法

1. 将黑啤、干姜汁充分冰镇。

2. 将黑啤倒入平底酒杯中，再倒满干姜汁。

鸡蛋啤酒

身体疲劳时想要饮用的一款鸡尾酒，营养成分非常高

将蛋黄碾碎后加入到啤酒中制成这款酒，蛋黄营养成分高，啤酒可以消除疲劳，非常适于疲劳时滋养身体。

② Y ▢ ▥

制作材料

啤酒·················· 1杯
蛋黄·················· 1个

用具、酒杯

高脚杯、调酒长匙

制作方法

1. 将蛋黄放入高脚杯中，用电动搅拌机碾碎。

2. 将啤酒慢慢倒进1的杯子里兑和。

瞿麦

好像可爱的瞿麦，让人久久凝视

鲜艳的蔚蓝色，模仿出了日本瞿麦的可爱感觉。酸味和甜味搭配得恰到好处，十分可口。

14

制作材料
日本酒·······························45ml
蛋清·····························1/3个
红石榴糖浆···················2茶匙
柠檬果汁·······················3茶匙
焦糖·······························1茶匙

用具、酒杯
摇酒壶、鸡尾酒杯

制作方法
1. 将所有材料和冰块放入摇酒壶，用力摇动。
2. 倒进鸡尾酒杯。

出羽菊水

这款酒具有古代日本女子端庄优雅之感

将日本酒和水蜜桃利口酒组合到一起，就诞生出了这款出人意料的美味鸡尾酒。加入柠檬果汁和紫苏汁，让酸味更加浓郁。

8

制作材料
日本酒·······························25ml
水蜜桃利口酒···················15ml
紫苏汁·····························15ml
鲜柠檬果汁·······················5ml
干菊花·····························适量

用具、酒杯
摇酒壶、鸡尾酒杯

制作方法
1. 将除干菊花以外的材料和冰块放进摇酒壶中摇晃。
2. 将1倒进鸡尾酒杯中，再让干菊花浮在上面。

日本马提尼

能够根据自己的喜好来选择的日本版马提尼

用味道刺激的干金酒和香醇浓郁的日本酒这对最佳组合调制出的经典日本鸡尾酒。可以偶尔来一杯日本马提尼，取代日本酒，换换口味。

23

制作材料
日本酒·······························15ml
干金酒·····························45ml
橄榄·······························1颗

用具、酒杯
调酒器、滤冰器、调酒长匙、鸡尾酒杯、鸡尾酒酒签

制作方法
1. 将除橄榄以外的材料和冰块放入调酒器调和。
2. 把叉着鸡尾酒酒签的橄榄放到鸡尾酒杯中，再用滤冰器过滤，把1倒进鸡尾酒杯。

白山

日本的美丽雪景，装饰着酒杯的边缘

在口感香醇的日本酒中加入水蜜桃和青柠檬的味道，就制成了这款充满水果香味的鸡尾酒。这款是金泽全日空大酒店的独创鸡尾酒。

14

制作材料

日本酒	30ml
水蜜桃利口酒	20ml
鲜青柠檬果汁	10ml
细砂糖	适量
带枝树叶	适量

用具、酒杯

调酒器、古典杯

制作方法

1. 将细砂糖在古典杯中制作成糊状，再放入冰块。

2. 将除树叶以外的材料和冰块放进调酒器摇晃。

3. 将2的酒倒进1的古典杯中，将树叶漂浮在上面。

武士

口感清爽的一款酒

将日本酒特有的风味和青柠檬果汁、柠檬果汁的香气很好地融合到一起，制成这一款味道稍酸、口感清爽的鸡尾酒。

10

制作材料

日本酒	45ml
青柠檬果汁	15ml
柠檬果汁	1茶匙

用具、酒杯

调酒器、鸡尾酒杯

制作方法

1. 将所有材料和冰块放入调酒器中摇和。

2. 将1的鸡尾酒倒入鸡尾酒杯中。

摇滚武士

像武士一样的男子味道，代表了日本酒的一款酒

通过新鲜青柠檬的酸味和香气，让日本酒的甘甜风味很好地散发出来，口感清爽，易于饮用。

22

制作材料

日本酒	45ml
青柠檬	1/4个

用具、酒杯

调酒长匙、古典杯

制作方法

将日本酒倒进盛有冰块的古典杯，再把青柠檬榨汁，放入杯中，最后调和。

日本酸酒

口感微酸，给人以新鲜的感觉

　　由于在日本酒中加入了柠檬果汁，所以日本酒的风味被清爽的香气和酸味包裹起来，十分爽口。

9

制作材料
日本酒·····························45ml
柠檬果汁··························15ml
砂糖······························1茶匙
苏打水····························适量
柠檬片····························1片
玛若丝卡酸味樱桃··············1颗

用具、酒杯
调酒器、酸酒酒杯、调酒棒

制作方法

1. 将日本酒、柠檬果汁、砂糖和冰块放进调酒器调和，然后放入冰镇好的苏打水。

2. 把柠檬片和玛若丝卡酸味樱桃放入酸酒酒杯后，将1的酒倒进去，最后放调酒棒。

启示

好似樱花飞舞一般美丽的鸡尾酒

　　将日本酒和樱花利口酒配在一起，再加上些许菠萝风味，制成这一杯味道饱满的日式鸡尾酒。柔和的樱花淡蓝色非常漂亮。

15.3

制作材料
日本酒·····························30ml
樱花利口酒·······················20ml
菠萝汁····························10ml

用具、酒杯
调酒器、鸡尾酒杯

制作方法

1. 将所有材料和冰块放进调酒器调和。

2. 把1的酒倒进鸡尾酒杯中。

新娘

让两个人重要的那一天大放异彩，一杯快乐的鸡尾酒

　　高贵的玫瑰香气和新鲜柠檬果汁的酸味，让日本酒变得更加爽口。请一定要使用御神酒来调制这一款新娘鸡尾酒。

12

制作材料
御神酒（日本酒）··············40ml
玫瑰利口酒·······················20ml
新鲜柠檬果汁····················15ml
玛若丝卡酸味樱桃酒··········1茶匙

用具、酒杯
调酒器、鸡尾酒杯

制作方法

1. 将所有材料和冰块放入调酒器调和。

2. 将1的酒倒进鸡尾酒杯。

厄尔尼诺

让身体和心情都能活力充沛的一款美味鸡尾酒

将泡盛酒的独特风味与甜瓜利口酒、荔枝利口酒、柠檬果汁的酸甜味道搭配在一起，调出这一杯味道醇厚的鸡尾酒。它能让我们的身体和心情都充满活力。

制作材料

泡盛酒	20ml
甜瓜利口酒	15ml
荔枝利口酒	15ml
柠檬果汁	15ml
甜瓜糖浆	5ml
荔枝片	1片

用具、酒杯

调酒器、高脚杯、吸管

制作方法

1. 将所有材料和冰块放入调酒器调和。
2. 将1的酒倒入盛有碎冰的高脚杯，再放入吸管。

春雪

鲜艳的绿色，完美演绎出日本的春天

将味道强劲的烧酒（白干）与绿茶利口酒的香气、可尔必思的酸甜口感融合到一起，鲜艳的绿色就好似冰雪初融的春天，也好似早春降下的白雪。

制作材料

烧酒（白干）	10ml
绿茶利口酒	10ml
可尔必思	10ml

用具、酒杯

调酒器、鸡尾酒杯

制作方法

1. 将所有材料和冰块放入调酒器调和。
2. 将1的酒倒进鸡尾酒杯。

烧酒菲兹

口感清爽，十分有感觉的一款鸡尾酒

以烧酒（白干）为基酒，再加上苏打水、柠檬果汁、砂糖，让口感变得更好。酒精度数只有7°，所以也十分适于女性饮用。清爽的口感，让你"爱不释口"。

制作材料

烧酒（白干）	45ml
柠檬果汁	20ml
砂糖	2茶匙
牛奶	1茶匙
苏打水	适量
柠檬片	1片
玛若丝卡酸味樱桃	1颗

用具、酒杯

调酒器、平底酒杯、调酒棒

制作方法

1. 将烧酒、柠檬果汁、砂糖、牛奶和冰块放入调酒器调和，然后放入冰镇苏打水。
2. 将1的酒倒进平底酒杯，然后装饰上柠檬片和玛若丝卡酸味樱桃，最后放调酒棒。

舞女

这款酒可爱的色泽吸引着诸多女性

以产自福冈县的红乙女烧酒为基酒，再加入覆盆子、君度利口酒、柠檬果汁调成的一款好似舞女般魅力十足的鸡尾酒。

12 Y

制作材料
烧酒（红乙女）…………20ml
覆盆子利口酒…………15ml
君度利口酒…………10ml
柠檬果汁…………1茶匙
红石榴糖浆…………10ml

用具、酒杯
调酒器、鸡尾酒杯

制作方法

1. 将所有材料和冰块放入调酒器调和。

2. 将1的酒倒进鸡尾酒杯。

烧酒马提尼

芳香醇厚的这款酒，让你情不自禁会多喝上几杯

将烧酒（白干）、干味美思、香橙苦精酒的风味充分发挥，只有成年人才能品尝出其中奥妙。

23 Y

制作材料
烧酒（白干）…………50ml
干味美思…………10ml
香橙苦精酒…………少许
橄榄…………1颗

用具、酒杯
混酒杯、滤冰器、调酒长匙、鸡尾酒杯、鸡尾酒酒签

制作方法

1. 将烧酒（白干）、干味美思、香橙苦精酒和冰块放到混酒杯混合。

2. 把叉着鸡尾酒酒签的橄榄放到鸡尾酒杯里，再把滤冰器放到1上，将酒滤到鸡尾酒杯。

大和女人

漂亮的蓝色和香醇的风味让人联想到可爱的女子

青苹果、蔓越莓与烧酒的风味很好地融合到一起，再加入些酸奶，让口感更加顺滑，味道更好。

15 Y

制作材料
烧酒（日本）…………20ml
青苹果利口酒…………20ml
蔓越莓果汁…………20ml
酸奶利口酒…………1茶匙
玛若丝卡酸味樱桃…………1颗
柠檬皮…………1片
青柠檬皮…………1片
香橙皮…………1片

用具、酒杯
摇酒壶、鸡尾酒杯

制作方法

1. 将烧酒、青苹果利口酒、蔓越莓果汁、酸奶利口酒和冰放入摇酒壶中，上下摇动。

2. 将1注入鸡尾酒杯中。

3. 将香橙皮、柠檬皮和青柠檬皮插在玛若丝卡酸味樱桃上装饰在杯边。

美丽樱花

可爱的装饰和漂亮的水色

使用来自冲绳的特产——泡盛酒加上日本樱花酒调和出美味酸甜、口味十足，让您能够感受冲绳美景的一款鸡尾酒。

15 Y

制作材料
泡盛酒…………20ml
黑加仑酒…………20ml
樱花酒…………10ml
柠檬果汁…………5ml
玛若丝卡酸味樱桃…………1颗
樱花枝叶…………1根

用具、酒杯
混酒杯、鸡尾酒杯

制作方法

1. 将泡盛（美岛）酒、黑加仑酒、樱花酒、柠檬果汁加入摇酒壶中摇动。

2. 把1倒入鸡尾酒杯，在插有樱花枝叶的玛若丝卡上穿入鸡尾酒匙，放到2里。

OTHER SPIRITS

非酒精类饮品

NON-ALCOHOLIC

其他烈性酒系列

其他烈性酒 以其他烈性酒为基酒制作酒品一览

※基酒以及利口酒和其他酒品的容量单位都为ml。

鸡尾酒名称	类别		调制手法	酒水度数	味道	基酒	利口酒、其他酒品
杨贵妃				12	甜口	桂花陈酒30	荔枝利口酒10、蓝柑桂酒1茶匙
哈姆莱特				35	甜口	白兰地烧酒35	樱桃酒25
淘金热				34.3	中口	白兰地烧酒30	杜林标20
香水				14	甜口	梅酒45	樱花利口酒10
紫水晶				20	甜口	桂花陈酒30	波士紫罗兰20
射击之星				10	甜口	桂花陈酒40	水蜜桃利口酒5、蓝柑桂酒10
花之物语				14	甜口	桂花陈酒20	樱花利口酒20

非酒精类饮品 以非酒精类饮品为基酒制作酒品一览

※基酒以及利口酒和其他酒品的容量单位都为ml。

鸡尾酒名称	类别		调制手法	酒水度数	味道	基酒
猫猫					甜口	香橙果汁30、菠萝果汁30、葡萄果汁10
佛罗里达					甜口	香橙果汁40、柠檬果汁20
灰姑娘					甜口	香橙果汁20、柠檬果汁20、菠萝果汁20
秀兰·邓波儿					中口	姜汁汽水（或者是柠檬水）适量
梦中情人					甜口	柠檬果汁20
奶昔					甜口	牛奶120ml

果汁	甜味、香味材料	碳酸饮料	装饰和其他	页数
鲜葡萄果汁20				344
				344
				344
红葡萄果汁5			小话梅1颗	345
菠萝果汁10	G糖浆1茶匙			345
鲜葡萄果汁30、可尔必思5			绿樱桃1颗、星形葡萄柚果肉1块	345
鲜葡萄果汁20			腌制樱花叶（在热水中脱盐）1朵	345

利口酒、其他酒品	碳酸饮料	装饰和其他	页数
G糖浆1茶匙		S香橙1片、葡萄片1片	346
A苦精酒少许		砂糖1茶匙	346
			346
G糖浆20		S柠檬1片、M樱桃1颗	347
	姜汁汽水适量	S柠檬1片、M樱桃1颗、鸡蛋1个、砂糖2茶匙	347
		鸡蛋1个、砂糖3茶匙	347

杨贵妃

连杨贵妃都被荔枝的香甜俘获了

　　带有金桂香味的桂花陈酒与荔枝的味道相混合，是一款非常受欢迎的鸡尾酒，淡淡的蓝色带给您美的感受。

🔵12 🍸 🖼 🍶

制作材料
桂花陈酒……………………30ml
荔枝利口酒…………………10ml
鲜葡萄果汁…………………20ml
蓝柑桂酒………………… 1茶匙

用具、酒杯
摇酒壶、鸡尾酒杯

制作方法
1. 将全部材料和冰放入摇酒壶中，上下摇动。
2. 将1倒入鸡尾酒杯中。

哈姆雷特

如同名作哈姆雷特一样上演一出好戏

　　白兰地酒和樱桃酒带给您美好的享受，但是要注意，这是一款酒精浓度较高的酒品。

🔵35 🍸 🖼 🥄

制作材料
白兰地酒……………………35ml
樱桃酒………………………25ml

用具、酒杯
混酒杯、调酒长匙、滤冰器、鸡尾酒杯

制作方法
1. 将全部材料和冰放入混酒杯中，用调和法混合。
2. 放置滤冰器将混合好的酒液滤入鸡尾酒杯中。

淘金热

人生中想要赌一次的时候饮用的美酒

　　清冽的味道是由白兰地酒和杜林标混合出来的，简单却又浓厚的一杯鸡尾酒。

🔵34.3 🥃 🖼 🥃

制作材料
白兰地酒……………………30ml
杜林标………………………20ml

用具、酒杯
调酒长匙、古典杯

制作方法
将全部材料放入加冰的古典杯里，用调和法混合。

香水

如同春风拂面一般的感觉

　　酸甜的美酒配上樱花利口酒，调和出如同春天一般的鸡尾酒，口感清爽。

14 🍸 🎴 🏺

制作材料

梅酒·····················45ml
樱花利口酒·········10ml
红葡萄果汁···········5ml
小话梅·······················1颗

用具、酒杯

混酒杯、鸡尾酒杯、鸡尾酒签

制作方法

1. 将除小话梅以外的全部材料和冰放入混酒杯中，用调和法混合。

2. 将1注入鸡尾酒杯中，将插在鸡尾酒签上的小话梅沉入杯中。

紫水晶

金桂与堇菜奏响的和谐之音

　　金桂与堇菜带给您甘美的享受，加入菠萝果汁让酒的果味更浓甜味更加突出，是一款非常好喝的鸡尾酒。

20 🍸 🎴 🏺

制作材料

桂花陈酒·············30ml
波士紫罗兰·········20ml
菠萝果汁···········10ml
红石榴糖浆·········1茶匙

用具、酒杯

摇酒壶、鸡尾酒杯

制作方法

1. 将全部材料和冰放入摇酒壶中，上下摇动。

2. 将1倒入鸡尾酒杯中。

射击之星

如同流星一样绚丽复杂的味道

　　如同名字一样在杯子边缘用星形果肉作点缀，绿色的樱桃也同样惹人注目，在制作材料方面使用了桂花陈酒，非常可口。

10 🍸 🎴 🍸

制作材料

桂花陈酒·············40ml
水蜜桃利口酒·······5ml
蓝柑桂酒·············10ml
鲜葡萄果汁·········30ml
可尔必思···············5ml
绿樱桃·······················1颗
星形葡萄柚果肉·····1块

用具、酒杯

摇酒壶、香槟杯、吸管两个

制作方法

1. 将从桂花陈酒开始到可尔必思的全部制作材料和冰加入到摇酒壶中，上下摇动。

2. 在香槟杯中加入冰，将1注入。

3. 将绿樱桃，星形葡萄果肉放在杯边作装饰，加入吸管。

花之物语

樱花的柔和味道让人身心放松

　　樱花和金桂的香味混合葡萄果汁酸甜略带苦味的口感，让酒的口感最佳，是日本东京全日空大酒店（ANA Hotel Tokyo）独创的一款酒品。

14 🍸 🎴 🍸

制作材料

桂花陈酒·············20ml
樱花利口酒·········20ml
鲜葡萄果汁·········20ml
腌制樱花叶
(在热水中脱盐)·······1朵

用具、酒杯

摇酒壶、鸡尾酒杯

制作方法

1. 将除了腌制樱花叶以外全部材料和冰放入摇酒壶中，上下摇动。

2. 将1倒入鸡尾酒杯中，将腌制樱花叶放入杯中。

猫猫

如同小猫一般可爱的一款鸡尾酒

　　如同这款鸡尾酒的名字一样，味道非常诱人，果味丰富，水分充足，即便是给爱撒娇的人来品尝，喝过之后也一定会变得乖巧沉静。

制作材料

香橙果汁	30ml
菠萝果汁	30ml
葡萄果汁	10ml
红石榴糖浆	1茶匙
香橙片	1片
葡萄柚片	1片

用具、酒杯

摇酒壶、酸酒杯

制作方法

1. 将除了香橙片和葡萄片以外的全部制作材料和冰加入到摇酒壶中，上下摇动。

2. 将1注入酸酒杯中，在杯边用香橙片和葡萄片作装饰。

佛罗里达

香橙的味道在口中弥漫

　　甜味香橙果汁和酸味柠檬果汁加入砂糖和安格斯图拉苦精酒，让这款酒变得非常好喝，即便是不喝酒的朋友，也能一边享受酒吧的感觉，一边品尝这杯美酒。

制作材料

香橙果汁	40ml
柠檬果汁	20ml
砂糖	1茶匙
安格斯图拉苦精酒	少许

用具、酒杯

摇酒壶、鸡尾酒杯

制作方法

1. 将全部材料和冰放入摇酒壶中，上下摇动。

2. 将1倒入鸡尾酒杯中。

灰姑娘

与水果的香甜相媲美的一款热带酒品

　　仅仅使用香橙果汁、柠檬和菠萝果汁，摇和均匀却好似添加了酒精一般，如同女性朋友所羡慕的灰姑娘的美貌一样，非常可爱的一杯鸡尾酒。

制作材料

香橙果汁	20ml
柠檬果汁	20ml
菠萝果汁	20ml

用具、酒杯

摇酒壶、鸡尾酒杯

制作方法

1. 将全部材料和冰放入摇酒壶中，上下摇动。

2. 将1倒入鸡尾酒杯中。

秀兰·邓波儿

红色的酒液让您感受到可爱的一款鸡尾酒

使用红石榴糖浆使得酒颜色变成红色，加入姜汁汽水带给您爽快之感，想把这杯酒献给邓波儿。

● ▮ ▧ ▥

制作材料

红石榴糖浆·····················20ml
姜汁汽水（或者是柠檬水）·······适量
柠檬片····························1片
玛若丝卡酸味樱桃··················1颗

用具、酒杯

平底大玻璃杯、鸡尾酒签

制作方法

1. 红石榴糖浆和冰块放入平底大玻璃杯中。

2. 将姜汁汽水加入到平底大玻璃杯的8分处调和，将柠檬片和玛若丝卡酸味樱桃插在鸡尾酒签上装饰在杯边。

梦中情人

顺滑的口感让您如入梦境

这款酒还有个名字叫格拉斯科·飞利浦，加入柠檬果汁、砂糖和鸡蛋、姜汁汽水，口感顺滑的一杯美酒。

● ▮ ▧ ⬳

制作材料

柠檬果汁·····················20ml
砂糖···························2茶匙
鸡蛋····························1个
姜汁汽水·······················适量
柠檬片··························1片
玛若丝卡酸味樱桃··················1颗

用具、酒杯

摇酒壶、平底大玻璃杯、鸡尾酒签

制作方法

1. 将柠檬果汁、砂糖、鸡蛋和冰加入到摇酒壶中，上下摇动，将姜汁汽水倒入其中。

2. 将1注入平底大玻璃杯中，将柠檬片和玛若丝卡酸味樱桃插在鸡尾酒签上装饰在杯边。

奶昔

营养价值很高的一款睡前佳饮

使用新鲜的鸡蛋和牛奶，其甘甜的味道让您感到非常可口而且营养价值很高，能够温暖您身体的一款安神鸡尾酒。

● ▮ ▨ ▦

制作材料

牛奶·························120ml
砂糖···························3茶匙
鸡蛋····························1个

用具、酒杯

电动搅拌机、盆、平底杯

制作方法

1. 将鸡蛋在盆中打碎。

※这时候要确认鸡蛋鲜度。

2. 在电动搅拌器中加入牛奶、白糖和鸡蛋以及碎冰，搅拌。

3. 将2倒入加冰的平底杯中。

生辰石与
鸡尾酒

根据您出生时代表的宝石来选择鸡尾酒，也是一件有趣的事情吧。在此我们特地精选与您的生辰石相配的几款鸡尾酒，您也可以背下来等待时机来炫耀一下。

1月	石榴石	酸甜口味的野红梅杜松子菲兹鸡尾酒（P173）
2月	紫水晶	神秘的蓝月亮（P65）
3月	海蓝宝石	清新蔚蓝的蓝色珊瑚礁（P132）
4月	钻石	永葆青春的冰沙代基里（P88）
5月	绿宝石	澄净青绿的佛莱培鸡尾酒（P174）
6月	珍珠	闪烁光芒的吉普森（P36）
7月	红宝石	梦幻的烈焰之吻（P126）
8月	橄榄石	醇香甜甜的绿色玛格丽特（P305）
9月	蓝宝石	捕获芳心的口红（P151）
10月	碧玺	考究精致的XYZ（P89）
11月	蓝黄玉	淡黄美丽阿拉斯加（P36）
12月	锆石	色彩斑斓的地平线（P186）

我们列出的这些仅供您参考。您如果能够想到更好的与您相符合的鸡尾酒，那自然是最好的。如果您将这些细小的心思用在心爱的人的生日上，一定能够给这个生日增加亮点。

BASIC KNOWLEDGE OF COCKTAIL
鸡尾酒的基础知识

鸡尾酒的分类

鸡尾酒根据饮酒时间长短、饮酒时间段、温度、制作方法等的不同，有很多种分类方法，且每一种类别里面都有很多种酒。了解鸡尾酒的种类和意义，可以根据饮酒目的，喜好等来选择适合的鸡尾酒，所以一定要掌握好酒的分类。

● 根据饮酒时间长短分类

短饮

可以在很短时间就喝完的鸡尾酒。制作的过程中先冰镇，由于杯子里不放冰块，所以如果不在15~20分钟内喝完的话，酒会升温，那么味道就会大打折扣。几乎所有的酒都是放在鸡尾酒杯里的，所以3~4口就可以喝完。这一类酒里面有很多都适宜作为餐前酒来饮用。

长饮

与短饮相对，这类酒是需要花时间来品尝的。使用的杯子多为平底酒杯、柯林斯酒杯等稍大的酒杯，由于杯子里会放入冰块，苏打水等，所以即使饮酒时间稍长一些，酒的味道也不会有太大变化。这类酒里有很多都适宜边和朋友或恋人聊天边饮用。

● 根据饮酒时间段、目的分类

餐前酒

可以增强食欲的鸡尾酒。"Aperitif"在法语中是"餐前酒"的意思。辣口且酒精度数较高的短饮类酒就属于这一类。有马提尼（参照P22~23），金比特(参照P40)，基尔（参照P318），皇家基尔（参照P318），帝王基尔

（参照P318）等。

餐后酒

适合餐后饮用的鸡尾酒。"Digestif"在法语中的意思是"餐后酒"，可起到餐后助消化，提升满足感的作用。酒精度数高的鸡尾酒和甜口鸡尾酒中，很多属于这一类。

全日酒

酒如其名，这类酒可以在任何时候饮用。鸡尾酒中这类酒最多，无论是餐前、餐中还是餐后都适合饮用，很多酒属于这一类。

夜总会酒

适合在稍晚的时间段饮用的鸡尾酒，酒精度数高，辣口酒属于这一类。

睡前酒

睡前饮用的鸡尾酒。能够引发倦意，让人放松的酒属于这一类。

香槟鸡尾酒

使用了香槟的鸡尾酒。适宜在party或庆贺时饮用。

俱乐部鸡尾酒

进餐过程中，作为汤或前菜来饮用的鸡尾酒。

● 根据温度分类

冰镇鸡尾酒

几乎所有鸡尾酒都属于这一类。

温鸡尾酒

有热威士忌托地(参照P243)，KK咖啡（参照P284），酷热意大利(参照P201)等。

● 根据制作方法分类

酸味鸡尾酒

基酒中加入带有酸味的柠檬果汁或砂糖等，以增加甜口的鸡尾酒。Sour在英语中的意思是"酸"。

起泡酒

在烈性酒中加入柠檬果汁、红石榴糖浆、砂糖等，最后倒满苏打水的鸡尾酒。由于碳酸的声音在外国人的耳中一般被听成类似于"fizz"的声音，故取该名。

果汁水酒

在柯林斯酒杯中倒入烈性酒、柠檬果汁、红石榴糖浆、砂糖等，最后倒满苏打水，这类酒叫做果汁水酒。与起泡酒的不同之处在于，果汁水酒使用的杯子稍大，一杯的分量更多。

香甜热酒

倒入喜爱的烈性酒，再加入砂糖、热水或冷水。热酒当中，有时也会加入桂皮等香辛料。

刨冰酒

在装满碎冰的鸡尾酒杯中倒入各种材料。有时也会将所有材料和碎冰放入调酒器进行调制。最后也会用吸管来装饰。

加冰酒

在古典杯中放入稍大的冰块，再加入材料制成的鸡尾酒。

彩虹酒

利用材料的比重不同，不混合的性质，制作出层次感的鸡尾酒。两层的鸡尾酒叫做漂浮，一定要从比重大的材料开始逐次倒入。

清凉饮料

在烈性酒或葡萄酒中加入柑橘类的果汁，然后倒满碳酸饮料。也有无酒精的饮料。

新手酒

在基酒中挤入柠檬果汁或青柠檬果汁，然后倒满苏打水，再加入碾碎的水果的鸡尾酒。

冷冻酒

将冰块和材料一起放入电动搅拌机，搅成雪泥状，有冰沙代基里（参照P88），香蕉代基里（参照P88），冰冻玛格丽特（参照P304）等。这种鸡尾酒非常适宜炎热的夏日和外出游玩时饮用。

工具和使用方法

摇晃调酒器，可以说是制作鸡尾酒的乐趣之一。这是摇和（混合）技法中的一种。制作鸡尾酒时，还有调和、搅和、兑和三种技法，不同的技法需要使用不同的工具，记住每种工具的特征和使用方法，可以让你在制作鸡尾酒时事半功倍。

量酒杯

量酒杯，是一种可以准确测量材料分量的工具。专业调酒人士中，很多人使用目测的方法，但由于材料分量稍有偏差，就会导致酒味的变化，所以为了调出最美味的鸡尾酒，量酒杯是不可或缺的工具之一。

量酒杯由上下两个大小不同的杯子组成，

通常是将材料放进去进行测量。一般来说，大杯子是45ml，小杯子是30ml，但是也有60ml配30ml，15ml配30ml的量酒杯。

在调酒的过程中会频繁使用到量酒杯，所以一定要选取自己使用起来觉得非常方便的那一种。

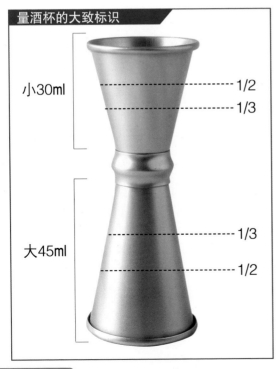

量酒杯的大致标识

小30ml —— 1/2
—— 1/3

大45ml —— 1/3
—— 1/2

1/2	30ml（小·1）
1/3	20ml（小·2/3）
2/3	40ml（大·小于1）
1/4	15ml（小·1/2）
2/4	30ml（小·1）
3/4	45ml（大·1）
1/5	12ml（小·不大于1/3）
2/5	24ml（小·不大于2/3）
3/5	36ml（大·不大于1/2）
4/5	48ml（大·不大于1）
1/6	10ml（小·1/3）
2/6	20ml（小·2/3）
3/6	30ml（小·1）
4/6	40ml（大·小于1）
5/6	50ml（大·不大于1）

● 量酒杯的操作方法

使用量酒杯操作时，最常用的方法是如右图所示，用食指和中指夹住量酒杯的中部细处，这是专业调酒师在调酒时，为客人展现的优美调酒动作之一。这种方法还可以让调酒师在持量酒杯的同时很方便地打开瓶盖，所以也许不是很适合业余调酒爱好者。

这种手持量酒杯的方法虽然看上去十分优美，但由于不是很稳，所以经常会让材料不小心洒出来。所以在熟练掌握这种方法前，请按照右图所示的简单方法来准确测量材料分量，然后小心地倒入调酒器或调酒杯中。

● 量酒杯的手持方法

专业方法	简单方法

用食指和中指夹住量酒杯的中部细处。	大拇指和食指握住量酒杯的中部细处。

※材料会使量酒杯变得烫手，所以不要用手握住量酒杯。

▶▶ 让我们来试试吧 ▶▶▶▶▶▶▶▶▶▶▶▶▶▶▶▶▶▶▶▶▶▶▶▶▶▶▶▶▶▶▶▶

1 手持量酒杯。

2 把鸡尾酒材料慢慢倒入量酒杯，测量分量。

3 反转手腕慢慢倾斜量酒杯，将材料倒入调酒器中。

● 调酒器

所谓的调酒器，是将材料摇和到一起时经常使用的一种十分具有代表性的工具。放入材料和冰块，用力挥舞，里面的材料和冰块就会混在一起，同时也可以达到冰镇的效果，所以几乎制作所有鸡尾酒时都会用到调酒器。

调酒师的调酒动作挥洒自如，不管怎么说，调酒动作都是制作鸡尾酒的亮点之一，所以从准备动作开始学习吧！小小一个调酒器，就能让您品尝多种鸡尾酒的美味，建议初学者可以从一个调酒器入手，然后开始学习！

● 调酒器的选择方法

调酒器分为大、中、小三个尺寸，建议初学者购买大号或中号。由于小号调酒器放不进去太多冰，所以这里不做推荐。调酒器中有很多是玻璃制的，但是对于业余爱好者来说，不锈钢调酒器比较容易使用，而且可以迅速降温。

不锈钢调酒器

滤冰器

有了滤冰器，就可以只把液体倒入杯子里了。

瓶盖

调酒器的盖子部分。一般最后安装。

瓶身

调酒器的主要部分。这里放材料和冰块。

● 调酒器的手持方法

1

右手（惯用手）的拇指按住调酒器盖子。

2

中指和无名指夹住调酒器。

3

左手中指按住瓶身底部，拇指按住滤冰器，再自然地放下其他手指。

●调酒器的准备方法

　　右手拇指按住盖子，中指和无名指夹住调酒器，左手中指支撑住瓶身底部，拇指按住滤冰器，其他手指自然放下。

专业方法

简单方法

注意点

● 如果手粘在调酒器上就很难和调酒器分开，手上有水时不要使用调酒器。

● 调酒器传热较快，所以不要将手掌完全贴合在调酒器上。

● 放上滤冰器后要确认下空气是否已经抽出，然后盖上盖子。

（盖上盖子后，有可能会因为气压而无法打开）

●调和方法

1

调酒器滤干水后，将材料放进去，再放入冰块，放至调酒器的八九分即可。

2

调酒器上装好滤冰器，再盖上盖子。有时盖上盖子后，会由于气压的关系打不开盖子，这点要特别注意。

3

将调酒器放在左胸前做好准备。

4

举高到斜前方。

5

回到原来位置。

6

向斜下方倾斜，然后回到原来位置。这样反复4~6次。这种方法叫做2段调制法。另外还有3段调制法。

7

取下盖子，右手食指和中指按压住滤冰器，左手按压住鸡尾酒杯底部，慢慢将酒倒入杯中。

混酒杯和滤冰器

混酒杯是用稍厚的玻璃制成的带有杯嘴儿的容器。可以将材料和冰块放入杯中，再用调酒长匙搅拌调制，来制作鸡尾酒。

混酒杯适宜将容易混合到一起的材料进行组合，也适宜在活用各种素材的味道时使用。只要有了一个混酒杯，就可以轻松调制出多种鸡尾酒。用混酒杯制作出的鸡尾酒中具有代表性的有被称作"鸡尾酒之王"的马提尼，还有曼哈顿等。

将在混酒杯中调制的酒倒入鸡尾酒杯时，使用滤冰器。通常是将滤冰器盖在混酒杯上，防止冰或不干净的东西进到酒里面，两个作为一组使用较为常见。

混酒杯各部分名称

边缘
这里放滤冰器。

杯身
稍厚一些的比较结实。

底部
内测呈圆形，调酒长匙比较容易转动。

滤冰器各部分名称

过滤网
挡住冰块，不干净的东西等，起到过滤作用。

弹簧
挡住冰块，不干净的东西等，起到过滤作用。

混酒杯，滤冰器的操作方法

1 将材料放入混酒杯，用调酒长匙调和。

2 将滤冰器盖在混酒杯上，注意杯口和滤冰器的手持柄方向相反。

3 用右手（惯用手）的食指按住滤冰器，拿起混酒杯。

4 按住鸡尾酒杯底部，慢慢将酒倒入。

注意点

※杯子导热性能较好，所以注意不要把手掌紧贴在杯上。
※如果不牢牢按压住滤冰器，倒酒时冰块等容易掉出，所以要特别注意。

●电动搅拌机

电动搅拌机是搅拌机的一种，有鸡尾酒专用的搅拌机，也可使用家用搅拌机。

使用电动搅拌机的技法，通常称为搅和法。在制作冰冻类鸡尾酒，或将水果碾碎加入到鸡尾酒中时，经常使用电动搅拌机。此外也常用于多种鸡尾酒的制作。

●电动搅拌机的操作方法

在使用电动搅拌机的时候，为减轻搅拌机的负担，同时也为能够快速搅拌，请先将材料切成小块。另外，如果不把盖子盖上，材料会四处飞溅，所以在接通电源前，要务必确认盖子是否盖好。

●搅和的方法

1
将材料放入电动搅拌机的杯子里，盖上盖子。

2
把盖子盖严，打开开关。

3
充分搅拌后关闭电源，停止转动后将杯子拿下来，打开盖子，将里面的材料取出。

注意点

※为了使材料能更加快速地混合，请提前将水果或冰块等弄成小块。

※打开电源前，请仔细确认盖子是否盖好。

电动搅拌器的各部分名称

盖子
盖好盖子，防止材料飞溅。

杯子
材料放在这里。如果是固体材料，请先切成小块，然后再放进去。

电源

● 调酒长匙

　　调酒长匙两端分别带有勺子和叉子，是制作鸡尾酒混合各种材料时不可或缺的一种工具。勺子一端还可以测量材料的分量（1勺为1茶匙），叉子可以从瓶中取出玛若丝卡酸味樱桃、橄榄等。一般的勺子较短，搅拌时比较难使用，所以调酒长匙是您必不可少的工具之一。

● 手持调酒长匙的方法

用右手（惯用手）的中指和食指夹住调酒长匙中部螺旋状的地方，其他手指自然放下。由于中部呈螺旋状，所以只用手指也可轻松转动调酒长匙。

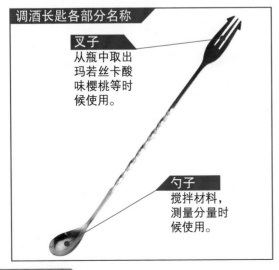

调酒长匙各部分名称

叉子
从瓶中取出玛若丝卡酸味樱桃等时候使用。

勺子
搅拌材料，测量分量时候使用。

● 调和方法

1

将调酒长匙握端正，搅拌时要让勺子的背面沿杯子内测滑动。

2

让勺子顶端触到杯子底部，尽量不要碰到冰块，慢慢搅拌。

3

搅拌结束后，勺子背面向上，慢慢从杯中取出。

注意点

※不要让冰与冰相撞，将勺子背面触到杯子内侧即可。

※为了不要让鸡尾酒沾到其他味道，每次制作鸡尾酒时都要将杯子、勺子等清洗干净。

● 其他工具

除了前面介绍过的工具外，制作鸡尾酒时还有些十分重要的工具。非常方便的还有碎冰器、冰夹、苦味瓶这三种，和基本工具搭配使用，几乎可以做出任何一款鸡尾酒。没有必要买齐所有工具，可以根据自己调制鸡尾酒的需要，慢慢地备齐。

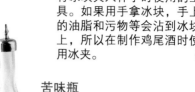

碎冰器
手握之处很短，将冰块制成需要的大小时使用的工具。

冰夹
将冰块夹入杯子时使用的工具。如果用手拿冰块，手上的油脂和污物等会沾到冰块上，所以在制作鸡尾酒时使用冰夹。

苦味瓶
存放苦酒精的工具，摇晃一次所出酒精的分量为1ml，颠倒容器流出1滴的量。

开瓶器
打开啤酒瓶、饮料瓶子时使用的工具，也就是瓶起子。

香槟酒塞
为了不让开过瓶的香槟、起泡葡萄酒里面的气跑掉而特别制作的一种工具。

水果小刀
切水果、蔬菜等材料时使用的小刀。

酒杯杯托
饮用热鸡尾酒时使用的工具，是一种装在平底酒杯套上的把手。

侍者刀
将拔塞钻、小刀、开瓶器等集于一体的十分方便的工具。

榨汁器
榨柠檬果汁、葡萄柚汁等水果果汁时使用的工具。

调酒棒
搅拌鸡尾酒，将杯中砂糖、水果碾碎时使用的工具。

冰桶
存放冰块的工具，桶底应有一个除去水分的装置。

吸管
用于冰冻类鸡尾酒、热带鸡尾酒等，可根据喜好选择粗细、颜色等。

鸡尾酒酒签
穿在水果、玛若丝卡酸味樱桃、橄榄等上面，作为鸡尾酒的装饰使用。

倒酒嘴
插在已经拔掉瓶盖的瓶子上使用，可根据瓶子的倾斜程度调整倒出液体量的多少。

砧板
切水果、蔬菜等材料时使用的工具。

鸡尾酒杯

鸡尾酒杯有很多种类，大致可分为有杯腿的杯子和平底杯子。千辛万苦才做好的鸡尾酒，如果不搭配合适的杯子，那么它的味道也会减半，相反如果配上很好的杯子，会让鸡尾酒的味道显得更好。根据鸡尾酒的类型搭配不同的杯子，也可以说是制作鸡尾酒时的要点之一。

● 平底杯

没有杯腿的平底鸡尾酒杯，多用于搭配长饮鸡尾酒。适合轻松时刻饮用的鸡尾酒。

古典杯	平底酒杯
也被称为岩石杯，主要用于加冰类鸡尾酒，容量为180~300ml。	鸡尾酒中最常见的酒杯，通常我们所说的平底酒杯大多指这种大小。容量240ml，10盎司为300ml。

柯林斯酒杯
是一种很高，口径很小的杯子。适用于果汁水类鸡尾酒和新手类鸡尾酒。容量360~480ml。

● 带杯腿的鸡尾酒杯

带杯腿的鸡尾酒杯，常用于短饮和以葡萄酒为基酒的鸡尾酒，能让客人充分享受到鸡尾酒高贵的气氛。

鸡尾酒杯	香槟杯
短饮的专用酒杯，形状呈倒三角形，不需要将酒杯倾斜很多，就可以品尝到美味的鸡尾酒。容量以90ml为标准。	杯口宽阔，除香槟外，还适合于冰冻类鸡尾酒和沙冰等，容量以120ml为标准。

彩虹酒杯	葡萄酒杯
杯身椭圆形，且较高，最适于彩虹酒类。	适用于以葡萄酒为基酒的鸡尾酒，杯口较宽，约6.5cm。

高脚杯	笛形香槟杯
适用于大量使用软饮料、啤酒、葡萄酒、带冰块的鸡尾酒，杯口较宽，容量为300ml。 	杯身较高，越靠近杯口处越细的一种杯子，这种形状不容易跑出气体。适用于香槟或加入了碳酸的鸡尾酒。容量为150ml。 

鸡尾酒中使用的烈性酒

中世纪时，炼金术师偶然创造出了烈性酒，是通过蒸馏酿造来提高酒精度的一种酒。当时的炼金术师坚信这种液体是长生不老之神药，取名为"Aqua vitae"，拉丁语里面是"生命之水"的意思。可以说鸡尾酒是从烈性酒产生的，而了解烈性酒，将会进一步提高鸡尾酒的乐趣哦。

金酒

马提尼有"鸡尾酒之王"的美誉，以马提尼为首，金酒被使用于各种名鸡尾酒中，1660年，莱顿大学的荷兰医学家弗朗西斯科，将杜松子的精华提取出来，作为解热、利尿的良药来出售。

但是，杜松子味道之美，让人甚至不觉得这是一种药，因此一时间在荷兰人中非常受欢迎，传到英国后，诞生出一种怪味儿较少的辣口"干金酒"。那之后，金酒传到美国，作为鸡尾酒的材料引起轩然大波。

制成金酒的原料（一堆松子）

现在，金酒有口感厚重、具有特殊味道的荷兰金酒，还有辣口、较易饮用的英国金酒。鸡尾酒一般使用怪味较少的英国金酒。

伏特加

据说"生命之水"一词的俄语发音，就是伏特加这个名字的由来。关于酒的发祥地，俄罗斯和波兰的说法不同，但是16世纪俄罗斯盛行制作伏特加这件事，是确凿无误的。

当时伏特加是一种特别的饮品，只有皇帝和贵族才能饮用，在国家的管理之下，是不允许私自制作贩卖伏特加的。之后，伴随着俄国革命，很多有技术的人亡命到欧洲，同时也将伏特加带到了欧洲，二战以后，伏特加传播到世界各国。

如今的伏特加分为两种，一种是无味无臭的正式类型，还有一种是带有香草或水果香气的香味型伏特加。制作鸡尾酒时常用的是前者。

朗姆酒

朗姆酒因其酒精度数较高，曾被称作"海盗之酒"。朗姆酒以其独特的风味而著称。

据说朗姆酒是由英国人（16世纪时说是西班牙人）用西印度诸岛的甘蔗，于17世纪制造出来的。传到英国后大受欢迎，很快就传遍了整个欧洲。

另外，长时间旅行时，会由于蔬菜摄入不足导致缺乏维生素C，朗姆酒可以有效改善这一现象，18世纪时被认定为英国海军的御用酒。

现在，朗姆酒根据制作方法不同分为三种，分别是清香型、浓香型和轻浓混合的中等香型。另外，按照颜色不同还可分为白色、金色、深色三种，颜色越深酒的味道也就越浓厚。

能产出拥有独特口味且高酒精度数朗姆酒的蔗糖田

龙舌兰酒

最大可达50kg重的龙舌兰的原材料

以墨西哥的一种龙舌兰为原料制成的烈性酒，把它比作火山喷发也决不夸张。从烧焦的龙舌兰中提取的像巧克力一样的黑色液体，其香味十分诱人，所以据说最早的龙舌兰酒是利用这种液体制作出来的。

现在所谓的龙舌兰酒，仅指用墨西哥西北部哈利斯科州龙舌兰地区采摘的"狐尾龙舌兰"种子制作的龙舌兰酒。其他的叫做梅斯卡尔龙舌兰酒。

另外，根据贮藏时间的不同，龙舌兰酒分为三种，有无色透明的白色龙舌兰酒，这种酒几乎不贮藏，味道鲜明。还有贮藏2个月以上的金色龙舌兰酒、贮藏一年以上的爱荷利龙舌兰酒。

威士忌

蒸馏酒的制作方法，最早是由基督教传教士传到爱尔兰共和国，然后用爱尔兰制作啤酒时经常使用的大麦为原料，从而制作出了最早的威士忌。在那之后，威士忌传播到世界各地，制作时通常选用当地盛产的谷物，并且制作方法也开始产生不同。

18世纪，美国生产出一种以黑麦为原料的威士忌，1789年，人们又研制出一种以玉米为材料的波本威士忌。

白兰地

白兰地经常会带给人一种十分高级的感觉，最早的白兰地，是将销路不是很好的葡萄酒经过蒸馏而制成的。

17世纪，荷兰商人到访法国的科涅克，由于该地葡萄酒销路不好，于是提议将葡萄酒进行蒸馏。这样制成的蒸馏酒，就叫做白兰地，是荷兰语里面的"烧制过的葡萄酒"的意思，就这样，白兰地从英国向欧洲各国传播开去。

不知不觉中，科涅克地区的白兰地制造，发展成为了一个产业并变得繁荣兴盛起来。之后白兰地不断被英化，白兰地这个名字也就逐渐固定了下来。

现在，有将葡萄酒蒸馏制成的葡萄白兰地，还有用苹果、樱桃等各种果实制成的水果白兰地，制作鸡尾酒时一般使用葡萄白兰地。

葡萄酒

相传在公元8000年前就已经有了葡萄酒，但是它的起源至今仍不为人所知。据说是动物收集的葡萄发酵后，十分偶然地被人们喝到了。

葡萄酒的原料葡萄

之后，伴随着罗马帝国的兴盛，葡萄酒传遍了欧洲大陆，同时也随着基督教的普及而传向了全世界。

现在，根据制作方法的不同，葡萄酒分为包括红葡萄酒、白葡萄酒、粉红葡萄酒在内的无泡葡萄酒，以香槟为首的起泡酒，酒精度和甜度较高的加强葡萄酒，带有香草或水果香味的加香葡萄酒。

啤酒

据说在公元前3000年左右就有了啤酒。

当时的啤酒是将用麦子做的面包发酵制成的，公元前600年左右开始直到现在，都是用啤酒花来制作啤酒。

有着啤酒特有苦味的啤酒花

由于啤酒是由大麦制作的，所以基督教把啤酒称作"液体面包"，因此，中世纪修道士们将啤酒传播到了欧洲各地。

之后到了15世纪，德国出现了现在我们制作啤酒的方法，19世纪人们又发明了冷冻机，为啤酒的批量生产和长途运输提供了可能性，于是啤酒开始遍布全世界。现在，全世界已经有了很多种啤酒的制作原料和制作方法。

日本酒

日本酒基本上是由米、米曲、水为原料制成的，根据制作方法和原料的不同，可以分为"普通酿造酒"、"本酿造酒"、"纯米酿造酒"、"吟酿造酒"。

普通酿造酒，在用米和米曲制成的酒里面加入酿造酒精，是最常见的日本酒。

本酿造酒，使用精米比例70％以下的白米、米曲和水，加酿造酒精制成的酒。

纯米酿造酒，仅仅使用精米比例70％以下

的白米、米曲和水，按照古代的制作方法制成的酒。

吟酿造酒，使用精米比例60％以下的白米、米曲和水，加入酿造酒精制成。

另外，日本酒有一种标识方法为"酒度"，酒度标识为"正"的是辣口日本酒，标识为"负"的是甜口日本酒。

烧酒

在制作日本酒时产生的渣滓里面加入稻壳等进行蒸馏，从而制成了最早的烧酒。现在则是以米、红糖、薯类、红薯、麦子、荞麦、芝麻、赤紫苏、栗子、柿子、番茄等为原料，制作出各具特色的烧酒。

另外，根据制作方法的不同，烧酒还有甲类和乙类之分。甲类烧酒无味无臭，没有特殊的味道。甲类烧酒使用连续式蒸馏机制作，将酒精度数85°~97°的乙醇加水稀释到36°以下制成，也被称作白干。乙类烧酒是将原料糖化发酵，用单式蒸馏机蒸馏制成的烧酒，其特点是原料的味道更为突出。

鸡尾酒一般使用没有特别味道的甲类烧酒，现在也有的使用泡盛酒或芝麻烧酒，用以制作特别味道的鸡尾酒。

鸡尾酒必不可少的副料

制作鸡尾酒时，除了基本的酒类以外，还需要很多材料。比如冰镇鸡尾酒的冰块，苏打水或果汁等软饮料，装点鸡尾酒的水果或橄榄等。这些统称副材料。特别是冰块、软饮料等，是影响鸡尾酒味道的十分重要的材料。

冰块

　　冰块在制作鸡尾酒时是不可或缺的。除了可以冰镇材料，也用于制作冰冻类鸡尾酒和沙冰等。

　　鸡尾酒使用的冰块，其大小和形状有很多种类。根据鸡尾酒的需要选择适合的冰块是十分重要的。另外，如果冰块里面有气泡，冰块比较容易融化，鸡尾酒就会因水分变多而味道变淡，所以使用坚硬透明，不易融化的冰块较好。

碎冰块

直径3~4cm的冰块，从较大的冰块削下制成。适用于摇和或搅和鸡尾酒时使用。

方块冰

用制冰机制成的，边长为3cm左右的立方体冰块，用途和碎冰块相似。

大圆冰块

拳头大小的冰块，从较大的冰块削下制成。适用加冰酒类等。

碎冰

小小的颗粒状的冰，用刨冰机制作，或将冰块用锡纸包裹后，用碎冰器的柄捣碎制成。

水、碳酸饮料

　　通过在含酒精的基酒里面加入这些副材料，可以控制酒精度数，使鸡尾酒变得易于饮用。

　　制作鸡尾酒所使用的水，通常使用商店出售的矿泉水（分为含碳酸和不含碳酸两种），自来水有漂白粉的味道，所以一般不使用。碳酸饮料当中，有含碳酸但无味道的苏打水，含有金鸡纳树皮苦味的奎宁水，同时带有生姜香味和甜味的姜汁汽水，用可乐果树（美国西部原产）的种子制作的可乐等。

甜料

　　甜料是为鸡尾酒增添甜味、香味和色泽的不可缺少的材料，大致可分为两大类，分别是糖浆和砂糖。

　　糖浆中，有用绵白糖和水制成的糖浆，还有用石榴的精华部分制作的红色石榴汁。其他还有清凉的薄荷糖、鲜艳绿色的绿薄荷糖浆等。

　　用于鸡尾酒的糖，一般使用绵白糖，而砂糖、粗糖一般用于雪树鸡尾酒或作装饰使用。

姜汁汽水

苏打水

奎宁水

红石榴糖浆

糖浆

绵白糖

水果、蔬菜

　　水果、蔬菜根据使用方法的不同，可以让鸡尾酒变得更美味，也能将鸡尾酒装点得更加色彩缤纷。

　　调制鸡尾酒使用水果的时候，可将水果榨汁为鸡尾酒增添味道，也可切成块状作为装饰。经常使用的有柠檬、甜橙、青柠檬、菠萝、葡萄柚、玛若丝卡酸味樱桃等等，另外还有苹果、草莓、猕猴桃等各种各样的水果。

　　蔬菜中，经常使用的有西芹、黄瓜、珍珠洋葱、橄榄等，与增加味道相比，更多的时候用来装饰鸡尾酒。

　　可以将西芹、黄瓜切成细条状，代替调酒棒来装饰使用。

珍珠洋葱

柠檬

甜橙

玛若丝卡酸味樱桃

乳制品、鸡蛋

　　添加鲜奶油、牛奶、鸡蛋等，可以让鸡尾酒变得味道香醇浓厚，是十分重要的材料。

　　制作鸡尾酒一般使用生鸡蛋，所以要尽量选择新鲜的鸡蛋。使用的时候不要直接将鸡蛋打到调酒器或鸡尾酒杯中，要先打到其他容器中，确认一下蛋黄有没有破裂，然后再轻轻打散使用。

　　乳制品当中，经常使用的有鲜奶油和牛奶，无论哪种材料都要尽量选择新鲜的。另外，鲜奶油中有脂肪成分在18%以上的低脂奶油，还有脂肪成分在45%以上的高脂厚奶油，一般制作鸡尾酒时选用后者。

青柠檬

香料、盐

　　香料和盐，在制作鸡尾酒时同样不可忽略。特别是盐，在制作雪树鸡尾酒时是不可或缺的，分别有岩盐、粗盐、精盐等。有的人认为含有丰富矿物质的岩盐最好，但其实家庭用盐也绝对可以做出美味的鸡尾酒来。

　　香料的使用，可以为鸡尾酒增添味道的亮点，也可作为装饰使用。一般常见的有薄荷、肉桂、丁香、肉豆蔻、朝天椒等。

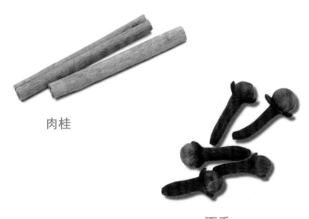

肉桂

丁香

肉豆蔻

索引

C

D

E

F

G

H

M

N

W

X

TITLE：［カクテル・パーフェクトブック］

BY：［桑名伸佐］

Copyright © NAVI INTERNATIONAL, 2006

Original Japanese language edition published by NIHON BUNGEISHA CO.,LTD.

All rights reserved. No part of this book may be reproduced in any form without the written permission of the publisher.

Chinese translation rights arranged with NIHON BUNGEISHA CO.,LTD.,Tokyo through Nippon Shuppan Hanbai Inc.

©2014，简体中文版权归辽宁科学技术出版社所有。

本书由日本文艺社授权辽宁科学技术出版社在中国范围独家出版简体中文版本。著作权合同登记号：06-2010第411号。

版权所有·翻印必究

图书在版编目（CIP）数据

鸡尾酒制作大全/日本文艺社著；邓楚泓译. —沈阳：辽宁科学技术出版社，2014.1
（2018.3重印）

ISBN 978-7-5381-8089-3

Ⅰ.①鸡… Ⅱ.①日…②邓… Ⅲ.①鸡尾酒—配制 Ⅳ.①TS972.19

中国版本图书馆CIP数据核字（2014）第122697号

策划制作：北京书锦缘咨询有限公司(www.booklink.com.cn)
总 策 划：陈 庆
策 划：李 伟
装帧设计：柯秀翠

出版发行：辽宁科学技术出版社
　　　　　（地址：沈阳市和平区十一纬路 29 号　邮编：110003）
印 刷 者：北京美图印务有限公司
经 销 者：各地新华书店
幅面尺寸：182mm×210mm
印　　张：16
字　　数：540千字
出版时间：2014年1月第1版
印刷时间：2018年3月第3次印刷
责任编辑：郭 莹 谨 严
责任校对：合 力

书　　号：ISBN 978-7-5381-8089-3
定　　价：88.00元

联系电话：024-23284376
邮购热线：024-23284502
E-mail：lnkjc@126.com
http：// www.lnkj.com.cn